高等学校计算机专业系列教材

Java Web应用开发

（第2版）

李永飞 李芙玲 吴晓丹 郭晓欣 编著

U0377874

清华大学出版社
北京

内 容 简 介

本书结合一个应用程序的开发全过程,介绍 Java Web 应用程序的开发技术与方法。全书可分为三部分:第一部分为基础性内容,利用 Java Web 应用开发的基础知识实现一个原型系统;第二部分为提高性内容,利用面向对象编程技术和 MVC 架构模式对程序进行重构,改善功能实现和程序架构;第三部分为应用性内容,引入第三方组件和前后端分离开发模式,结合示例介绍当前主流的常用开发方法。

本书在内容组织上,力求避免知识的简单堆砌,改变传统教材常见的技术手册式写法,针对应用型本科注重实践能力培养的需要,遵循以做带学的内容组织形式、任务驱动的学习模式,内容选择围绕开发目标、关联知识适当屏蔽等原则,为读者提供一种新的学习体验。

本书既可以作为高等学校"Java Web 应用开发"课程的教材,也可以作为读者自学相关 Web 开发技术的参考书。

图书在版编目(CIP)数据

Java Web 应用开发/李永飞等编著. —2 版. —北京:清华大学出版社,2022.8(2023.8重印)
高等学校计算机专业系列教材
ISBN 978-7-302-61229-2

Ⅰ.①J… Ⅱ.①李… Ⅲ.①JAVA 语言－程序设计－高等学校－教材 Ⅳ.①TP312.8

中国版本图书馆 CIP 数据核字(2022)第 109782 号

责任编辑:龙启铭
封面设计:何凤霞
责任校对:徐俊伟
责任印制:杨 艳

出版发行:清华大学出版社
      网　　址:http://www.tup.com.cn,http://www.wqbook.com
      地　　址:北京清华大学学研大厦 A 座　　　　　邮　编:100084
      社 总 机:010-83470000　　　　　　　　　　邮　购:010-62786544
      投稿与读者服务:010-62776969,c-service@tup.tsinghua.edu.cn
      质量反馈:010-62772015,zhiliang@tup.tsinghua.edu.cn
      课件下载:http://www.tup.com.cn,010-83470236
印 装 者:三河市铭诚印务有限公司
经　　销:全国新华书店
开　　本:185mm×260mm　　　印　　张:21.25　　　字　　数:488 千字
版　　次:2018 年 2 月第 1 版　　2022 年 8 月第 2 版　　印　　次:2023 年 8 月第 2 次印刷
定　　价:59.00 元

产品编号:094846-01

第2版前言

本书介绍 Java Web 应用开发技术。针对应用型本科强调实践能力培养的需要,本书以一个示例应用程序的开发贯穿全书所有章节。在内容组织上,避免知识的简单堆砌,改变传统教材常见的技术手册式写法。作者认为 Java Web 应用开发技术的学习方式应该与基础性专业课程有所不同,其综合性较强,需要在掌握 C 语言、Java 语言、数据库等基础性编程技能之后才能学习。因此,本书作者尝试进行了一种"翻转",即变"先学后做"为"以做带学"方式。

全书结构按照需求分析(第 1 章)、界面设计(第 2 章)、功能实现(第 3~5 章)、重构开发(第 6~8 章)、功能完善(第 9~10 章)的思路进行组织,以完成开发任务的方式,引导读者在使用中掌握相关知识和编程技能。

除前 3 章为基础知识介绍之外,其余各章都遵循相同的编写体例。首先给出本章的学习目标,分为理解、掌握和了解三个层次。"理解"主要针对本章所涉及的主要概念和基本原理;"掌握"主要针对应用本章知识实现特定功能开发的能力;"了解"主要针对书中未做深入讲解的相关知识部分。

然后利用 1~2 个开发示例,实现几个相对独立的软件功能。每个示例都按照开发任务说明、功能设计、功能实现和运行过程分析的结构介绍。读者只要参照给定的步骤,就可以编程实现相应的功能。同时也对编程涉及的关键知识点进行针对性讲解,以够用为原则,不过分追求完整性和系统性。

接下来介绍本章开发示例涉及的基本概念和相关知识,便于读者掌握知识体系的完整性,为进一步深入学习打好基础。第 5~8 章在此之后又给出一个应用本章所学内容完成的综合示例,进一步巩固学到的编程技能。

最后提供单选或简答形式的知识测试题以及上机练习要求,便于读者检验自己的学习效果。

本书的特色体现在以下几个方面:

(1) 突出应用能力培养。全书根据功能开发和知识体系两个维度,围绕示例应用项目的开发过程,把教材内容分解为多个知识单元。

(2) 合理取舍教材内容。以满足示例功能开发的需要为标准确定内容,不一味追求知识结构的完整性,对不常用的知识点只给出简要介绍和引导性讲解。

(3) 尊重学习规律。按照循序渐进、由易到难的原则,合理设计功能开发的顺序,让读者能够在有成就感的驱动下逐步完成全书内容的学习。

（4）采用全新编写体例。各章都采用任务驱动方式，从开发任务出发，通过设计、实现、分析、练习，使读者可以在理解示例开发的基础上实现能力提高。

全书可分为三个部分：第一部分是基础性内容，包括第 1～5 章，介绍示例应用的功能需求，并开发实现一个原型系统；第二部分是提高性内容，包括第 6～8 章，应用面向对象编程技术和 MVC 架构模式实现程序的重构开发；第三部分是应用性内容，包括第 9～10 章，引入第三方组件和前后端分离开发模式，介绍实际开发中的常用开发方法。本书作为教材使用时，讲授全部内容大约需要 64 学时；也可根据学时情况讲授部分内容，建议 32 学时可讲授第 1～5 章，48 学时可讲授第 1～7 章。

为了反映技术的最新进展，本书在第 1 版的基础上，对运行环境的软件版本进行了升级，分别采用 Java 8、Tomcat 9 和 MySQL 8 等目前最常用的软件版本，并使用 HTML 5 重新编写前端页面，同时对相关章节的内容进行了相应更新；在各章小结中增加了本章程序代码文件的目录结构图，为读者提供更完整的应用程序描述；另外，把第 10 章的内容更新为当前主流的前后端分离开发模式，其中后端项目使用 IDEA，基于 Spring Boot 开发实现。

本书是河北省高等教育教学改革研究与实践项目（No.2017GJJG252）的研究成果，同时在编写过程中也参考了大量的相关教材和网上资料，在此向所有相关人员表示感谢。

本书第 1 章、第 5 章、第 8 章和第 10 章由李永飞编写，第 2 章和第 9 章由郭晓欣编写、第 3 章和第 4 章由吴晓丹编写，第 6 章和第 7 章由李芙玲编写，全书由李永飞负责统稿。书中所有源代码以及参考电子教案可从出版社网站 www.tup.com.cn 下载。书中存在的不足和错误之处，敬请读者批评指正。

编　者

2022 年 5 月

目 录

第 10 章　前后端分离的开发　　/296

附录　表格布局页面文件　　/322

第1章

开发任务概述

学习目标
- 了解示例应用程序的需求和功能
- 了解主要的 Java Web 应用开发技术
- 了解 Java Web 应用的开发流程

1.1 示例应用程序介绍

本书主要围绕一个示例应用程序的完整开发过程来展开。按照程序开发的流程,循序渐进地讲解 Java Web 应用开发所涉及的主要技术和开发方法。本节对示例应用程序进行介绍。

1.1.1 示例应用程序的需求

新闻发布系统是一种典型的 Web 应用程序,主要实现在线新闻发布和新闻管理的相关功能,并为普通用户提供查看新闻内容和发表评论等功能。本书使用的示例应用程序是一个简化版的新闻发布系统,主要包括以下功能。

- 用户注册:匿名用户可以在用户注册页面填写用户信息,进行用户注册。
- 用户登录:注册用户和系统管理员可以输入正确的用户名和密码,实现用户登录。
- 用户管理:注册用户登录后可以修改自己的注册信息;系统管理员登录后可以对所有用户进行查看和删除。
- 新闻列表:所有用户可以通过列表形式查看全部新闻,包括每条新闻的类别、标题和发布时间。新闻条数较多时提供分页显示功能。
- 新闻阅读:所有用户可以通过单击新闻列表中的新闻标题查看新闻,包括新闻标题、发布时间、新闻内容、相关新闻(有相同关键字)和单击次数。
- 新闻管理:系统管理员登录后,可以发布、修改和删除新闻。
- 发表和查看评论:所有用户可以针对某条新闻发表评论和查看其他用户的评论。匿名用户匿名评论,注册用户实名评论。
- 评论管理:系统管理员登录后可以对所有评论进行查看和删除;注册用户登录后可以对自己所发表的评论进行查看和删除。
- 站内检索:所有用户可以输入关键字搜索相关新闻。

- 热点新闻和最新评论：所有用户可以看到点击数最多的热点新闻和最新发表的
新闻评论。

1.1.2　示例应用程序的功能

根据前述的示例应用的需求,程序的使用者可分为三种用户角色,分别是匿名用户、
注册用户和管理员用户。下面针对不同用户角色分别介绍其相关功能。

1. 匿名用户的相关功能

匿名用户可以使用用户注册、新闻列表、新闻阅读、发表和查看评论、站内检索、热点
新闻和最新评论等功能。

（1）用户注册功能

在用户注册页面,正确填写用户信息并提交之后,可以进行注册确认,确认无误后完
成用户注册。用户注册功能界面如图 1.1 所示,注册确认功能界面如图 1.2 所示。

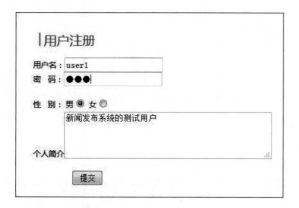 

图 1.1　用户注册功能界面　　　　　　　图 1.2　注册确认功能界面

（2）新闻列表功能

用户可以通过列表形式查看全部新闻,每条新闻显示其类别、标题和发布时间。新闻
标题为超链接,单击可进入阅读新闻页面。新闻条数过多时提供分页显示功能。新闻列
表功能界面如图 1.3 所示。

（3）新闻阅读功能

用户可以通过单击新闻列表中的新闻标题阅读新闻内容,包括新闻标题、发布时间、
点击次数、新闻内容和相关新闻列表。单击"查看评论"链接,可以进入发表和查看评论页
面。新闻阅读功能界面如图 1.4 所示。

（4）发表和查看评论功能

用户可以针对一条新闻填写并发表评论内容,并可查看此新闻的已有评论。通过新
闻标题链接可以回到新闻阅读页面。发表和查看评论功能界面如图 1.5 所示。

（5）站内检索功能

在所有界面的侧边栏,用户输入关键字,可实现对本站的所有新闻按关键字搜索。站
内检索页面如图 1.6 所示。

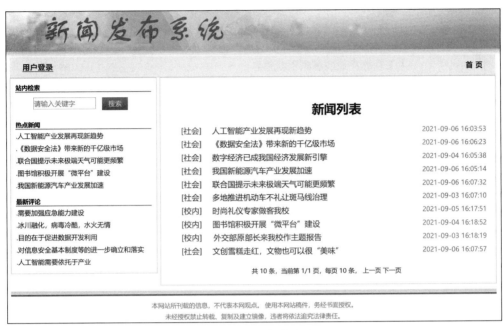

图 1.3 新闻列表功能界面

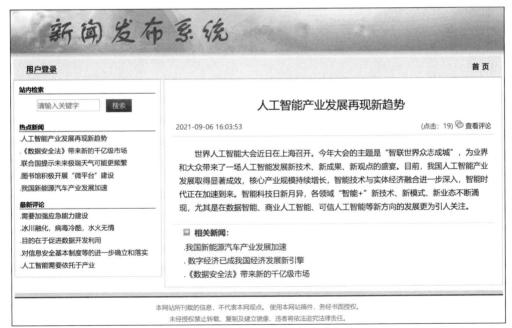

图 1.4 新闻阅读功能界面

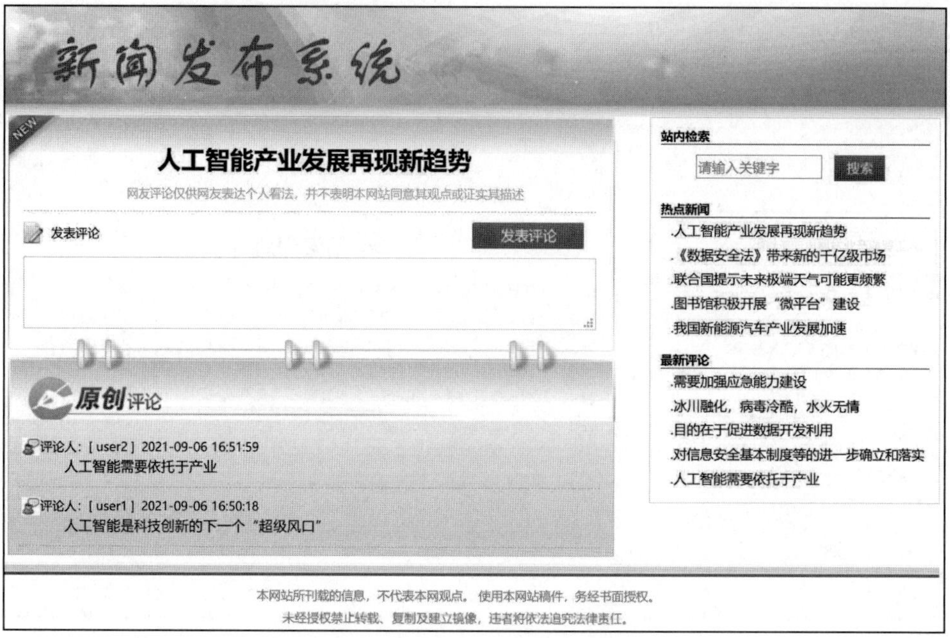

图 1.5　发表和查看评论功能界面

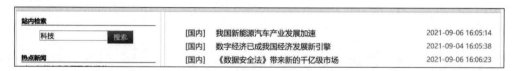

图 1.6　站内检索功能界面

（6）热点新闻和最新评论功能

在所有页面的侧边栏，用户可以看到点击数最多的前 5 条新闻和最新发表的 5 条评论，单击新闻标题或评论内容可以进入相应的新闻阅读界面。热点新闻和最新评论界面可参见图 1.3 中的侧栏部分。

2. 注册用户的相关功能

注册用户除了新闻列表、新闻阅读、发表和查看评论等功能之外，还可以使用用户登录、用户管理、评论管理等功能。其中，新闻列表、新闻阅读、发表和查看评论功能与匿名用户的功能相同，此处不再赘述。

（1）用户登录功能

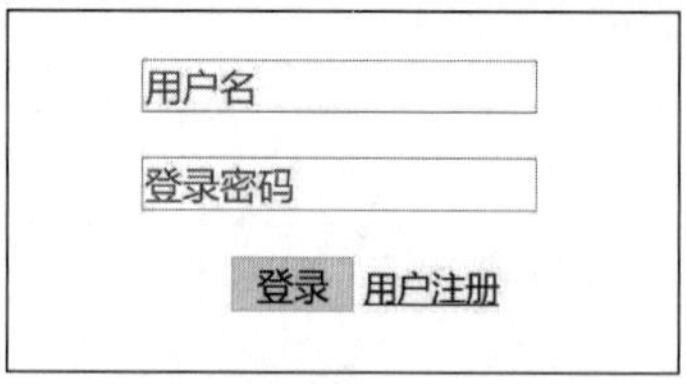

注册用户输入自己的用户名和密码，可以实现系统登录。通过"用户注册"链接，可以进入用户注册功能界面。用户登录功能界面如图 1.7 所示。

注册用户登录成功后，进入新闻列表功能界面，如图 1.8 所示。通过相应的链接，可以使用评论管理、用户管理和退出登录等功能。

图 1.7　用户登录功能界面

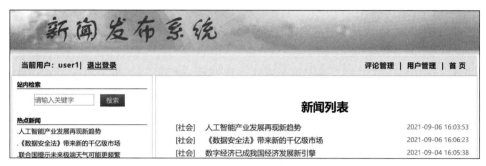

图 1.8　注册用户登录成功界面

（2）用户管理功能

注册用户登录成功后,可以查看和修改自己的注册信息。注册用户的用户管理功能界面如图 1.9 所示。用户修改成功操作提示界面如图 1.10 所示。

图 1.9　注册用户的用户管理功能界面

图 1.10　用户修改成功操作提示界面

（3）评论管理功能

注册用户登录成功后,可以查看自己所发表的全部评论或删除指定评论。注册用户的评论管理功能界面如图 1.11 所示。

评论管理			
to:85	需要加强应急能力建设	[by:user1]	in:2021-09-06 16:54:22	
to:96	对信息安全基本制度等的进一步确立和落实	[by:user1]	in:2021-09-06 16:52:52	
to:97	人工智能是科技创新的下一个"超级风口"	[by:user1]	in:2021-09-06 16:50:18	

图 1.11　注册用户的评论管理功能界面

3. 管理员用户的相关功能

管理员用户除新闻列表、新闻阅读、发表和查看评论等功能之外,还可以使用用户登录、用户管理、评论管理以及新闻管理的相关功能。其中,新闻列表、新闻阅读、发表和查看评论功能与匿名用户的功能相同,此处不再赘述。

（1）用户登录功能

管理员用户输入自己的用户名和密码,可以实现系统登录。用户登录功能界面与注册用户相同,如图 1.7 所示。

管理员用户登录成功后,进入新闻列表功能界面,如图 1.12 所示。通过相应的链接,可以使用新闻管理、评论管理、用户管理和退出登录等功能。

新闻发布系统

| 当前用户: admin| 退出登录 | 新闻管理 | 评论管理 | 用户管理 | 首 页 |

站内检索
请输入关键字 搜索

热点新闻
人工智能产业发展再现新趋势

新闻列表

[社会] 人工智能产业发展再现新趋势   2021-09-06 16:03:53

图 1.12   管理员用户登录成功界面

（2）用户管理功能

管理员用户登录成功后,可以查看所有注册用户和删除指定用户。管理员用户的用户管理功能界面如图 1.13 所示。

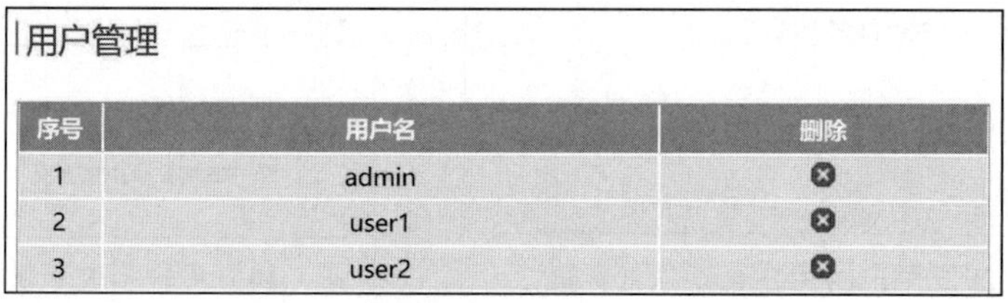

用户管理

序号	用户名	删除
1	admin	✖
2	user1	✖
3	user2	✖

图 1.13   管理员用户的用户管理功能界面

（3）评论管理功能

管理员用户登录成功后,可以查看全部评论或删除指定评论。管理员用户的评论管理功能界面如图 1.14 所示。

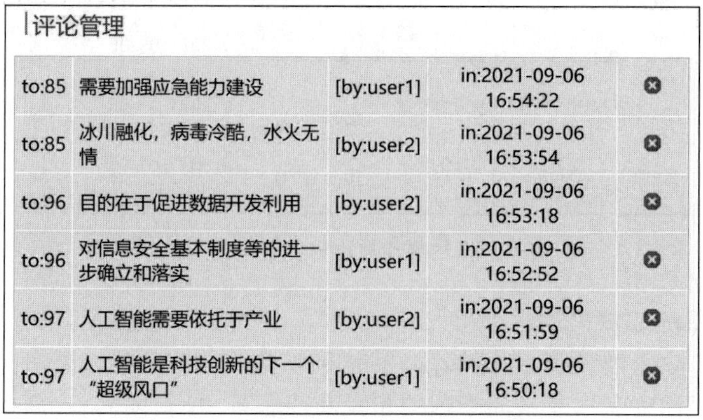

评论管理

to:85	需要加强应急能力建设	[by:user1]	in:2021-09-06 16:54:22	✖
to:85	冰川融化,病毒冷酷,水火无情	[by:user2]	in:2021-09-06 16:53:54	✖
to:96	目的在于促进数据开发利用	[by:user2]	in:2021-09-06 16:53:18	✖
to:96	对信息安全基本制度等的进一步确立和落实	[by:user1]	in:2021-09-06 16:52:52	✖
to:97	人工智能需要依托于产业	[by:user2]	in:2021-09-06 16:51:59	✖
to:97	人工智能是科技创新的下一个"超级风口"	[by:user1]	in:2021-09-06 16:50:18	✖

图 1.14   管理员用户的评论管理功能界面

（4）新闻管理功能

管理员用户登录成功后，可以查看所有新闻的标题列表，并通过相应链接使用新闻发布、新闻修改和新闻删除等功能。新闻管理功能界面如图 1.15 所示。

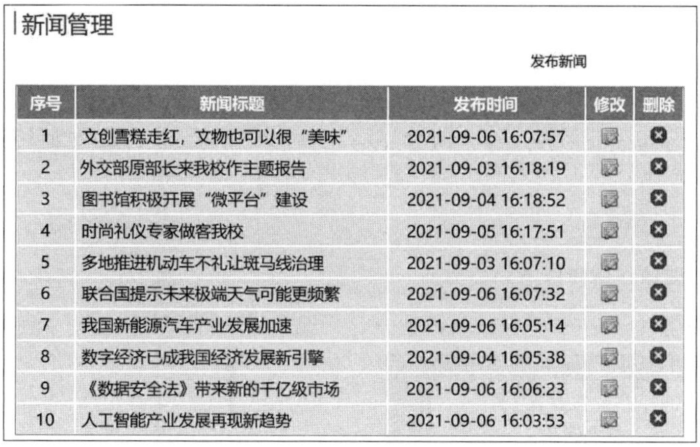

序号	新闻标题	发布时间	修改	删除
1	文创雪糕走红，文物也可以很"美味"	2021-09-06 16:07:57		
2	外交部原部长来我校作主题报告	2021-09-03 16:18:19		
3	图书馆积极开展"微平台"建设	2021-09-04 16:18:52		
4	时尚礼仪专家做客我校	2021-09-05 16:17:51		
5	多地推进机动车不礼让斑马线治理	2021-09-03 16:07:10		
6	联合国提示未来极端天气可能更频繁	2021-09-06 16:07:32		
7	我国新能源汽车产业发展加速	2021-09-06 16:05:14		
8	数字经济已成我国经济发展新引擎	2021-09-04 16:05:38		
9	《数据安全法》带来新的千亿级市场	2021-09-06 16:06:23		
10	人工智能产业发展再现新趋势	2021-09-06 16:03:53		

图 1.15 新闻管理功能界面

（5）新闻发布功能

管理员用户登录成功后，在新闻发布功能界面，输入新闻标题、关键字和新闻内容，选择新闻类别，可以发布新闻。新闻发布功能界面如图 1.16 所示。新闻发布成功操作提示界面如图 1.17 所示。

图 1.16 新闻发布功能界面

图 1.17 新闻发布成功操作提示界面

（6）新闻修改功能

管理员用户登录成功后，在新闻修改功能界面，可以对新闻的标题、类别、关键字和内容进行修改。新闻修改功能界面如图 1.18 所示。新闻修改成功操作提示如图 1.19 所示。

（7）新闻删除功能

管理员用户登录成功后，在新闻管理功能界面，可以删除指定新闻。新闻删除提示信息如图 1.20 所示。新闻删除成功操作提示界面如图 1.21 所示。

以上就是本书所使用的示例应用程序的主要功能。

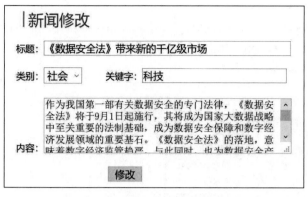

图 1.18 新闻修改功能界面

图 1.19 新闻修改成功操作提示界面

图 1.20 新闻删除提示信息

图 1.21 新闻删除成功操作提示界面

1.2 Java Web 应用开发技术

Web 应用是 Web 应用程序（Web Application）的简称，指那些运行在特定的 Web 服务器上、用户通过 Web 浏览器来使用其功能的应用程序，也称 B/S 结构（Browser/Server，浏览器/服务器）的应用程序。

Java Web 应用是指使用 Java 语言，按照 Java EE 规范开发的 Web 应用。它需要部署到符合该规范的 Web 容器中才能够正常运行。由于 Web 应用特殊的运行模式，导致其开发涉及的技术种类较多，大致可以分为客户端开发技术和服务器端开发技术两类。本节首先介绍应用程序结构的相关概念，然后再分别介绍这两类开发技术。

1.2.1 应用程序的演化

应用程序通常指能够执行某种功能的计算机软件。人们使用计算机，实际上都是通过使用某种应用程序所提供的特定功能来完成某一方面的工作。传统意义上的应用程序，往往表现为放置在计算机桌面上的各种图标。我们把这类程序称为桌面应用程序。这里的"桌面"，一方面表示程序图标的所在位置——操作系统的桌面；另一方面，也可以理解为这类程序的运行平台是计算机的操作系统。

最初的桌面应用程序都是单机程序，例如常用的办公软件 Word、Excel 等。随着网络技术的不断普及，计算机桌面上开始出现其他类型的应用程序，例如即时通信软件、网络游戏客户端等。此外,还出现了其他形式的应用程序,例如在线办公自动化系统等。这里简要介绍应用程序的演化过程以及相应的程序结构。

从使用者的角度,可以把程序理解为“功能＋数据”。下面以音乐播放器软件为例,按照功能和数据所在位置的不同来分析不同形式的程序结构。

1. 单机版音乐播放器

最初的音乐播放器需要在本机安装播放器程序,如 Windows Media Player,并且把音乐文件保存在本机硬盘上。播放音乐的时候,首先要启动播放器,然后从本机上找到要处理的数据(音乐文件),最后运行音乐播放功能。单机版音乐播放器运行过程如图 1.22所示。

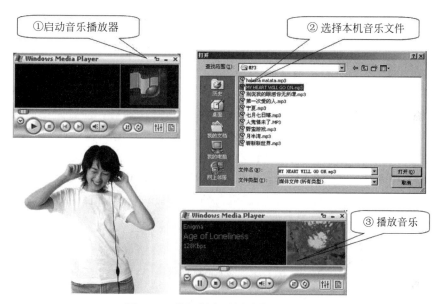

图 1.22　单机版音乐播放器运行过程

这种传统的桌面应用程序,需要将程序功能(即音乐播放器软件)和要处理的数据(即音乐文件)都安装或保存在本机上。

2. C/S 结构的网络版音乐播放器

单机版的音乐播放器需要将音乐文件保存在本机上才能播放,既占用本地存储空间,更新和管理也比较烦琐。随着网络的发展,出现了网络版的音乐播放器。只需在本机安装播放器程序,如 QQ 音乐播放器,但不用在本机保存音乐文件。播放音乐的时候,启动播放器,然后从音乐列表中选择要播放的歌曲名称,播放器就会通过网络从远程服务器获取要处理的数据,最后运行音乐播放功能。

这种安装在本机的音乐播放器程序称为客户端(Client)程序,提供音乐文件存储功能的是服务器端(Server)程序,所以这种程序结构称为客户端/服务器(Client/Server,C/S)结构。C/S 结构的网络版音乐播放器运行过程如图 1.23 所示。

C/S 结构的音乐播放器不需要在本地保存音乐文件,而是在远程服务器上由专人负责音乐文件的存储和更新。由于本机上只有音乐播放功能,而音乐文件不需要在本机出

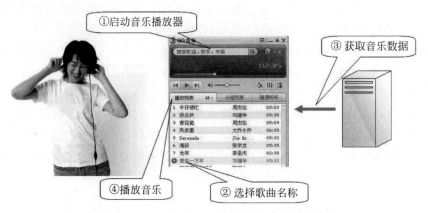

图 1.23 C/S 结构的网络版音乐播放器运行过程

现，相较于单机版，在便利性上有了很大的提高。

3. B/S 结构的网络版音乐播放器

目前更流行的音乐播放方式则是通过网页来实现。这种形式的音乐播放既无需在本机保存音乐文件，也不用安装专门的播放器软件。播放音乐的时候，只要打开 Web 浏览器，输入特定网址以打开音乐列表页面，然后选择要播放的歌曲名称，运行在 Web 服务器上的播放器会将音乐文件处理为声音数据，传输给浏览器，最后由浏览器把声音数据传给声卡实现音乐播放。这种程序结构称为浏览器/服务器（Browser/Server，B/S）结构。B/S 结构的网络版音乐播放器运行过程如图 1.24 所示。

图 1.24 B/S 结构的网络版音乐播放器运行过程

B/S 结构的音乐播放器只需要在本机运行一个通用的 Web 浏览器，就可以实现音乐播放功能。此时，音乐播放的功能和音乐文件都不需要在本机出现。

C/S 结构和 B/S 结构的程序都需要运行在网络环境下，并且要有远端服务器的支持。两者的特点和对比如下：

- C/S 结构适用于中小型应用程序，将任务合理分配到客户端和服务器端来实现。这种结构的程序通信开销低，应用服务器运行负载较轻，但程序升级和功能更新的代价高、效率低。
- B/S 结构适用于大中型应用程序，极少事务逻辑在浏览器端实现，主要事务逻辑在服务器端实现。这种结构的程序简化了客户端的功能负载，减少了应用维护与升级的成本和工作量,降低了用户的总体成本,但应用服务器运行负载较重。

本书中所讲的 Java Web 应用开发就是使用 Java 和相关技术开发实现 B/S 结构的应用程序。

1.2.2　客户端开发技术

客户端开发技术是对 Web 应用程序中浏览器端开发技术的统称,也可以称为 Web 技术。这是在 20 世纪 90 年代初引入的一项重要技术,它对互联网的发展起到了巨大的推动作用。

构成 Web 的基本单位是 Web 页面,即通常所说的网页。Web 技术主要包括 HTML、CSS 和 JavaScript,也称静态网页开发技术。

1. HTML 技术

HTML(HyperText Markup Language,超文本标记语言)是一种用于表示网上信息的符号标记语言。它用标记来表示网页中的各种信息,如文本、图像、音乐、超链接等。通过使用 Web 浏览器解析用 HTML 编写的网页,就可以呈现丰富多彩的多媒体内容。

超文本是指利用超链接的方法,将各种不同空间的文字信息组织在一起的网状文本。其中的文字包含有可以指向其他位置或者文档的超链接,允许从当前阅读位置直接切换到超链接所指向的位置。其本质是在文档内部和文档之间建立关系,实现文本的非线性组织形式。这种新的超文本组织形式及其所处的互联网环境带来的信息分布式存放,为人类社会信息传播的速度和覆盖范围实现了跨越性的提高和扩展,因而在出现之后很快就得到了飞速的发展,但同时也逐渐显露出其本身的不足之处。

HTML 的不足主要体现在两个方面:一是网页内容的静态性。HTML 页面一旦写好,其内容就固定了下来。如果需要更新网页内容,则必须修改 HTML 代码,因此把这种 HTML 页面称为静态网页。二是布局的局限性。最初的 HTML 是被设计用于定义超文本类型的内容,在布局上没有太多的考虑,只能通过宽度、高度等简单的标记属性来实现有限的效果。

2. CSS 技术

CSS(Cascading Style Sheet,层叠样式表)技术是一种定义样式结构(如字体、颜色、位置等)的语言,用于描述网页上的信息格式化和显示的方式。它为 HTML 带来了两大好处,一是丰富了 HTML 的表现能力,使得网页的布局、格式、表现样式等方面的能力大大增强;二是实现了网页内容与表现的分离,CSS 实现表现样式的控制之后,HTML 就只需专注于网页内容的表示,从而提高了网页的开发和维护效率。

3. JavaScript 技术

JavaScript 是一种广泛应用于客户端的脚本语言,通过嵌入 HTML 中来实现自身的功能。通过控制网页元素的行为和 CSS 代码中的样式定义,为网页增添诸如表单内容验证、动画显示效果等功能,可以使静态网页具备一定的动态效果。但是这种动态性只体现在客户端的浏览器上,并非网页内容的动态变化,所以把这种具有动态效果的网页称为动态 HTML 页面,其本质仍然是静态网页。真正的动态网页是通过在服务器端编程实现网页内容的动态变化而实现的。

在客户端开发技术中,HTML 使用标记将信息分门别类地组织在一起,形成 Web 应用的用户界面,开发者需要熟练掌握 HTML 文档的基本结构和常用标记的用法。CSS 主要用于定义网页的外观,实现对页面布局、字体、颜色、背景和效果等方面的精确控制。同时,也分离了网页的数据代码和样式代码,提高了网页的开发效率。JavaScript 作为一种基于对象和事件驱动的解释型脚本语言,为浏览器提供了一些动态的功能,使得 Web 应用的用户界面更有交互性,增强用户的体验。

1.2.3 服务器端开发技术

服务器端开发技术是指编写服务器端代码的技术。这些代码在服务器端运行,其运行结果通常是 HTML 代码,并发送给客户端浏览器。与动态 HTML 页面不同之处在于,每次执行得到的页面可能会有变化,因此是真正的动态网页。常见的动态网页开发技术有 ASP、JSP 和 PHP 等。这些技术入门简单,易于使用,适合开发功能简单、规模较小的 Web 应用,在实际中也得到了较多的应用。动态网页运行机制如图 1.25 所示。

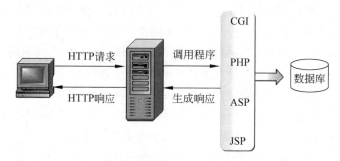

图 1.25　动态网页运行机制

本书所涉及的服务器端开发技术主要包括 Servlet 技术、JSP 技术、JavaBean 组件技术和 JDBC 技术等。

1. Servlet 技术

Servlet 是以 Java 技术为基础的服务器端应用程序组件,与运行在浏览器端的 Applet 相对应。Servlet 是被 Web 服务器(如 Tomcat)加载和执行,而 Applet 则是被浏览器加载和执行。Servlet 通过 Web 服务器接收客户端浏览器发来的请求,执行预定的功能,然后将执行结果返回给客户端的浏览器。Servlet 可以使用服务器端的所有 Java 类库资源,所以理论上其功能可以无限扩展。

2. JSP 技术

JSP(Java Server Page)是建立在 Servlet 规范提供的功能之上的一种动态网页技术。它简化了开发方式,加强了界面设计,定位于交互网页的开发,但功能上与 Servlet 相比弱化了许多,在高级开发中一般只用于用户界面部分。与 ASP 和 PHP 类似,JSP 也是在网页文件中嵌入脚本代码来产生动态内容,只不过其脚本语言是 Java。JSP 页面接收到客户端浏览器的请求后,先由 Web 容器将 JSP 文件转换为 Servlet,再由该 Servlet 处理此请求,最后将执行结果返回给客户端的浏览器。

Servlet 和 JSP 是 Java Web 开发中最重要的两个规范。从上面的介绍可以看出,JSP

在本质上其实就是 Servlet，但 JSP 在处理静态内容时要比 Servlet 更为方便。

3. JavaBean 组件技术

JavaBean 是 Java 组件技术的核心，它是 Java 平台上实现重用的软件组件模型。JavaBean 是一种特殊的 Java 类，需要满足一定的规范要求。它一般用于封装业务逻辑代码或数据访问代码，之后可以在 JSP 中直接使用，从而提高代码的重用率和系统安全性。

4. JDBC 技术

JDBC（Java DataBase Connectivity）是一种用于执行 SQL 语句的 Java API（Application Programming Interface，应用编程接口），由一组 Java 语言编写的类和接口组成。JDBC 很好地屏蔽了不同数据库之间差异，为 Java 程序员提供了一个通用的用户接口，使得程序员能够以统一的 SQL 语句来操作不同的数据库，从而不需要考虑所使用的数据库平台的类型。

但是，这种简单地基于脚本语言所开发的动态网页，存在代码可读性和可维护性较差等缺点，不能适应规模较大、业务逻辑复杂的应用系统开发。一种替代的选择是选用企业级开发解决方案，如 Java EE、ASP.NET 等。这些技术除了具有动态网页开发技术的优点之外，还具有开发效率高、可维护性好、可扩展性强等特点，一般采用 Java、C♯ 等语言，有丰富的类库支持，而且易于使用各类成熟的开发模式（如前后端分离）进行开发，使得应用系统的开发和维护都更为快捷和方便。本书第 10 章会对前后端分离的开发模式做简要介绍。

Java EE 技术是 Java 发展最为成熟和成功的一个领域。经过多年的发展，目前已经积累了大量的常用类库、成熟的设计思想，还有许多开源资源可供使用，如 Tomcat、JBoss 等 Web 服务器，Spring、MyBatis 等应用框架，以及 IDEA 等开发工具，这些资源能够极大地提高开发效率，减少程序员的重复劳动。Java Web 应用开发是 Java EE 中的重要组成部分。

1.2.4 HTTP

Web 的基础是 HTTP（HyperText Transfer Protocol，超文本传输协议），Web 应用程序实际上也可以看作是运行在 HTTP 基础上的请求响应处理。HTTP 是用于从 Web 服务器传输超文本到本地浏览器的一个网络协议。它定义了 Web 客户端如何向 Web 服务器请求 Web 页面，以及服务器如何把 Web 页面传送给客户端。

HTTP 采用请求/响应模型。Web 浏览器作为 HTTP 客户端通过 URL 向 HTTP 服务器端即 Web 服务器发送请求报文。请求报文中包含请求方法、URL、协议版本、请求报文头和请求数据。服务器根据接收到的请求向客户端发送响应报文。响应报文中包括协议版本、成功或错误代码、服务器信息、响应报文头以及响应数据。

HTTP 请求/响应的处理过程包括以下步骤，如图 1.26 所示。

（1）浏览器向 Web 服务器发送请求报文。

（2）服务器解析接收到的请求，定位请求资源，做相应处理，然后封装好响应报文，回送给浏览器。

（3）浏览器收到响应报文，解析 HTML、图片等静态内容，渲染网页后呈现给用户，

图 1.26　HTTP 请求/响应机制

解析 DOM(Document Object Model，文档对象模型)树，脚本引擎执行脚本代码，完成 DOM 操作、CSS 属性更改、发送 AJAX（Asynchronous JavaScript And XML，异步 JavaScript 和 XML)请求等功能。

HTTP 主要有以下特点。

- 简单快速：客户向服务器请求服务时，只需传送请求方法和路径。由于 HTTP 简单，使得 HTTP 服务器的程序规模小，因此通信速度很快。
- 灵活：HTTP 允许传输任意类型的数据对象，数据类型由 Content-Type 加以标记。
- 无连接：限制每次连接只处理一个请求。服务器处理完客户的请求，并收到客户的应答后，即断开连接。采用这种方式可以节省传输时间。
- 无状态：HTTP 是无状态协议，对于事务处理没有记忆能力。这意味着如果后续处理需要前面的信息，就必须重传，这样可能导致每次连接传送的数据量增大。但在服务器不需要先前信息时，应答会比较快。

1.3　Web 应用开发流程

这里描述的是一般的 Web 应用开发流程。根据项目规模的大小不同，其中的某个步骤可能很小，也许在脑海中就能够完成。不过，了解一下事情的整个过程还是有好处的。另外，这里只是对开发流程做一个简要描述，更详细的介绍可以参考软件工程方面的相关资料。通常，把软件开发的过程分为需求分析、系统设计、编程实现和测试发布等几个阶段。

1.3.1　需求分析

开发 Web 应用的第一个阶段是分析用户需求。这个阶段的主要任务是定义出一个尽量周全的功能清单，作为接下来进行程序开发工作的目标。在开始具体的开发工作之前，需要先明白客户想要的是什么。通过双方的讨论总结出需求和软件规格。对于本书中所要实现的新闻发布系统，在 1.1.1 节已经给出了具体的用户需求。

1.3.2　系统设计

明确用户需求之后，就可以进入系统设计阶段。系统设计是程序开发的关键环节，设计任务大致可以分为界面设计、数据库设计、功能设计和架构设计等几个方面。

1. 界面设计

根据用户需求,首先进行初步的界面流程设计。这个步骤能够明确程序最终的样子,可以用一些词语描述,进行适度细化。在设计过程中,每当有了一个好的想法,或者想到事情应该如何做时,可以做出标注(例如,当单击这个按钮时应该使另外一个元素改变或隐藏,可以把它写在流程图上)。这个步骤的工作可以用纸笔或使用专门的工具软件来完成。

当完成初步的界面流程设计之后,可以开始制作界面原型。Web 应用程序的原型一般用 HTML 实现,并使用 CSS 和 JavaScript 实现效果渲染。需要实现页面的布局,设定好链接、颜色、字体和字体大小等各个方面。这里所完成的内容都可以用在最终的程序中。

在这个阶段的最后,要开发的 Web 应用最终的运行效果和各个界面之间的流程已经明确,比如登录页面有哪些内容、用户如何从主页切换到各个页面等。在实际开发中,界面设计通常要反复进行很多次,每一次重复都会把设计更加细化。

2. 数据库设计

根据对用户需求的分析,明确程序所要实现的功能之后,就可以确定程序要处理的数据对象,并使用数据库来存储这些数据。按照数据库设计规范,设计出所要使用的数据表结构。

在本书的示例应用中,共用到 4 个数据表,分别是新闻表(news)、评论表(comment)、新闻类别表(newstype)和用户表(user)。各个数据表的结构如图 1.27 所示。

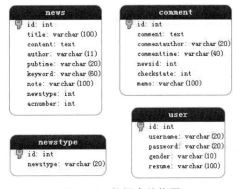

图 1.27　数据表结构图

3. 功能设计

功能设计是将用户的功能需求进一步进行细化。1.1.2 节已经对示例应用程序的各个功能进行了详细的说明。这是编程实现阶段编写代码的主要依据。

4. 架构设计

对于规模较大的程序,还需要对系统的整体架构进行设计,包括系统的各个功能模块之间如何交互和集成、数据如何存储、怎样进行开发和测试以及在发生变动的时候如何应对等方面给出解决方案。常用的一些架构设计原则包括模块化、轻耦合、无共享架构、减少系统各组件之间的依赖及防止由于服务之间的依赖而造成链式失败等。

1.3.3　编程实现

完成系统设计之后,开始进入编程实现阶段,这也是本书的主要内容。

编程实现阶段通常会按照功能设计中所划分的功能模块来分块进行。在 Web 应用开发中,这个阶段的主要任务包括前台界面的开发和后台功能的实现。前台界面的开发是在界面设计的基础上,实现真正供用户使用的操作界面。后台功能的实现任务包括根据功能设计的结果来编写和使用实现特定功能的类、对象、服务、过程,是整个应用的核心。这一部分的开发工作与普通的编程没有什么区别。最后把前台的界面和后台的功能集成到一起，就形成一个完整的 Web 应用程序。

1.3.4　测试发布

编程实现各个功能模块，并将其集成到一起之后，需要通过测试来确保在需求分析阶段所定义的各项需求和软件规格已经完全实现。事实上，在整个开发过程中都要时时考虑这个问题。另外，还要通过测试确保不会因用户做了一些未实现的操作而导致程序崩溃（参考软件测试中的白盒测试和黑盒测试）。另外，对于 Web 应用程序，还需要确保在各种浏览器上都能正确地运行。根据测试的情况，可以对程序做一些调整。

测试完成之后，进入开发的最后一步——发布 Web 应用，让用户能够真正使用。通常可以先发布一个 Beta 版，让一小部分用户通过实际使用来发现程序中可能存在的各种 bug，以便改进程序的质量，使程序变得更加稳定。经过 Beta 版的试用之后，就可以正式发布。

但 Web 应用程序的发布并不意味着开发过程的结束。在之后的使用中，还要通过不断地听取用户的反馈意见，反复思考如何使应用变得更好，经过不断地迭代开发，最终才能实现一个完美的 Web 应用。

本 章 小 结

本书以一个典型 Web 应用的开发作为贯穿全书的一条主线，按照软件工程的开发流程，围绕各个功能的实现讲解 Java Web 应用开发的关键技术。本章首先介绍示例应用程序的功能需求；然后介绍应用程序的演化过程及程序结构，并对 Web 应用开发技术进行简要介绍，包括客户端开发技术、服务器端开发技术以及 HTTP；最后对 Web 应用的典型开发流程进行说明。

习　　题

1. 单选题

（1）Web 应用是运行在（　　）上的应用程序。

    A. Windows 操作系统　　　　　　　　　B. Web 服务器

    C. Web 浏览器　　　　　　　　　　　　D. Linux 操作系统

（2）Java Web 应用是指使用 Java 语言，按照（　　）规范开发的 Web 应用。

    A. Java ME　　　　　B. Java SE　　　　　C. Java EE　　　　　D. ANSI C

（3）Web 服务器向客户端发送 Web 页面时遵循的是（　　）。

    A. HTTP　　　　　　B. FTP　　　　　　C. TCP　　　　　　D. UDP

2. 简答题

（1）简述 C/S 结构与 B/S 结构的特点及各自的优势。

（2）简述 HTTP 的主要特点。

（3）Web 应用开发的主要流程包括哪些阶段？

第 2 章

用户界面设计

学习目标
➢ 掌握 HTML 常用标记的用法
➢ 了解应用 CSS 设计界面布局和显示样式
➢ 掌握应用 JavaScript 实现常用客户端功能

2.1 用户界面设计任务

在第 1 章已经给出了新闻发布系统的主要功能及相关界面需求,本章开始进行用户界面的设计和实现。

Java Web 应用通过 Web 浏览器来使用,其用户界面主要基于 HTML、CSS 和 JavaScript 等客户端开发技术,以网页的形式实现。用户界面设计的任务主要包括典型界面元素开发、界面布局设计和客户端功能开发。

通过对新闻发布系统的用户界面进行归类,可以将用户界面的构成总结为几类典型界面元素。本章首先使用最新版的 HTML 5 实现这些典型界面元素,包括标题列表、文本段落、评论列表、输入表单、新闻发布表单、管理表格和功能菜单等;然后应用 CSS 完成界面布局的设计与实现;最后使用 JavaScript 开发所需的客户端功能。

2.2 用户界面元素开发

2.2.1 典型界面元素实现

1. 标题列表

在图 1.3 所示的新闻列表功能界面中,显示了一种标题列表,把所有的新闻标题分条依次展示给用户。

这种标题列表的实现使用了 HTML 中的列表元素。列表元素是 HTML 中组织数据的一种形式,在网站界面设计中比较常用,它可以将信息整齐直观地展示给用户。下面给出新闻列表的实现代码。

【程序 2.1】 创建 demo02 文件夹,在其中编写网页文件 listNews.html,使用列表元素实现标题列表。

```
<!DOCTYPE html>
<html>
    <head>
        <title>新闻发布系统 V3</title>
        <meta charset="utf-8">
        <style>
            div{
                display:inline;
            }
        </style>
    </head>
    <body>
        <h1>新闻列表</h1>
        <ul>
            <li>
                <div class="dd_lm">[社会]</div>
                <div class="dd_bt">
                    <a href="#">人工智能产业发展再现新趋势</a></div>
                <div class="dd_time">2021-09-06 16:03:53</div>
            </li>
            <li>
                <div class="dd_lm">[社会]</div>
                  <div class="dd_bt">
                        <a href="#">《数据安全法》带来新的千亿级市场</a></div>
                <div class="dd_time">2021-09-06 16:06:23</div>
            </li>
            <li>
                <div class="dd_lm">[社会]</div>
                <div class="dd_bt">
                    <a href="#">数字经济已成我国经济发展新引擎</a></div>
                <div class="dd_time">2021-09-04 16:05:38</div>
            </li>
            <li>
                <div class="dd_lm">[社会]</div>
                <div class="dd_bt">
                    <a href="#">我国新能源汽车产业发展加速</a></div>
                <div class="dd_time">2021-09-06 16:05:14</div>
            </li>
            <li>
                <div class="dd_lm">[社会]</div>
```

```
            <div class="dd_bt">
                <a href="#">联合国提示未来极端天气可能更频繁</a></div>
            <div class="dd_time">2021-09-06 16:07:32</div>
        </li>
        <li>
            <div class="dd_lm">[社会]</div>
            <div class="dd_bt">
                <a href="#">多地推进机动车不礼让斑马线治理</a></div>
            <div class="dd_time">2021-09-03 16:07:10</div>
        </li>
        <li>
            <div class="dd_lm">[校内]</div>
            <div class="dd_bt">
                <a href="#">时尚礼仪专家做客我校</a> </div>
            <div class="dd_time">2021-09-05 16:17:51</div>
        </li>
        <li>
            <div class="dd_lm">[校内]</div>
            <div class="dd_bt">
                <a href="#">图书馆积极开展"微平台"建设</a></div>
            <div class="dd_time">2021-09-04 16:18:52</div>
        </li>
        <li>
            <div class="dd_lm">[校内]</div>
            <div class="dd_bt">
                <a href="#">外交部原部长来我校作主题报告</a></div>
            <div class="dd_time">2021-09-03 16:18:19</div>
        </li>
        <li>
            <div class="dd_lm">[社会]</div>
            <div class="dd_bt">
                <a href="#">文创雪糕走红,文物也可以很"美味"</a></div>
            <div class="dd_time">2021-09-06 16:07:57</div>
        </li>
    </ul>
  </body>
</html>
```

代码中的<ul>和</ul>是 HTML 实现无序列表的标记,其基本语法如下:

```
<ul type="符号类型">
    <li type="符号类型 1">第一个列表项</li>
    <li type="符号类型 2">第二个列表项</li>
    ...
</ul>
```

<ul>标记中的属性 type 用于指定列表前的项目符号的样式，其取值有 3 种：disc 为实心圆点；circle 为空心圆点；square 为实心方块。默认样式为实心圆点。

在<ul>和</ul>之间的<li>和</li>是列表项标记，每一对标记对应一个列表项，每个列表项用来显示一个标题。可以使用 type 属性，单独设置某个列表项的符号类型。

在新闻列表界面中，使用了简单的无序列表标记，样式为默认值。该列表共有 10 个用<li>标记的列表项。

在浏览器中打开 listNews.html 页面，查看界面效果，可以看到与图 1.3 新闻列表页面效果相同。

2. 文本段落

在图 1.4 所示的新闻阅读功能界面中显示的新闻段落，就是用文本段落的形式将新闻的内容展示给用户的。

文本段落是网页中常见的信息展示形式，主要使用 HTML 的段落标记<p>和</p>来实现。下面给出新闻阅读界面中新闻段落的实现代码。

【程序 2.2】　在 demo02 文件夹中编写网页文件 dispNews.html，使用段落标记实现文本段落显示。

```
<!DOCTYPE html>
<html>
    <head>
        <title>新闻发布系统 V3</title>
        <meta charset="utf-8">
    </head>
    <body>
        <article>
            <h1>人工智能产业发展再现新趋势</h1>
            <div class="news_time">
                <span class="left-t">2021-09-06 16:03:53</span>
                <span class="right-t">(点击: 19)
                    <img src="image/1.png"/>
                    <a href="#">查看评论</a>
                </span>
            </div>
```

```
                <p>世界人工智能大会近日在上海召开。今年大会的主题是"智联世界众志成
           城",为业界和大众带来了一场人工智能发展新技术、新成果、新观点的盛
           宴。目前,我国人工智能产业发展取得显著成效,核心产业规模持续增长,
           智能技术与实体经济融合进一步深入,智能时代正在加速到来。智能科技
           日新月异,各领域"智能+ "新技术、新模式、新业态不断涌现,尤其是在数
           据智能、商业人工智能、可信人工智能等新方向的发展更为引人关注。
                </p>
           </article>
      </body>
</html>
```

从程序 2.1 可以看出,dispNews.html 文件的基本结构与程序 2.1 相同。

HTML 的段落标记<p>和</p>的基本语法如下:

```
<p align="对齐方式">段落 1 内容
<p align="对齐方式">段落 2 内容</p>
```

段落标记可以定义一个新段落。单独使用<p>标记时段落前会空一行,使内容隔行显示。同时使用<p>和</p>,会使段落前后各空一行。

标记的 align 属性用于定义段落的水平对齐方式,其值为 left(左对齐)、center(居中)或 right(右对齐),默认值为 left。

在浏览器中打开 dispNews.html 页面,查看界面效果,可以看到与图 1.4 新闻阅读页面效果相同。

3. 评论列表

在图 1.5 所示的发表和查看评论功能界面中,所显示的评论列表中列出每条评论的评论人信息、评论时间和内容。

评论列表中的每条评论都显示在一个 DIV 层中。在 DIV 层内嵌套的图片标记<img>用来显示评论人图标;嵌套的行内元素标记<span>用于显示评论人账号;嵌套的子 DIV 层用于显示评论内容。下面给出评论列表的实现代码。

【程序 2.3】　在 demo02 文件夹中编写网页文件 listComment.html,实现评论列表。

```
<!DOCTYPE html>
<html>
<head>
    <title>新闻发布系统 V3</title>
    <meta charset="utf-8">
</head>
<body>
    <h2><a href="#">人工智能产业发展再现新趋势</a></h2>
    <span>网友评论仅供网友表达个人看法,并不表明本网站同意其观点或证实其描述
    </span>
```

```
    <div>
        <span class="fd"><img src="image/zt2.gif"></span>
        <span class="fd">发表评论</span>
        <span class="fdr"><img style="cursor: pointer;"
                id="btnSubmitBottom" src="image/an7_1.gif">
        </span>
        <br/><br/>
        <form id="form_pl" method="post">
            <textarea name="comment" id="commentMessage" cols="64" rows="6">
            </textarea>
        </form>
    </div>
    <div class="yc"></div>
    <div class="mian">
        <div class="nr">
            <img class="fd" src="image/an16.gif">
            <span class="fd">评论人：［ user2 ]</span>
            2021-09-06 16:51:59
            <div>
                人工智能需要依托于产业
            </div>
        </div>
        <div>
            <img class="fd" src="image/an16.gif">
            <span class="fd">评论人：［ user1 ]</span>
            2021-09-06 16:50:18
            <div>
                人工智能是科技创新的下一个"超级风口"
            </div>
        </div>
    </div>
    </body>
    </html>
```

    listComment.html 中主要用到了块标记＜div＞、行内元素标记＜span＞和图片标记
＜img＞。

    （1）块标记＜div＞

    ＜div＞是一个块标记，可容纳标题、段落、表格、图像等各种 HTML 元素，＜div＞与
＜/div＞之间的内容可以成为独立的一部分。在＜div＞与＜/div＞之间的 HTML 内容
称为"div block"或者 "DIV 层"。基本语法如下：

```
    <div>…</div>
    <div>…</div>
```

单纯使用＜div＞标记，只能起到换行的作用。之所以在评论列表中使用＜div＞标记，主要是使用 DIV 层的独立性，从而方便对其应用 style 属性或者 CSS（详见 2.3 节）来设置排版等显示样式的定义。

DIV 层之间也可以嵌套，通常把这种嵌套理解为父层与子层的关系，其语法形式为：

```
<div>
    <div>…</div>
    <div>…</div>
</div>
```

因为在评论列表中，每条评论的样式都是一样的，所以可以使用＜div＞标记将每条评论都创建为一个 DIV 层，再用 class 属性来引用已创建好的 CSS 样式（详见 2.3 节）。

一条评论中的评论信息行与评论内容的样式不同，这就需要通过嵌套多个 DIV 层来实现。评论内容的样式也可以使用＜div＞的 style 属性来设置。

（2）行内元素标记＜span＞

与＜div＞标记一样，＜span＞标记也是一种容器标记。在＜span＞标记中也可以容纳各种 HTML 元素，并形成独立的对象。二者的区别在于，＜div＞是块级元素，它包含的元素会自动换行，而＜span＞是行内元素，在它的前后不会换行。通常可以把＜span＞作为子元素包含在＜div＞标记中。

在评论列表中，因为评论信息行的评论人和评论时间样式不同，所以可以使用＜span＞标记实现。因为＜span＞标记不会换行，所以可用多个＜span＞标记来实现一行中的不同样式。

（3）图片标记＜img＞

HTML 利用图片标记＜img＞往网页中插入静态或动态的图像，如在评论列表中插入评论人图标。

＜img＞标记的格式如下：

```
<img src="图片地址" >
```

src 属性用于设置图片的 URL，即图片的地址和图片名称。图片类型可以是 jpeg、gif 或 png 格式的文件。

在浏览器中打开 listComment.html 页面，查看界面效果，可以看到与图 1.5 页面效果相同。

4. 输入表单

在图 1.7 所示的用户登录功能界面中，使用了一个典型的输入表单。用户可以在表单中输入用户名和登录密码，然后单击"登录"按钮实现用户登录功能。

输入表单的功能是将用户输入的信息提交到服务器端进行处理，其实现主要使用了 HTML 的表单标记＜form＞和输入标记＜input＞。下面给出用户登录功能界面的实现代码。

【**程序 2.4**】 在 demo02 文件夹中编写网页文件 userlogin.html，实现输入表单功能。

```
<!DOCTYPE html>
<html>
    <head>
        <title>新闻发布系统 V3</title>
        <meta charset="utf-8">
    </head>
    <body>
        <form action="" method="post" >
            <input type="text" name="username" placeholder="用户名"
                required="required" /><br><br>
            <input type="password" name="password" placeholder="登录密码">
                <br><br>
            <input type="submit" value="登录"></input>
        </form>
    </body>
</html>
```

userlogin.html 中主要用到了表单标记＜form＞和输入标记＜input＞。

（1）＜form＞标记

＜form＞标记用于定义 HTML 表单。表单可以用来收集用户输入的信息，然后将这些信息提交给服务器端处理，实现用户和服务器端程序之间的交互。用户输入表单的信息要通过各种输入控件来完成提交，常用的输入控件有文本框、复选框、单选框等形式。表单定义的格式如下。

```
<form name="表单名" action="URL" method="get|post">
    <input type="表项类型" name="表项名" value="默认值"
        placeholder="提示信息" required="required" />
    …
</form>
```

＜form＞标记的常用属性如下。
- name 属性：指定表单的名称。
- action 属性：规定当提交表单时，向何处发送表单数据。
- method 属性：规定用什么方式发送表单数据。

（2）＜input＞标记

＜input＞标记用于定义表单中的输入控件，使用户能够使用文本框、下拉列表、单选按钮、复选框等多种方式输入信息。

＜input＞标记的常用属性如下。
- type 属性：设置输入控件的类型，比如文本框（text）、密码框（password）、提交按钮(submit)、隐藏域(hidden)、复选框(checkbox)、单选按钮(radio)、文件域(file)等。

- value 属性：设置该输入控件的控制初值,用于告诉表单用户的默认输入值或选择结果。
- checked 属性：在定义复选框和单选按钮时表示是否为默认选中项,若不设置则表示该项默认未选中。
- name 属性：指定输入控件的名称,对于复选框和单选框,同一组选择框的输入控件名称必须相同。
- placeholder 属性：提供可描述输入字段预期值的提示信息,该提示会在用户输入值之前显示。
- required 属性：规定必须在提交表单之前填写输入字段。如果使用该属性,则字段变为必填或必选项。其用法是 required＝"required"或直接简写为 required。

userlogin.html 中实现了一个简单的输入表单,其中包含 3 个<input>输入标记,文本框用于输入用户名;密码框用于输入密码;提交按钮用于提交表单信息到服务器。

在浏览器中打开 userlogin.html 页面,查看界面效果,可以看到与图 1.7 用户登录页面效果相同。

5. 新闻发布表单

在图 1.16 所示的新闻发布功能界面中也实现了一个输入表单,但这个表单的输入形式比用户登录表单更复杂。在该表单中除了新闻标题和关键字这些简单的输入形式之外,还有选择新闻类别和输入新闻内容的输入元素。新闻类别使用下拉列表框选择;新闻内容因为需要输入多行文本,所以使用多行文本框实现。下面给出新闻发布表单的实现代码。

【程序 2.5】　在 demo02 文件夹中编写网页文件 addNews.html,实现新闻发布表单。

```
<!DOCTYPE html>
<html>
    <head>
        <title>新闻发布系统 V3</title>
        <meta charset="utf-8">
    </head>
    <body>
        <h1>新闻发布</h1>
        <form action="" method="post">
            标题: <input type="text" name="title" id="title"></input>
            <br/><br/>
            类别: <select name="newstype">
                    <option value="1">校内</option>
                    <option value="2">社会</option>
                </select>
```

```
关键字: <input type="text" name="keyword" id="keyword">
        </input><br/><br/>
内容: <textarea name="content" cols="25" rows="5"></textarea>
        <br/><br/>
<input type="submit" value="发布"></input>
    </form>
  </body>
</html>
```

addNews.html 中用到了下拉列表框和多行文本框两种输入元素。

（1）下拉列表框

下拉列表框需要使用＜select＞和＜option＞两个标记来定义。定义形式如下：

```
<select name="控件名" size="大小" multiple >
    <option value="选项值">选项名称</option>
    <option value="选项值" selected>选项名称</option>
    …
</select>
```

＜select＞标记的属性 multiple 表示允许用户从列表中选择多项，若缺省，则表示单选。

＜option＞标记有两个属性，即 value 和 selected。前者用于设置当该选项被选中并提交后，浏览器传给服务器的数据；后者表示是否为缺省选中项，若缺省，则表示未被选中。

新闻发布界面中的类别有两种，所以需要两个＜option＞标记，每个选项的 value 值不能相同，否则就失去了选择的意义。

（2）多行文本框

＜textarea＞标记用于实现一个多行文本框，定义形式如下：

```
<textarea name="content" clos="25" rows="5">编辑框默认显示的内容</textarea>
```

其中，clos 设置输入域的列数，rows 设置输入域的行数。

新闻发布界面中新闻内容＜textarea＞标记中的内容默认为空，需要用户输入。

在浏览器中打开 addNews.html 页面，查看界面效果，可以看到与图 1.16 新闻发布页面效果相同。

6. 管理表格

新闻系统中管理表格较多，如用户管理、评论管理、新闻管理等。这里以图 1.13 所示的用户管理功能界面为例来说明管理表格的实现。

管理表格是网站界面常用的数据组织形式，其实现要使用 HTML 的表格元素，主要用到＜table＞、＜tr＞、＜th＞、＜td＞四个标记。其中，＜table＞是表格标记，＜tr＞是行标记,<th>是标题单元格或者表头标记,<td>是单元格标记。

下面给出用户管理表格的实现代码。

【**程序 2.6**】 在 demo02 文件夹中编写网页文件 manageUser.html,实现管理表格功能。

```
<!DOCTYPE html>
<html>
    <head>
        <title>新闻发布系统 V3</title>
        <meta charset="utf-8">
    </head>
    <body>
        <h1>用户管理</h1>
        <table border="1">
            <tr>
                <th>序号</th>
                <th>用户名</th>
                <th>删除</th>
            </tr>
            <tr>
                <td>1</td>
                <td>admin</td>
                <td><a href="#"><img src="image/hr.gif" alt="删除"/></a>
                </td>
            </tr>
            <tr>
                <td>2</td>
                <td>user1</td>
                <td><a href="#"><img src="image/hr.gif" alt="删除"/></a>
                </td>
            </tr>
            <tr>
                <td>3</td>
                <td>user2</td>
                <td><a href="#"><img src="image/hr.gif" alt="删除"/></a>
                </td>
            </tr>
            <tr>
                <td>4</td>
                <td>newuser</td>
                <td><a href="#"><img src="image/hr.gif" alt="删除"/></a>
                </td>
```

```
            </tr>
        </table>
    </body>
</html>
```

manageUser.html 中用到了与表格相关的＜table＞标记、＜tr＞标记和＜td＞标记等。

表格的一般定义格式如下：

```
<table border="n">
        <tr><th>表头 1</th><th>表头 2</th></tr>
        <tr><td>单元格 1</td><td>单元格 2</td></tr>
        ...
        <tr><td>单元格 1</td><td>单元格 2</td></tr>
</table>
```

（1）＜table＞标记

＜table＞标记用于设置表格的格式，如表格宽度、高度、边框线、边距、单元格间距等，表格边框线宽度用 border 指定，单位是像素，当值为 0 时不显示边框。

（2）＜tr＞标记

＜tr＞标记用于定义表格中的一行。

（3）＜td＞和＜th＞标记

表格的单元格用＜td＞标记定义，表头单元格也可以用＜th＞标记定义。

用户管理界面是一个 5 行 3 列的表格，第一行为标题行即表头，其余各行是用户的具体信息。通过表格的形式清晰地展示了系统用户的信息，所以表格的作用之一就是用于数据的展示。另外表格还可以用于页面布局，详见 2.3 节。

在浏览器中打开 manageUser.html 页面，查看界面效果，可以看到与图 1.13 用户管理页面效果相同。

7. 功能菜单

在图 1.12 所示的新闻发布系统界面中，所实现的功能菜单能够链接到新闻管理界面、评论管理界面、用户管理界面及回到首页。这个功能菜单使用＜div＞标记嵌套＜div＞和＜nav＞标记，菜单项使用＜ul＞和＜li＞标记实现，导航功能使用超链接实现。下面给出功能菜单的实现代码。

【程序 2.7】 在 demo02 文件夹中编写网页文件 menu.html，实现功能菜单。

```
<!DOCTYPE html>
<html>
    <head>
```

```
        <title>新闻发布系统 V3</title>
        <meta charset="utf-8">
        <style>
            #menu {
                width:950px;
            }
            #user {
                float: left;
            }
            nav {
                float: right;
                height: 30px;
                margin: 0 20px;
            }
            nav ul {
                float: left;
                margin: 0;
            }
            nav li {
                display: inline;
            }
        </style>
    </head>
    <body>
        <div id="menu">
            <div id="user">
                <a href="#">用户登录</a>
            </div>
            <nav>
                <ul>
                    <li><a href="#">新闻管理</a></li>|
                    <li><a href="#">评论管理</a></li>|
                    <li><a href="#">用户管理</a></li>|
                    <li><a href="#">首 页</a></li>
                </ul>
            </nav>
        </div>
    </body>
</html>
```

代码中的<a>和</a>为超链接的标记,可以实现从一个页面到另一个页面的跳转。超链接定义格式如下:

```
<a href="目标地址">超链接名称或者图片</a>
```

其中，属性 href 指定目标地址的 URL，是必选项。超链接标记的内容可以是文字，也可以是图片。

这里为了实现菜单项的显示效果，使用了 CSS 代码来控制样式，具体用法在 2.3 节介绍。

在浏览器中打开 menu.html 页面，查看功能菜单效果。

2.2.2 HTML 相关知识

1. HTML 概述

前面已经使用 HTML 实现了典型界面元素，这里对 HTML 进行简要的介绍。

Web 的首要任务是向人们提供信息和信息服务，而 HTML 则是信息展现的最有效载体之一，它使 Web 实现了信息与信息的连接。

HTML 是目前网络上应用最广泛的语言，也是构成网页文档的主要语言。之所以称为 HTML（超文本标记语言），是因为通过在文本中包含"超级链接"而实现"超文本"。超文本就是用超链接的方法，将各种不同空间的文字信息组织在一起的网状文本，实现文本的非线性组织。

HTML 是 SGML（Standard Generalized Markup Language，标准通用标记语言）下的一个应用，它通过标记符号来控制文本的显示效果。网页的本质就是超文本标记语言通过在文本文件中添加标记，来告知浏览器如何显示其中的内容，例如文字如何处理、画面如何安排、图片如何显示等。HTML 文件的扩展名为.htm 或者.html。

HTML 的最新规范是 HTML 5。它在 HTML 4.01 的基础上进行了一定的改进，提供了一些新的元素来创建更好的页面结构，增加了页面功能。例如，新增加的一些表单相关标记和属性，使表单的功能更加强大；增加的音频和视频相关标记实现了对多媒体音频和视频的支持；增加了图形绘制、地理定位、数据存储等新特性，从而使 Web 成为一个更加成熟的应用平台。本书的 HTML 代码都是用 HTML 5 编写的。

2. HTML 文件的执行

HTML 文件是由 HTML 命令组成的描述性文本，它使用标记来说明文字、图形、动画、声音、表格、链接等。HTML 具有平台无关性。无论用户使用何种操作系统，只要有相应的浏览器程序，就可以运行 HTML 文件。需要强调的是，HTML 文件需要在浏览器上执行。

根据 HTML 文件的位置不同，可以把浏览器执行 HTML 文件的方式分为远程访问和本地访问两种类型。

（1）远程访问方式

远程访问 HTML 文件是指远程访问存储在 Web 服务器上的 HTML 文件，其执行流程如图 2.1 所示。

远程访问 HTML 文件的过程如下。

① 用户在浏览器中输入网址（假设是一个 HTML 页面）。

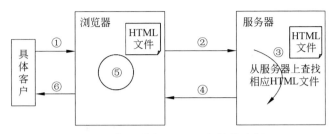

图 2.1　远程访问 HTML 文件的流程

② 浏览器向服务器发出请求。

③ 服务器查找相应 HTML 文件。

④ 将找到的文件返回给浏览器。

⑤ 浏览器按顺序阅读 HTML 文件,然后根据标记符解释和显示其标记的内容,但是对于书写错误的标记并不会指出其错误,也不停止解释执行过程。

⑥ 客户看到显示效果。

(2) 本地访问方式

本地访问 HTML 文件是指访问存储在本地磁盘上的 HTML 文件,其执行流程如图 2.2 所示。

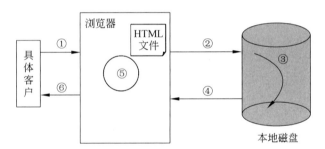

图 2.2　本地访问 HTML 文件的流程

本地访问与远程访问的区别只是在于,前者是浏览器直接从本地磁盘读取 HTML 文件。其他步骤与远程访问相同。

3. HTML 文件的基本结构

HTML 文件包括头部和主体两个部分,整个文件以<html>标记开头,以</html>标记结束。

HTML 文件的基本结构如下。

`<!DOCTYPE html>`	HTML 5 的文档声明
`<html>`	HTML 文件开始
`<head>`	头部开始
`...`	头部内容
`</head>`	头部结束
`<body>`	主体开始

```
        ...                        文件主体内容
      </body>                      主体结束
    </html>                        HTML 文件结束
```

（1）DOCTYPE 声明

DOCTYPE 是 document type（文档类型）的简写。DOCTYPE 声明指定了 HTML 文档所遵循的文档类型定义（Document Type Definition，DTD），也就是告诉浏览器应当使用哪种 HTML 版本的规范来解读 HTML 文档。DOCTYPE 声明必须写在所有代码的最前面。＜！DOCTYPE html＞是 HTML 5 的文档声明。

（2）＜head＞标记

＜head＞标记用于定义 HTML 的头部，头部内容在页面中是不显示的。头部主要包括以下内容：

- 页面标题：用＜title＞标记定义，格式如下。

```
<title>页面标题</title>
```

- 关于字符集的说明信息：用＜meta＞标记定义。＜meta＞标记的 charset 属性用于设置页面字符集。

```
<meta charset="某种字符集">
```

常用字符集有 UTF-8 和 GBK。

name 属性可以指定设置页面描述信息或页面关键字，具体值由 content 属性给出。

＜head＞标记中可以包含多个＜meta＞标记，以实现对不同内容的说明。

- CSS 和 JS 代码：可以用＜style＞标记来定义 CSS 样式或用＜link＞标记导入 CSS 文件，用＜script＞标记定义或导入 JavaScript 脚本。

（3）＜body＞标记

＜body＞标记用于定义 HTML 的主体，主体包含了网页的具体内容，使用各种 HTML 标记进行定义。

4. HTML 标记

HTML 标记用于描述网页结构和控制各种对象（如文本、图片、表格、声音、动画等）的显示效果。HTML 标记由一对尖括号和标记名构成，分为开始标记和结束标记。开始标记使用＜标记名＞表示，结束标记使用＜/标记名＞表示。同时具有开始和结束标记的称为双标记，而只有开始标记的称为单标记。

对象的具体样式由属性和属性值来设置。属性的设置要放到开始标记中，结束标记中不包含任何属性。语法格式如下。

```
<标记名 属性名="属性值" 属性名="属性值" …>标记内容</标记名>
```

前面已经介绍了<ul>、<p>、<div>、<span>、<form>、<input>、<table>、<a>等常用标记的用法,在此不再赘述。

2.3　界面布局设计

2.3.1　界面布局构成

在 2.2 节已经实现了新闻发布系统中的典型界面元素,本节进行新闻发布系统界面的整体布局设计。在第 1 章给出的新闻发布系统功能描述中,界面的整体布局效果如图 2.3 所示。布局设计采用了如图 2.4 所示的结构。

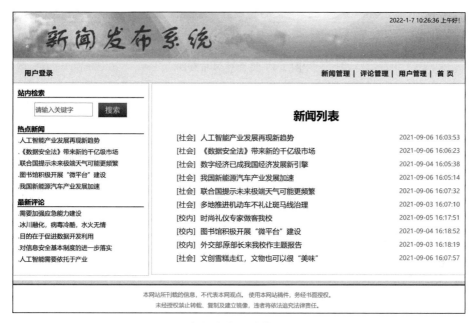

图 2.3　新闻发布系统的页面效果图

整个页面被分为 4 个部分:Logo 区、菜单栏、主体部分和页脚区。

① Logo 区位于页面顶端,显示新闻发布系统的 Logo。

② 菜单栏位于 Logo 部分下面,分为左右两部分。左侧主要显示用户登录链接和用户信息,右侧是动态功能菜单。

③ 主体部分分为侧栏和主体区,侧栏主要放置站内检索、热点新闻、最新评论,主体区显示页面的主体内容。

④ 页脚区位于页面最下面,用来显示版权、联系方式等页脚信息。

其中,动态菜单栏的内容会根据用户身份的不同有所变化,具体情况如表 2.1 所示。对于匿名用户,左侧显示登录链接,右侧是首页链接;注册用户登录之后,左侧显示当前用户信息和退出登录链接,右侧显示注册用户的功能菜单;管理员用户登录后,左侧显示当前用户信息和退出登录链接,右侧显示管理员用户的功能菜单。

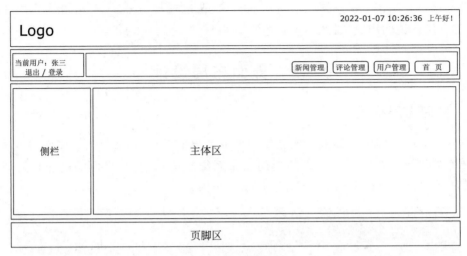

图 2.4　页面整体布局图

表 2.1　菜单栏内容

用户身份	左 侧 内 容	右 侧 内 容
匿名用户	用户登录链接	首页
注册用户	当前用户信息和退出登录链接	（注册用户）评论管理、（注册用户）用户管理、首页
管理员用户	当前用户信息和退出登录链接	（管理员用户）新闻管理、（管理员用户）评论管理、（管理员用户）用户管理、首页

2.3.2　界面布局实现

新闻发布系统界面布局可以使用 CSS 实现。如图 2.4 所示，整个页面分为 Logo 区、菜单栏、主体部分和页脚区 4 个部分，分别使用＜header＞标记、两个＜div＞标记和＜footer＞标记实现；然后使用链接外部 CSS 文件的方式，使用 CSS 对各个部分进行布局和样式控制；最后在各个标记内添加相应内容。下面给出页面整体布局的实现代码。

【程序 2.8】　在 demo02 文件夹中编写网页文件 index.html，实现首页。

```
<!DOCTYPE html>
<html>
    <head>
        <title>新闻发布系统 V3</title>
        <meta charset="utf-8">
        <link rel="stylesheet" type="text/css" href="css/main.css">
    </head>
    <body>
    <header>
            Logo 区
```

```
    </header>
    <div id="menu"><!--菜单栏 DIV 层开始-->
        <div id="user">
            菜单栏左侧部分
        </div>
        <nav>
            菜单栏右侧部分
        </nav>
    </div><!--菜单栏 DIV 层结束-->
    <div id="content"><!--主体部分 DIV 层开始-->
        <aside>
            主体部分左栏
        </aside>
        <main>
            主体部分右栏
        </main>
    </div><!--主体部分 DIV 层结束-->
    <footer>
        页脚区
    </footer>
    </body>
</html>
```

下面是依次实现各部分的代码及相关的 CSS 样式定义。

1. Logo 区

在程序 2.8 的 Logo 区中增加 DIV 层,代码如下。

```
...
<header>
    <div id="logo_main"></div>
</header>
...
```

【**程序 2.9**】　在 demo02 文件夹中创建 css 文件夹,然后在 css 文件夹内创建 CSS 样式文件 main.css,编写 Logo 区的 CSS 样式代码如下。

```
div#logo_main {
    background: url("../image/top_bj.gif") no-repeat center;
    margin: 0 auto;
    width: 950px;
    height: 109px;
}
```

在 DIV 层中使用了交集选择器 div♯logo_main 样式。在♯logo_main 样式中设置图片 top_bj.gif 作为背景，另外还设置了外边距属性 margin、宽度属性 width 和高度属性 height 的值。

2. 菜单栏

在程序 2.8 的菜单栏部分的 DIV 层中增加如下代码。

```html
...
<div id="menu">
    <div id="user">
        <a href="#">用户登录</a>
    </div>
    <nav>
        <ul>
            <li><a href="#">新闻管理</a></li>|
            <li><a href="#">评论管理</a></li>|
            <li><a href="#">用户管理</a></li>|
            <li><a href="#">首 页</a></li>
        </ul>
    </nav>
</div>
...
```

接着在程序 2.9 的 main.css 中继续编写菜单栏 CSS 样式代码。

```css
#menu {
    margin: 0 auto;
    padding-top:10px;
    width:950px;
    text-align: center;
    color:#0000ff;
    background:#e8f3fb;
    border-bottom:solid 1px #bfdaf5;
    height:30px;
    clear:both;
    font-size:14px;
    font-weight:bold;
    letter-spacing: 1px;
}
#menu #user{
    float: left;
    margin: 0 20px;
```

```
    }
    nav{
        float: right;
        height: 30px;
        margin: 0 20px;
    }
    nav ul{
    float: left;
    margin: 0;
    }
    #menu li{
        display:inline;
    }
    #menu li a,#menu #user a{
        padding:3px 5px;
        color:#0000ff;
    }
    #menu li a:hover{
        color:#ffffff;
        background:#40b7ed;
    }
```

　　菜单栏父 DIV 层内嵌套了一个子 DIV 层和一个＜nav＞导航链接,如图 2.5 所示。
父 DIV 层使用样式表中的样式♯menu 进行布局和修饰。样式♯menu 设置了 margin、
padding-top、width、text-align、color、background、border-bottom、height、font 等属性。
另外还对父 DIV 层的位置、背景以及 DIV 层内容的字体等进行了设置。

图 2.5   菜单栏布局

　　子 DIV 层即菜单栏左侧部分使用了后代选择器♯menu ♯user 样式。在♯user 样
式中进行了浮动设置,即设置了 CSS 中 float 属性。float 值为 left,使第一个子 DIV 层向
左侧对齐。另外设置上下外边距为 0,左右外边距为 20px。
　　导航标记＜nav＞的样式设置该层向右侧浮动,高度设置为 30px,外边距设置与子
DIV 层相同。
　　导航标记内是一个无序列表,使用 nav ul 样式设置左侧浮动。列表项的样式在后代
选择器♯menu li 中定义,因为 display 值设置为 inline,所以列表项不会换行。列表项中
的超链接使用了伪元素选择器♯menu li a:hover,当鼠标悬浮于菜单上时,超链接变白
色,并呈深蓝色背景。
　　3. 主体部分
　　在程序 2.8 的主体部分 DIV 层中增加如下代码。

```
...
<div id="content">
    <aside>
        <section>
            <h1>站内检索</h1>
            <hr/>
            <form>
                <input type=" text" placeholder =" 请 输 入 关 键 字 " name =
                "keyword"/>
                <img id="submitBtn" style="cursor: pointer;"
                onclick="submitFun()"name="submitBtn" src="image/ss.jpg"/>
            </form>
        </section>
        <section>
            <h1>热点新闻</h1>
            <hr/>
            <ul>
                <li>.<a href="#">人工智能产业发展再现新趋势</a></li>
                <li>.<a href="#">《数据安全法》带来新的千亿级市场</a></li>
                <li>.<a href="#">联合国提示未来极端天气可能更频繁</a></li>
                <li>.<a href="#">图书馆积极开展"微平台"建设</a></li>
                <li>.<a href="#">我国新能源汽车产业发展加速</a></li>
            </ul>
        </section>
        <section>
            <h1>最新评论</h1>
            <hr/>
            <ul>
                <li>.<a href="#">需要加强应急能力建设</a></li>
                <li>.<a href="#">冰川融化,病毒冷酷,水火无情</a></li>
                <li>.<a href="#">目的在于促进数据开发利用</a></li>
                <li>.<a href="#">对信息安全基本制度的进一步落实</a></li>
                <li>.<a href="#">人工智能需要依托于产业</a></li>
            </ul>
        </section>
    </aside>
    <main>
        <!--main begin -->
        <section class="news_list">
            <h1>新闻列表</h1>
            <ul>
                <li>
```

```
            <div class="dd_lm">[社会]</div>
            <div class="dd_bt"><a href="#">人工智能产业发展再现新
            趋势
                </a></div>
            <div class="dd_time">2021-09-06 16:03:53</div>
    </li>
    <li>
            <div class="dd_lm">[社会]</div>
            <div class="dd_bt"><a href="#">《数据安全法》带来新的
            千亿级市场
                </a></div>
            <div class="dd_time">2021-09-06 16:06:23</div>
    </li>
    <li>
            <div class="dd_lm">[社会]</div>
            <div class="dd_bt"><a href="#">数字经济已成我国经济发展
            新引擎
                </a></div>
            <div class="dd_time">2021-09-04 16:05:38</div>
    </li>
    <li>
            <div class="dd_lm">[社会]</div>
            <div class="dd_bt"><a href="#">我国新能源汽车产业发展
            加速
                </a></div>
            <div class="dd_time">2021-09-06 16:05:14</div>
    </li>
    <li>
            <div class="dd_lm">[社会]</div>
            <div class="dd_bt"><a href="#">联合国提示未来极端天气可
            能更频繁
                </a></div>
            <div class="dd_time">2021-09-06 16:07:32</div>
    </li>
    <li>
            <div class="dd_lm">[社会]</div>
            <div class="dd_bt"><a href="#">多地推进机动车不礼让斑马
            线治理
                </a></div>
            <div class="dd_time">2021-09-03 16:07:10</div>
    </li>
    <li>
            <div class="dd_lm">[校内]</div>
```

```
                <div class="dd_bt"><a href="#">时尚礼仪专家做客我校
                    </a></div>
                <div class="dd_time">2021-09-05 16:17:51</div>
            </li>
            <li>
                <div class="dd_lm">[校内]</div>
                <div class="dd_bt"><a href="#">图书馆积极开展"微平台"
                建设
                    </a></div>
                <div class="dd_time">2021-09-04 16:18:52</div>
            </li>
            <li>
                <div class="dd_lm">[校内]</div>
                <div class="dd_bt"><a href="#">外交部原部长来我校作主题
                报告
                    </a></div>
                <div class="dd_time">2021-09-03 16:18:19</div>
            </li>
            <li>
                <div class="dd_lm">[社会]</div>
                <div class="dd_bt"><a href="#">文创雪糕走红,文物也可以
                很"美味"
                    </a></div>
                <div class="dd_time">2021-09-06 16:07:57</div>
            </li>
        </ul>
    </section>
    <!--main end -->
    </main>
    <div class="blank20"></div>
    <div class="blank10"></div>
</div>
...
```

接着在程序 2.9 的 main.css 中继续编写主体部分的 CSS 样式代码。

```
#content{
    width:950px;
    margin:0 auto;
}
main{
    width:656px;
    float:right;
    border:solid 1px #bfdaf5;
```

```
    }
    aside{
        width:285px;
        float:left;
        border:solid 1px #bfdaf5;
        padding-bottom:10px;
    }
    /* left */
    aside section {
      width: 285px;
    }
    aside hr{
        width:264px;
        margin:0 auto;
    }
    aside form{
        margin:5px 30px;
        padding:5px 15px;
        height:30px;
    }
    aside input{
        height:25px;
        width:120px;
        float:left;
    }
    aside form img{
        width:60px;
        float:right;
    }
    aside h1 {
        margin:10px 10px 0;
        width: 100px;
        font-weight:bold;
    }
    aside ul{
        padding-left:10px;
        margin-top:0;
        margin-left:1px;
    }
    aside li {
        font-size: 13px;
        line-height: 24px;
        color: #4a5265;
```

```
        width: 280px;
        overflow:hidden;
    }
    /* left end */
    /* newslist */
    .news_list{
        font-size: 16px;
        padding:30px 0 0 30px;
        clear:both;
        text-align: center;
    }
    .news_list ul {
        padding-left:10px;
        margin-top:0;
        margin-left:1px;
    }
    .news_list li{
        width:610px;
        height:28px;
        list-style:none;
    }
    .dd_lm{
        color:#4a5265;
        width: 60px;
        float: left;
        font-size:15px;
    }
    .dd_time{
        color:#919191;
        float: right;
        width: 140px;
        font-size:13px;
    }
    .dd_bt{
        color:#333;
        width:360px;
        float:left;
        text-align: left;
        font-size:15px;
    }
    .dd_bt a, .dd_bt a:visited{
        color:#333;
        text-decoration:none;
```

```
    }
    .dd_bt a:hover{
        color:#990000;
        text-decoration:underline;
    }
    /* newslist-end*/

    .blank20{
        height:10px;
        overflow:hidden;
        clear:both;
    }

    .blank10{
        height:10px;
        overflow:hidden;
        clear:both;
        background:url(bottom_top.jpg) bottom;
    }
```

主体部分 DIV 布局如图 2.6 所示。最外层 DIV 层内包含一个侧栏和主要内容栏。侧栏内又包含三个 section 区段。右侧主要内容栏只包含一个区段。

图 2.6　主体部分布局

DIV 层使用♯content 样式设置宽度和外边界。

侧栏使用 aside 标记选择器样式,设置浮动位置向左对齐,并设置了宽度、边框和底端内边距。之后用标记选择器 aside section、aside form 等设置了侧栏内区段、表单、无序列表以及列表项等元素的样式。

主要内容栏首先使用 main 标记选择器,设置向右侧浮动,并设置了宽度和边框。其内部 section 使用了类别选择器样式 news_list,设置了字体大小、内边距、文本对齐方式等,并设置了无序列表和列表项的样式。无序列表中的列表项显示内容的样式分别使用 dd_lm、dd_bt、dd_time 三个样式进行设置。

最后使用 div♯blank20 和 div♯blank10 实现浮动效果清除和主体部分的底边。

4. 页脚部分

在程序 2.8 的页脚部分增加如下代码。

```
...
<footer>
    <div class="banq">
            本网站所刊载的信息,不代表本网观点。使用本网站稿件,务必经书面授权。
            <br/>
            未经授权禁止转载、复制及建立镜像,违者将依法追究法律责任。
    </div>
</footer>
...
```

接着在程序 2.9 的 main.css 中继续编写页脚部分的 CSS 样式代码。

```
.banq{
    color:#999999;
    text-align:center;
    padding:8px;
    line-height:22px
}
```

页脚部分的结构比较简单,在<footer>内嵌套一个 DIV 层,DIV 层使用样式.banq来修饰。

除了以上 CSS 代码之外,在示例应用的其他页面中,还用到了另外一些 CSS 样式定义,读者可以参考本书配套代码或自行编写。

2.3.3　CSS 相关知识

1. CSS 概述

CSS 是 Cascading Style Sheets(层叠样式表)的缩写,是一种美化网页的技术。它的引入使 HTML 网页的美工设计不再烦琐。CSS 和 HTML 的关系作用原理类似人和衣服的关系,如图 2.7 所示,CSS 具有修饰网页的作用。CSS 样式可以单独定义,从而使网页内容的样式和网页结构分离,方便样式的重用和网页的修改维护。另外,CSS 和 HTML 结合还能够设置网页的布局,使网页在外观上达到更好的效果。如图 2.3 所示的新闻发布系统的界面,就是通过 CSS 设置网页的布局、字体、颜色、背景等格式来达到最终的效果。

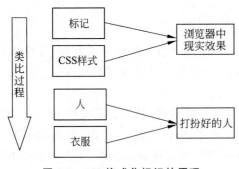

图 2.7　CSS 格式化标记的原理

2. 基本 CSS 选择器

CSS 样式的定义涉及三个要素:对象、属性和属性值。对象是指要对哪个 HTML 元素应用样式,属性是指要设定哪些样式,属性值是指样式的具体效果。这里先介绍一下基本的 CSS 选择器,包括标记选择器、类别选择器、ID 选择器和伪元素选择器,下面分别进行介绍。

（1）标记选择器

标记选择器是直接针对 HTML 标记定义样式。一个 HTML 标记名就可以作为一个样式选择器。基本格式如下：

```
HTML 标记名{标记属性:属性值; 标记属性:属性值; 标记属性:属性值; ……; }
```

其中,"HTML 标记名"就是标记选择器名。例如使用 div 作为标记选择器,这个样式定义就针对当前页面中所有的<div>标记。

（2）类别选择器

上面的<div>标记选择器会使页面中的所有<div>标记显示效果都相同。但如果要对其中一个<div>标记设置不同的显示效果,可以使用类别选择器（或称为 class 选择器）。类别选择器可以使相同的标记具有不同的显示效果,也可以将相同的效果应用于不同的标记。其基本格式如下：

```
.类别选择器名 {标记属性:属性值; 标记属性:属性值; 标记属性:属性值; ……; }
```

类别选择器名称由用户自定义,并且要在名称前加一个句点".",属性的设置与标记选择器中相同。

要在 HTML 标记中使用类别选择器,需要将标记的 class 属性值设置为类别选择器名。其格式如下：

```
<HTML 标记名 class="类别选择器名">
```

（3）ID 选择器

类别选择器定义的样式可以被一个 HTML 页面中的多个元素使用。但如果要为某个元素定义单独的样式,可以使用 ID 选择器。ID 选择器在一个 HTML 页面中只能被引用一次。其定义格式如下：

```
#ID 选择器名{标记属性:属性值; 标记属性:属性值; 标记属性:属性值; ……; }
```

与类别选择器定义不同的是,在 ID 选择器名称前加的是符号"#",另外引用方式也不同。使用 ID 选择器,需要把相应标记的 id 属性值设置为 ID 选择器名。其格式如下：

```
<HTML 标记名 id="ID 选择器名">
```

因为 ID 选择器的引用在页面中具有唯一性,所以在设计网页时,一般大的结构用 id 样式。比如新闻发布系统界面布局的 Logo 区、菜单栏、主体部分、页脚区,分别引用 id 样式#logo、#meun、#content、#footer。class 样式则应用于结构内部,便于页面中不同位置的页面元素样式重用。

（4）伪元素选择器

伪元素选择器是指对同一 HTML 元素的各种状态来定义样式的一种方式。例如超链接存在正常超链接（link）、已访问过（visited）、光标移动到超链接文字之上（hover）、选中超链接（active）等状态。要为每种状态设置不同的样式，就要用伪元素选择器，其定义格式如下：

```
HTML 标记：伪元素{样式}
```

3. 在 HTML 中使用 CSS 的方法

前面介绍了如何定义 CSS 样式表，接下来介绍 CSS 样式表具体在哪里定义，以及如何在 HTML 中使用。

在 HTML 中使用 CSS 的方法主要有嵌入式、头部式和外部式 3 种形式。

（1）嵌入式

嵌入式是将样式定义嵌入 HTML 标记的属性中，把样式的定义直接作为标记的 style 属性值。其格式如下：

```
<HTML 标记 style="属性名：属性值">
```

嵌入式是最简单和直接的 CSS 使用方法，但所定义的样式只对当前标记有效。因此，需要为每个标记单独设置 style 属性，实现过程比较烦琐，而且不利于维护，实际开发中使用较少。

（2）头部式

头部式是把样式定义在 HTML 页面的头部，用<style>标记进行声明。其基本格式如下：

```
<style>
    样式定义
</style>
```

头部式所定义的样式只能在当前页面中使用，不能被其他页面使用。因此对于需要在多个页面中重复使用的样式，采用这种形式会增加编写代码和后期维护的成本，所以通常只适用于对特殊的页面设置单独的样式风格。

（3）外部式

当在很多网页里都要使用相同的样式时，可以使用外部式的形式。外部式是把样式定义保存在一个专门的文本文件中，这个文件的文件名由用户自定义，但扩展名必须是.css。外部式的最大优点是实现了 CSS 代码和 HTML 代码的分离。

因为一个 CSS 文件可以链接到多个 HTML 文件中使用，所以一个网站的所有页面可以链入同一个 CSS 文件，使用相同的样式来统一网站的整体风格。外部式是实际开发中最常用的 CSS 应用方式。

已定义好的 CSS 文件可以通过在 HTML 页面头部的<link>标记将 CSS 文件链入 HTML 文件中。其格式如下：

```
<link href="yangshi1.css" rel="stylesheet" type="text/css" />
```

其中，href 属性的值是用户自定义的 CSS 文件名（如果 CSS 文件与 HTML 文件不在同一个目录下，要给出 CSS 文件的相对路径），rel 属性说明引入的文件是样式表，type 属性指定被链入文件的 MIME 类型。

4. 盒子模型

除了定义 HTML 元素的显示样式，CSS 的另一个重要应用是实现网页布局。

在 CSS 中有一个非常重要的概念称为盒子模型，即页面中的每个 HTML 元素都被看作是一个个的盒子。就像图 2.4 中所表示的那样，新闻发布系统页面的整体布局由大大小小的很多盒子排列而成。通过对每个盒子的位置和大小进行调节，呈现出需要的页面布局效果。

在 CSS 盒子模型中，用来调节盒子大小和位置的属性主要有 4 个：content（内容）、border（边框）、padding（内边距）和 margin（外边距）。这 4 个属性构成了盒子模型的 4 个组成部分。

一个盒子在页面中实际所占据的空间由"内容＋内边距＋边框＋外边距"决定。盒子内容的大小可以通过设定其 width 和 height 属性值来控制。通过设置盒子的 padding、border、margin 等属性可以实现各种各样的排版效果。

在 HTML 元素中有一些元素属于块级元素，比如<div>、<li>、<p>、<table>等标记，默认情况下都会自动换行显示，即这些元素在显示时都是垂直排列，不能并排放置。如果需要实现并排的效果，可以通过设置盒子的浮动效果来实现，即设置 CSS 的 float 属性。

5. 界面布局实现

（1）DIV＋CSS 布局

可以使用 DIV＋CSS 来实现网页布局，实现思路是先用<div>标记对整个页面进行分块，然后再利用 CSS 样式对每个 div 分块进行布局设置，最后在各个 div 分块中添加内容。前面介绍的新闻发布系统界面就是采用 DIV＋CSS 的方式实现了页面布局。本书的示例程序代码中包含了完整的 CSS 文件内容，其中有与页面布局相关的样式，也有页面中各个元素显示效果的样式定义，供读者参考。

（2）表格布局

对于不熟悉 CSS 用法的开发者，也可以使用传统的表格来实现页面布局，即利用<table>中的单元格把网页划分成不同的区域，然后在各个单元格定义的区域中填写页面内容。表格布局主要通过表格的纵向堆砌和表格的横向嵌套来划分模块。

表格的纵向堆砌格式如下：

```
<table>…</table>
<table>…</table>
```

表格的横向嵌套格式如下：

```
<table>
    <tr>
    <td><table>…</table></td>
    <td><table>…</table></td>
    <tr>
</table>
```

本书附录中给出了使用表格实现首页布局的参考代码。

2.4 客户端功能开发

2.4.1 客户端功能设计

在新闻发布系统中有一些功能是使用运行在浏览器上的客户端程序实现的。本节介绍使用 JavaScript 开发这些客户端功能，具体功能如下。

1. 确认删除提示功能

在管理表格中删除记录时的"确认删除"提示功能，比如在新闻管理表格中单击删除图标时，弹出如图 2.8 所示的"确认删除"提示信息。

2. 设置图片提交按钮功能

如图 2.9 所示，搜索按钮是用图片实现的。

图 2.8　删除新闻提示

JavaScript 可以将图片设置为提交按钮，代替 submit 类型的 input 标记来实现表单提交功能。

3. 当前时间显示功能

在页面的 Logo 区显示当前时间，并根据不同时间显示不同欢迎词，如图 2.10 所示。

图 2.9　搜索框提示文字

2022-01-07 10:26:36 上午好！

图 2.10　当前时间及欢迎词

4. 密码长度校验功能

在用户注册页面和用户登录页面中，当单击"注册"按钮时，如果密码长度不符合要求，则显示相应的提示信息。

2.4.2　客户端功能实现

下面给出各个客户端功能的实现代码。

1. 确认删除提示功能

确认删除提示功能的实现主要使用超链接标记的 onclick 事件属性。当单击标记事件发生时会触发相应的事件处理程序,然后再根据返回结果决定后续动作。如果返回结果为 true,则继续执行标记默认的响应动作;如果返回结果为 false,就不再执行默认的响应动作。

在确认删除提示功能的事件处理程序中,主要使用了 JavaScript 的 confirm()函数。confirm()函数用于显示一个带有指定消息和"确定""取消"按钮的对话框。如果用户单击"确定"按钮,返回 true,如果用户单击"取消"按钮,则返回 false。在用户单击"确定"按钮或"取消"按钮关闭对话框之前,它将阻止用户对浏览器的所有输入。在调用 confirm()函数时,会暂停 JavaScript 代码的执行,在用户做出响应之前,不会执行后续的语句。

下面给出管理表格中删除记录时的"确认删除"提示功能实现代码。

【程序 2.10】　在 demo02 文件夹中编写网页文件 manageUserJS.html,可以直接使用程序 2.6 中的代码,只要为其中所有的<a>标记指定链接目标页面并增加 onClick 属性即可。关键代码如下:

```
...
<td>
    <a href="delete.html" onClick="return confirm('确定删除吗?')">
    <img class="noborder" src="image/hr.gif" width="16" height="16"
            alt="删除"/>
    </a>
</td>
...
```

当用户单击图片超链接时,会触发 onClick 事件,弹出"确认删除"提示信息。如果用户单击的"确定"按钮,会实现链接效果,打开 delete.html 文件;如果用户单击"取消"按钮,则取消超链接的执行。

【程序 2.11】　在 demo02 文件夹中编写网页文件 delete.html,作为删除链接的目标页面。

```
<!DOCTYPE html>
<html>
    <head>
        <title>新闻发布系统 V3</title>
        <meta charset="utf-8">
    </head>
    <body>
```

```
        <h1>用户删除成功！</h1>
    </body>
  </html>
```

在浏览器中打开 manageUserJS.html 页面,查看运行效果。

2. 设置图片提交按钮功能

设置图片为提交按钮功能是通过 JavaScript 的 submit()方法来实现。此方法可以实现表单提交功能,将表单数据提交 Web 服务器。下面给出该功能的 JavaScript 代码。

【程序 2.12】 在 demo02 文件夹中创建文件夹 js,并在其中编写 JavaScript 程序文件 fun.js。

```
function submitFun(){
    var form1 =document.getElementById("formQ");
    form1.submit();
}
```

上述代码在自定义函数 submitFun()中,首先根据表单的 ID 值获取表单对象,然后调用 submit()函数实现表单提交功能。

【程序 2.13】 在 demo02 文件夹中编写 JavaScript 程序文件 indexJS.html,可以直接使用程序 2.8 的代码,在<head>部分添加如下代码:

```
<head>
…
    <script src="js/fun.js"></script>
</head>
…
```

这个 script 标记的作用是把 fun.js 文件引入 indexJS.html 文件中。之后即可在 indexJS.html 中使用 fun.js 文件中定义的函数。

然后再为图片设定事件处理函数,当图片被单击时,会触发 onclick 事件,从而调用在 fun.js 中定义的 submitFun()函数。关键代码如下:

```
…
<form action="#" method="get" id="formQ">
        <input type="text" placeholder="请输入关键字" name="keyword"/>
        <img id="submitBtn" style="cursor: pointer;"
            onclick="submitFun()" name="submitBtn" src="image/ss.jpg"/>
</form>
…
```

在浏览器中打开 indexJS.html 页面,查看运行效果。

3. 当前时间显示功能

在 JavaScript 中可以使用 Date 对象获取系统时间,再通过判断时间段,给出相应的提示信息。

往程序 2.12 的 fun.js 中添加如下代码:

```
function showTime(){
    var Timer=new Date();
    var h=Timer.getHours();
    var m=Timer.getMinutes();
    var s=Timer.getSeconds();
    var d=Timer.getDate();
    var mm=Timer.getMonth()+1;
    var y=Timer.getFullYear();
    var strShow=""+y+"-"+mm+"-"+d+" "+h+":"+m+":"+s;
    if (h<6)
        strShow+="  熬夜对身体不好哦,早点休息吧。";
    else if (h <9)
        strShow+="  早上好!";
    else if (h <12)
        strShow+="  上午好!";
    else if (h <19)
        strShow+="  下午好!";
    else if (h <24)
        strShow+="  晚上好!";
    myspan.innerText=strShow;
    setTimeout("showTime()",1000);
    }
```

上述代码位于自定义函数 showTime() 中,首先使用 JavaScript 的 Date 类实例化对象 Timer,再使用 Timer 对象的方法 getHours()、getDate() 等获取时分秒和日月年,然后将时分秒和日月年连成一个字符串,即是当前时间。要判断时间段是上午或下午等,则要将 getHours() 获取的"时间"分别与各时间段进行比较,0～6 点则显示"熬夜对身体不好哦,早点休息吧。";6～9 点为"早上好";9～12 点为"上午好";12～19 点为"下午好";19～24 点为"晚上好"。将时间连接上相应时间的欢迎词就是最后的显示效果。

如果要在 Logo 区显示时间和欢迎词,只要在 Logo 代码的相应位置调用函数 showTime() 即可。该函数的调用直接写在＜script＞和＜/script＞之间,可使其在页面打开时自动运行。

在程序 2.13 的 indexJS.html 中的 Logo 区添加如下代码:

```
    ...
    <header>
        <div id="logo_main">
```

```
            <span id="myspan" style="float:right;margin:10px 5px 0;
                    color:#000099;"></span>
            <script> showTime();</script>
        </div>
    </header>
    ...
```

在浏览器中打开 indexJS.html 页面，查看运行效果。

4. 密码长度校验功能

在用户注册和用户登录功能中需要验证用户输入的密码长度是否符合要求。这里在用户登录页面中实现密码长度校验功能。

【程序 2.14】 在 demo02 文件夹中编写网页文件 userloginJS.html，代码如下：

```
<!DOCTYPE html>
<html>
    <head>
        <title>新闻发布系统 V3</title>
        <meta charset="utf-8">
        <script src="js/fun.js"></script>
    </head>
    <body>
        <form action="loginSuccess.html" method="post"
                onSubmit="return checkvalid()">
            <input type="text" name="username" placeholder="用户名"
                required="required" /><br><br>
            <input type="password" name="password" id="password"
                placeholder="登录密码"><br><br>
            <input type="submit" value="登录"></input>
        </form>
    </body>
</html>
```

然后往程序 2.12 的 fun.js 中添加如下代码：

```
    ...
    function checkvalid(){
        var obj =document.getElementById("password");
        var strmsg=obj.value;
        var strlg=strmsg.length;
        if(strlg>15||strlg<6){
            alert("密码长度需要在 6～15 之间!");
            obj.focus();
```

```
            return false;
        }
        return true;
    }
```

当 userloginJS.html 中提交表单时,会触发 onSubmit 事件从而调用 fun.js 中的 checkvalid()函数,实现密码长度校验功能。

在 checkvalid()函数中,首先获取表单中密码框的值,然后判断密码的长度是否合法;如果不合法,则弹出"密码长度需要在 6~15 之间!"提示对话框。

【程序 2.15】 在 demo02 文件夹中编写网页文件 loginSuccess.html,作为模拟用户登录成功页面。

```
<!DOCTYPE html>
<html>
    <head>
        <title>新闻发布系统 V3</title>
        <meta charset="utf-8">
    </head>
    <body>
        <h1>用户登录成功!</h1>
    </body>
</html>
```

在浏览器中打开 userloginJS.html 页面,输入任意用户名和不同长度的密码,查看运行效果。

2.4.3　JavaScript 相关知识

1. JavaScript 概述

JavaScript 是一种简单的脚本语言,由浏览器解释执行,简单易学易用,最基本的两个特点是基于对象和事件驱动。

所谓基于对象,是指 JavaScript 支持使用对象,但没有提供面向对象语言的所有功能,不是完全的面向对象编程语言。

事件驱动指 JavaScript 程序的运行机制。它把 GUI(图形用户界面)中的用户动作封装为各种事件,比如单击按钮、移动鼠标、按下键盘等都是事件。当某个事件发生时,就会触发相应的事件处理程序运行。

2. JavaScript 脚本的使用方式

JavaScript 代码可以直接嵌入 HTML 文件中使用,嵌入方式主要有 3 种:嵌入标记事件属性、使用脚本语句块、链接独立的脚本文件。

(1) 嵌入标记事件属性

脚本代码可以直接嵌入 HTML 标记的事件属性中。前面在实现本节的第一个开发任务——确认删除提示功能时，就是使用的这种方式。把脚本代码作为超链接标记的 onClick 事件属性的值，当用户单击超链接时，就会触发 onClick 事件的处理函数。

这种脚本的使用方式对某个控件而言，使用比较灵活，缺点是脚本代码不能重用。

（2）使用脚本语句块

也可以把脚本语句块放在 HTML 页面的＜script＞标记中，基本语法如下：

```
<script language="javaScript">
    JavaScript 脚本代码
</script>
```

这种脚本使用方式可以在页面内实现代码重用。

（3）链接独立的脚本文件

为了使 JavaScript 脚本代码可以在多个页面中重用，还可以把 JavaScript 代码写到一个独立的文件中，文件的扩展名必须是.js。在需要使用脚本代码的页面中，用＜script＞标记将文件链入，基本语法如下：

```
<script src="脚本文件" language="javaScript"></script>
```

前面在实现当前时间显示功能时，就是把脚本代码放置在 fun.js 文件中，并在 HTML 页面中通过＜script＞标记来链接的。

这种脚本使用方式可以在多个页面中实现代码重用的。

3. JavaScript 的基本语法

（1）数据类型

JavaScript 中有如下 4 种基本数据类型。

- 数值型 number：包括整型 int 和实型 float。
- 字符串型 string：字符串是用单或双引号括起来的字符或数值。
- 布尔型 boolean：其值为 true 或者 false。
- Undefined 类型：已声明但没有赋值的变量，不能直接使用。

（2）变量

JavaScript 是弱类型语言，在声明变量时，不需要指定变量的类型，变量类型会根据所赋的值来确定。变量声明使用命令 var 来完成，格式如下：

```
var 变量名[=值];
```

例如：

```
var strmsg;
var strlg="length";
```

需要注意的是,JavaScript 严格区分大小写,所以输入时一定要采取正确的大小写形式。例如,strmsg 和 strMsg 是两个不同的变量。

另外,JavaScript 的常量、表达式、运算符等与 Java 语言完全相同。

（3）流程控制

JavaScript 的流程控制语句如下。

分支语句：if …else…、switch…case…；

循环语句：for、while、do…while。

这些控制语句的用法与 Java 语言完全相同。

（4）程序结构和内置函数

在 JavaScript 中单条语句即可构成程序。但通常为了使程序结构更好,一般会使用函数作为 JavaScript 程序的基本构成单位。

JavaScript 的函数有自定义函数和内置函数两种。

```
function 函数名(参数){
    函数体
    return 返回值;
}
```

其中,return 用于返回函数值。

JavaScript 的内置函数较多,包括 5 类：常规函数（如 alert()函数等）、数组函数（如 join()函数等）、日期函数（如 getDate()函数等）、数学函数（如 Math 对象中函数）、字符串函数（如 length()函数等）。这些函数是 JavaScript 已经定义好的,可以直接使用,具体用法请参考相关资料。

4. 对象

JavaScript 的对象由属性和方法构成,主要有 3 种类型：内置对象、浏览器提供的对象和自定义对象。下面介绍几个常用的对象。

（1）Date 对象

用于处理日期和时间,需要先创建才能使用。本节的当前时间显示功能就使用了 Date 对象。

（2）window 对象

window 对象代表当前浏览器窗口,所有 JavaScript 全局对象、函数和变量均自动成为 window 对象的成员。window 对象提供了多个属性和函数用于对浏览器窗口进行操作。

window 对象的常用函数有：alert()（警告对话框）、confirm()（确认对话框）、prompt()（消息框）、open()（打开新窗口）、print()（打印网页内容）等。本节的确认删除提示功能中就使用了 window 对象的 confirm()函数,客户端校验功能中使用了 window 对象的 alert()函数。

因为 window 对象是 JavaScript 中的最高级对象,所以在使用当前窗口对象的函数时,可以省略函数前的 window,即可以直接使用 alert(),而不需要使用 window.alert()。

（3）document 对象

document 对象属于 HTML DOM（Document Object Model，文档对象模型）。当网页被加载时，浏览器会创建当前页面的 DOM 模型。DOM 的最顶层就是 HTML 文档，document 对象就代表当前 HTML 文档，通过它可以访问页面中的所有元素。

document 对象的常用方法如下。

- write（）：往文档写入 HTML 表达式或 JavaScript 代码。
- getElementById（）：返回对指定 id 的第一个对象的引用。

本节的密码长度校验功能中用 getElementById（）方法来取得 id 为 password 的元素。

5. 事件驱动机制

事件驱动机制是事件发生者向事件处理者传递消息的一种机制。所谓的事件（发生者），就是用户与 Web 页面交互时产生的操作。事件处理者就是事件处理程序。事件驱动实际上就是当事件发生时，驱动相应的事件处理程序运行。下面主要介绍 JavaScript 的标记事件。

标记事件是标记状态或内容的变化，例如单击按钮、做出选择、输入内容改变等。常用标记事件如下。

① onClick 事件：当单击事件发生则触发对应的事件处理程序。例如，单击 button、radio、checkbox、超链接、submit 按钮等控件时，触发相应的事件处理程序。例如本节的确认删除功能所用的 onClick 事件。

② onChange 事件：有两种情况可以触发 onChange 事件，一种是文本框中内容改变则触发对应的事件处理程序，例如 textbox、textarea 等控件内容改变；另一种是当前选项改变时则触发事件处理程序，例如 select 下拉列表控件选项改变。

另外，还有 onFocus、onBlur、onSelect 等事件，不同的标记所拥有的事件不同。

本 章 小 结

本章首先以新闻发布系统的典型界面元素的实现为例，介绍了 HTML 5 的段落标记、表格、表单等重要标记，并介绍了 HTML 文件的执行过程及基本结构。然后以新闻发布系统的界面为例，介绍了 CSS 的布局和样式的使用方法。最后通过新闻发布系统中客户端功能的设计与实现，介绍了如何在 HTML 文件中嵌入 JavaScript 脚本，以及 JavaScript 的基本语法。HTML、CSS 和 JavaScript 是 Web 应用开发中编写用户界面的基础知识，属于客户端开发技术。

本章演示程序共有 15 个代码文件，相关目录结构如图 2.11 所示，其中共用到 10 个图片文件，相关文件名如图 2.12 所示。示例应用程序中用到的也是这些图片，具体图片内容可参考第 1 章的各功能界面图。本书示例代码提供了相应的图片文件，读者也可自行选用其他图片。

图 2.11　示例应用程序的代码目录结构　　　　图 2.12　示例应用程序的图片文件

习　　题

1. 简答题

（1）举例说明 HTML 文件的基本结构。

（2）如何在 HTML 文件中使用 CSS？

（3）如何在 HTML 文件中嵌入 JavaScript 脚本？

2. 上机练习

（1）根据第 1 章对示例应用程序的功能介绍，使用 HTML 和 CSS 实现 1.1.2 节中提到的功能界面。

（2）使用 JavaScript，在相关的用户界面中实现 2.4.1 节设计的几种客户端功能。

第3章

Web 应用开发基础

学习目标

➢ 理解开发环境与运行环境

➢ 掌握 Java Web 应用开发环境的搭建

➢ 理解 JSP 的运行机制和基础语法

➢ 掌握结构化网页开发的方法

3.1 开发环境和运行环境

在以往的程序设计学习中,读者可能使用过不同的开发工具,如学习 C 语言时使用的 VC++ ,学习 Java 语言时使用的 IDEA 等。一般的开发过程是在开发工具中创建源程序并编写代码,然后再使用开发工具所提供的编译功能将源程序编译为目标程序,最后使用开发工具的运行功能来运行目标程序,得到需要的结果。因为通常会使用集成开发工具,所开发的程序也大多运行在操作系统上,所以对开发程序和运行程序两种情况下的环境需求不做明确地区分。但对于 Java Web 应用程序来说,开发环境和运行环境是两个不同的概念,需要区分理解。

3.1.1 开发环境

开发环境是指程序员为了编写程序所需要的软件集合。利用这些软件,程序员可以使用某种程序设计语言编写应用程序,实现各种功能。

完整的程序开发包括编码、编译、调试运行等阶段。最简单的开发环境是在不同的开发阶段使用不同的工具软件。例如,先用文本编辑软件编写源程序,然后编译工具进行编译,最后用运行工具进行调试运行。

对于 Java 程序开发,可以用任意的文本编辑软件编写.java 源文件,然后使用 javac 把源文件编译成.class 字节码文件,最后使用 Java 运行字节码文件;也可以使用集成开发环境(Integrated Development Environment,IDE)来进行程序开发。IDE 中通常包含了代码编辑器、程序编译器、调试器以及图形界面工具,将代码编写功能、编译功能、调试功能、运行功能等集成为一体。常用的 Java 集成开发工具有 IntelliJ IDEA、Eclipse、JBuilder 以及微软公司的 Visual Studio 等。

集成开发工具可以有效地提高开发效率,简化开发过程,在实际项目开发中一般都会使用某种 IDE。但对于初学者来说,过早地使用集成开发工具会影响对程序底层运行机制的理解,导致在程序出现运行错误时,需要分析原因却无从下手。因此本书没有使用集成开发工具,而是使用了最简单的开发工具。编写源代码使用文本编辑器软件,推荐使用EditPlus 或 UltraEdit,编译 Java 代码使用 JDK。另外,在第 10 章也对 IDEA 的使用方法做了简单介绍。

3.1.2 运行环境

运行环境是指能够使一个程序顺利运行的所有外部条件之和。运行环境包括符合基本需要的硬件配置、特定版本的操作系统以及其他系统软件及运行库。Java Web 应用程序的运行环境涉及三个方面的需要。首先要能够运行 Java 代码,由于 Java 语言的跨平台特性,所以对硬件和操作系统都没有特定的要求,但需要提供 JRE(Java Runtime Environment,Java 运行环境)。其次要能够提供 Web 服务,需要有 Web 服务器和 Web 浏览器。最后要能够提供应用程序功能,需要有运行相关程序的基础平台,这个平台称为JSP 引擎。另外,如果程序需要数据库的支持,运行环境还需要包括一种数据库管理系统。

本书使用的运行环境由 JDK 8 内置的 JRE、Tomcat 9、通用 Web 浏览器和 MySQL 8构成。其中,JRE 用来运行 Java 代码,Tomcat 提供 Web 服务和 JSP 引擎服务,MySQL提供数据库功能。

3.1.3 安装和配置 JDK

1. JDK 简介

1996 年,SUN 公司发布了 Java 的第一个开发工具包:JDK(Java Development Kit)1.0。JDK 是整个 Java 的核心,包括 Java 运行环境、Java 工具和 Java 基础类库。

1998 年,SUN 公司发布了第二代 Java 平台 JDK 1.2(简称 Java 2),包括三个版本:J2ME(Java 2 Micro Edition,Java 2 平台的微型版),应用于移动、无线及有限资源的环境;J2SE(Java 2 Standard Edition,Java 2 平台的标准版),应用于桌面环境;J2EE(Java 2 Enterprise Edition,Java 2 平台的企业版),应用于基于 Java 的应用服务器。

2004 年,JDK 1.5 的发布是 Java 语言发展史上的里程碑事件。为了表示这个版本的重要性,JDK 1.5 更名为 JDK 5.0(内部版本号为 1.5.0)。

2006 年,SUN 公司发布了 JDK 6.0。这次,Java 的各种版本已经更名,取消了其中的数字 2,J2ME 更名为 Java ME(微型版),J2SE 更名为 Java SE(标准版),J2EE 更名为Java EE(企业版)。

因为 JDK 从 6.0 版本开始改名为 Java SE,所以我们通常使用的 J2SE 也就是标准版的 JDK,与大家经常看到的 Java SE 6.0 以及 JDK1.6 其实都是一回事。

2009 年,Oracle(甲骨文)公司收购 SUN 公司。从此以后,JDK 的获取就变成了从Oracle 的网站上免费下载,SUN 公司就此退出了历史舞台。

Java 目前的最新版本已经更新到 JDK 17。但 2014 年发布的 JDK 8 仍然是使用最为广泛的版本之一,本书也以此版本为主。

2. 下载 JDK

以下载 JDK 8 的最新版本 jdk-8u311-windows-x64.exe 为例,打开浏览器,在地址栏输入 https://www.oracle.com/java/technologies/downloads/ ♯java8 后,在打开的页面中,列出了不同版本的 JDK。

单击"Windows"选项卡,选择列表中的 jdk-8u311-windows-x64.exe,进入用户登录页面,输入用户名和密码进行登录后,开始下载。如果没有用户名,则需要创建一个新用户,创建新用户的过程在此省略。

JDK 支持不同的操作系统及其位数,如 Linux、Mac OS、Solaris 和 Windows,版本列表中的 i586 指 32 位操作系统,x64 指 64 位操作系统,32 位操作系统的 JDK 版本可以在 64 位操作系统上使用,反之则不行。所以 jdk-8u311-windows-x64.exe 实际是 Windows 64 位操作系统的 JDK 安装包,不能在 Windows 32 位操作系统上使用。在实际开发中使用的 JDK 版本必须与操作系统完全匹配才能将 Java 的性能发挥到最佳,在学习时则无须拘泥于此。

3. 安装 JDK

双击下载的 jdk-8u311-windows-x64.exe 文件,在打开的安装界面中单击"下一步"按钮,进入定制安装界面,如图 3.1 所示。

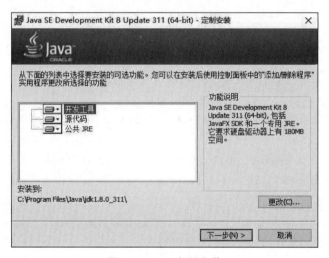

图 3.1　JDK 定制安装

在定制安装界面中可以选择要安装的程序功能,其中"公共 JRE"为独立的 Java 运行环境,由于 JDK 中已经包含了 JRE,因此可以不安装此功能(单击左侧按钮,在弹出的下拉列表中选择 ✗)。安装路径采用默认的"C:\Program Files\Java\jdk1.8.0_311\"。

单击"下一步"按钮,开始安装所选功能,安装完毕后单击"关闭"按钮退出安装程序。此时在安装路径"C:\Program Files\Java\jdk1.8.0_311\"下可以看到如图 3.2 所示的目录结构。

- bin 目录包含了编译、调试、打包、运行 Java 程序的工具程序。例如 javac.exe 为编译 Java 源代码的工具,java.exe 为运行编译得到的字节码文件的工具。

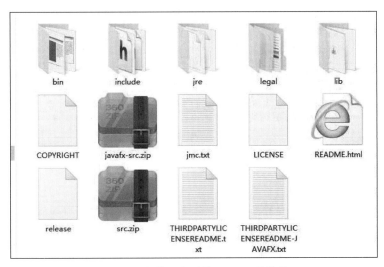

图 3.2　安装完成后的 JDK 目录结构

- jre 目录为前面提到的 Java 运行环境。
- lib 目录为 Java 类编译打包后的基础类库。bin 目录下 java.exe 等工具的运行依赖于 lib 目录下的基础类库。
- src.zip 文件为 Java 类的源代码。

4. 配置 JDK

以 Windows 10 系统为例,右击桌面上的"此电脑"图标,选择"属性",在打开的控制面板主页左侧选择"高级系统设置",弹出"系统属性"对话框。然后在"高级"选项卡中单击"环境变量"按钮,弹出"环境变量"对话框。在该对话框上方的"用户变量"列表中选择"Path"行,然后单击"编辑"按钮,弹出"编辑环境变量"对话框。单击"新建"按钮,在文本框中输入"C:\Program Files\Java\jdk1.8.0_311\bin"后,依次单击"确定"按钮,返回到控制面板主页,最后关闭该窗口。

把 JDK 的 bin 路径添加到 Path 环境变量中后,就可以在执行 Java 的工具程序时自动在指定的路径下进行搜索并执行,无须每次在命令行输入 Java 的工具程序全路径,只输入工具名即可。

5. 测试 JDK

单击任务栏左下角的 $\mathcal{P}$ 图标,在搜索框中输入"cmd"后按回车键打开命令行窗口。在命令行输入"java -version"后按回车键,显示如图 3.3 所示的 JDK 版本信息,即表示 JDK 安装配置成功。

3.1.4　安装和配置 Tomcat

1. Tomcat 简介

Tomcat 是一个开源的轻量级 Web 应用服务器,是 Apache 软件基金会(Apache Software Foundation)的 Jakarta 项目中的一个核心项目,由 Apache、SUN 和其他一些公

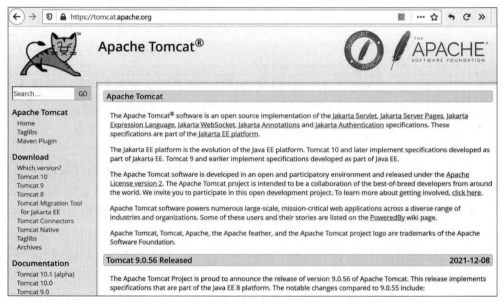

图 3.3　JDK 版本信息

司及个人共同开发而成。因为 Tomcat 技术先进、性能稳定，而且免费，因而深受 Java 爱好者的喜爱并得到了部分软件开发商的认可，成为了目前比较流行的 Web 应用服务器，在中小型系统和并发访问用户不是很多的场合下被普遍使用，是学习 Java Web 开发的首选。Tomcat 官方网络如图 3.4 所示。

图 3.4　Tomcat 官方网站

2. 下载 Tomcat

Tomcat 下载包分为安装版和绿色版两种。安装版和常规的软件安装包类似，在安装向导的提示下进行操作，并会以服务的形式注册到系统，可以很方便地控制 Tomcat 的启动、关闭和重启。绿色版则是在解压后需要通过人工方式在配置文件中进行参数的配置，启动和停止 Tomcat 都需要通过执行脚本来实现。本书使用绿色版，读者有兴趣也可以下载安装版进行尝试。本书使用的版本为 tomcat-9.0.54，其下载地址为 https://dlcdn.apache.org/tomcat/tomcat-9/v9.0.54/bin/apache-tomcat-9.0.54-windows-x64.zip。

3. 配置 Tomcat

下载完成后，将其解压缩到某个路径，如 C 盘根目录。进入解压后的目录"C:\apache-tomcat-9.0.54"，可以看到如图 3.5 所示的目录结构。

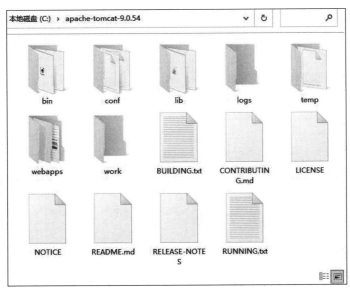

图 3.5　Tomcat 目录结构

- bin 目录包含了启动、停止等操作 Tomcat 的程序或者脚本。由于本书采用的是绿色版,因此在该文件夹下有后缀为.sh 和.bat 的 Tomcat 控制程序,其中.sh 为 Linux 系统下运行的脚本,.bat 则为 Windows 系统下运行的脚本。安装版的控制程序后缀为.exe。
- conf 目录为 Tomcat 的配置文件夹,最重要的配置文件是 server.xml,此文件中配置了 Tomcat 的各个端口、应用部署的路径等。
- logs 目录为 Tomcat 运行的日志,在开发和运维时经常需要通过查看此文件夹下的日志来定位系统出现的问题。
- webapps 目录为 Tomcat 默认部署应用的路径。本书中所有的示例应用都需要部署到此目录中才能运行。

Tomcat 运行需要 JDK 的支持,因此需要为 Tomcat 配置 JDK 的安装路径。右击 bin 目录下的 startup.bat,在弹出的快捷菜单中选择“编辑”后,打开该文件,在第一行添加以下内容即可。

```
SET JAVA_HOME=C:\Program Files\Java\jdk1.8.0_311
```

4. 测试 Tomcat

双击 bin 目录下的 startup.bat,启动 Tomcat。当出现如图 3.6 所示的提示信息时,表示启动成功。

如果界面显示汉字乱码,可以修改 conf 目录下的 logging.properties 文件,添加以下代码,将字符集设置为 GBK,重新启动即可。

```
java.util.logging.ConsoleHandler.encoding=GBK
```

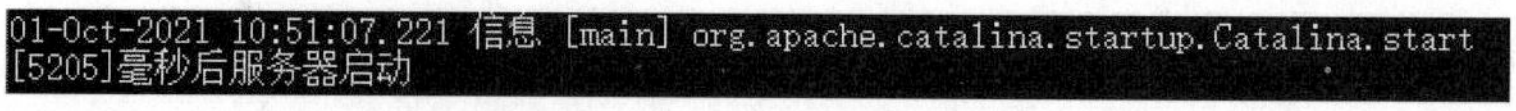

```
01-Oct-2021 10:51:07.221 信息 [main] org.apache.catalina.startup.Catalina.start
[5205]毫秒后服务器启动
```

图 3.6　Tomcat 启动成功提示信息

打开浏览器，在地址栏输入 http://localhost:8080，出现 Tomcat 信息显示页面，如图 3.7 所示，说明安装成功。

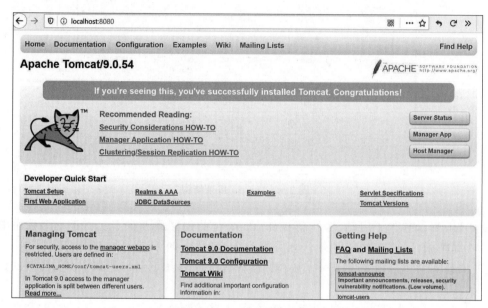

图 3.7　Tomcat 信息显示页面

3.2　JSP 基本概念

Java Web 应用开发的基本形式是编写 JSP 页面。JSP(Java Server Pages,Java 服务器页面)是一种创建和管理动态网页的技术标准。通过在传统的网页 HTML 文件中插入 Java 脚本代码和 JSP 标记，就可以得到 JSP 页面文件。JSP 程序本质上是在服务器端执行的 Java Servlet，执行完毕通常会返回给客户端一个 HTML 文件作为响应，客户端浏览器即可查看该响应文件的内容。

3.2.1　JSP 开发方法

这里用一个简单的示例来说明 JSP 的开发方法。

【程序 3.1】　在"Tomcat 安装目录\webapps"下创建 demo03 文件夹，在其中编写示例页面文件 serverDemo.jsp。

```
<%@ page contentType="text/html;charset=utf-8" %>
<%@ page import="java.util.Date"%>
```

```jsp
<%@page import="java.text.SimpleDateFormat"%>
<html>
    <head>
        <title>serverDemo</title>
    </head>
    <body>
        <h3>欢迎光临中国北京</h3>
        <%
            SimpleDateFormat df = new SimpleDateFormat("yyyy-M-d HH:mm:
            ss");
        %>
        <span id="myspan"><%=df.format(new Date())%></span>
        <hr>
    </body>
</html>
```

serverDemo.jsp 文件的功能是输出一行文字和当前的系统时间。

【程序 3.2】　在 demo03 文件夹中编写示例网页文件 clientDemo.html。

```html
<!DOCTYPE html>
<html>
    <head>
<meta charset="utf-8">
    <title>JavaScript Date 对象</title>
    <script language="javaScript">
        function showTime(){
            var Timer=new Date();
            var h=Timer.getHours();
            var m=Timer.getMinutes();
            var s=Timer.getSeconds();
            var d=Timer.getDate();
            var m1=Timer.getMonth()+1;
            var y=Timer.getFullYear();
            var strShow=""+y+"-"+m1+"-"+d+" "+h+":"+m+":"+s;
            myspan.innerText=strShow;
        }
    </script>
    </head>
    <body>
        <h3>欢迎光临中国北京</h3>
        <span id="myspan">时间内容</span>
```

```
        <script>
            showTime();
        </script>
        <hr>
    </body>
</html>
```

clientDemo.html 文件的功能也是输出一行文字和当前的系统时间。

启动 Tomcat，打开浏览器，在地址栏输入 http://localhost:8080/demo03/serverDemo.jsp，可以看到程序 3.1 的运行效果，如图 3.8 所示，而输入 http://localhost:8080/demo03/clientDemo.html，可以看到程序 3.2 的运行效果，如图 3.9 所示。

图 3.8　serverDemo.jsp 页面的运行效果

图 3.9　clientDemo.html 页面的运行效果

上面两个程序的运行效果几乎是完全一样的。但它们的源代码完全不同。下面通过介绍 JSP 的运行机制和 JSP 页面构成来分析这两个页面的运行过程。

3.2.2　JSP 运行机制

JSP 的运行机制如图 3.10 所示。当浏览器向服务器发出请求来访问一个 JSP 页面时，所请求的 JSP 文件会被服务器端的 JSP 引擎转换为一个 Java 类，并被编译成一个字节码文件，再装载到 Java 虚拟机中运行，最后把运行产生的输出作为对本次请求的响应返回给浏览器。

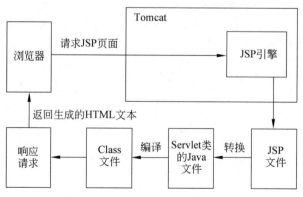

图 3.10　JSP 页面执行的处理过程

实际上，服务器并非在每次收到 JSP 请求后都严格按照上述过程进行处理，而是会先检查是否为针对该 JSP 文件创建后的第一次请求,或者所请求的 JSP 文件在上次被请求之后是否被更新过。如果是第一次请求,或者被更新过,就会按照上述的处理过程来运行。如果该 JSP 文件之前已经被请求过,而且之后没有更新过,就会直接找到该文件对应的字节码文件来执行。因此,JSP 页面在第一次被请求时响应速度会比较慢,之后再次访问就会快很多。

可以在"Tomcat 安装目录\work\Catalina\localhost\demo03\org\apache\jsp"下找到程序 3.1 被转译成的 Java 类文件 serverDemo_jsp.java,代码如下:

```java
package org.apache.jsp;
import javax.servlet.* ;
import javax.servlet.http.* ;
import javax.servlet.jsp.* ;
import java.util.Date;
import java.text.SimpleDateFormat;

public final class serverDemo_jsp
    extends org.apache.jasper.runtime.HttpJspBase
    implements org.apache.jasper.runtime.JspSourceDependent {

    private static final javax.servlet.jsp.JspFactory _jspxFactory =
            javax.servlet.jsp.JspFactory.getDefaultFactory();

    private static java.util.Map<java.lang.String,java.lang.Long>
      _jspx_ dependants;

    private javax.el.ExpressionFactory _el_expressionfactory;
    private org.apache.tomcat.InstanceManager _jsp_instancemanager;

    public java.util.Map<java.lang.String,java.lang.Long>getDependants() {
      return _jspx_dependants;
    }

    public void _jspInit() {
    _el_expressionfactory =_jspxFactory.getJspApplicationContext
        (getServletConfig().getServletContext()).getExpressionFactory();
    _jsp_instancemanager =
        org.apache.jasper.runtime.InstanceManagerFactory.
        getInstanceManager(getServletConfig());
    }

    public void _jspDestroy() {
    }
```

```
        public void _jspService(final javax.servlet.http.HttpServletRequest
          request, final javax.servlet.http.HttpServletResponse response)
            throws java.io.IOException, javax.servlet.ServletException {

        final javax.servlet.jsp.PageContext pageContext;
        javax.servlet.http.HttpSession session =null;
        final javax.servlet.ServletContext application;
        final javax.servlet.ServletConfig config;
        javax.servlet.jsp.JspWriter out =null;
        final java.lang.Object page =this;
        javax.servlet.jsp.JspWriter _jspx_out =null;
        javax.servlet.jsp.PageContext _jspx_page_context =null;

        try {
          response.setContentType("text/html;charset=utf-8");
          pageContext =_jspxFactory.getPageContext(this, request, response,
                      null, true, 8192, true);
          _jspx_page_context =pageContext;
          application =pageContext.getServletContext();
          config =pageContext.getServletConfig();
          session =pageContext.getSession();
          out =pageContext.getOut();
          _jspx_out =out;

          out.write("\r\n");
          out.write("\r\n");
          out.write("\r\n");
          out.write("<html>\r\n");
          out.write("  <head>\r\n");
          out.write("    <title>serverDemo</title>\r\n");
          out.write("  </head>\r\n");
          out.write("  <body>\r\n");
          out.write("    <h3>欢迎光临中国北京</h3>\r\n");
          out.write("\t ");

          SimpleDateFormat df =new SimpleDateFormat("yyyy-M-d HH:mm:ss");

          out.write("\r\n");
          out.write("\t <span id=\"myspan\">");
          out.print(df.format(new Date()));
          out.write("</span>\r\n");
          out.write("  <hr>\r\n");
          out.write("  </body>\r\n");
```

```
      out.write("</html>");
    } catch (java.lang.Throwable t) {
    if (!(t instanceof javax.servlet.jsp.SkipPageException)){
      out = _jspx_out;
      if (out !=null && out.getBufferSize() !=0)
        try { out.clearBuffer(); } catch (java.io.IOException e) {}
      if (_jspx_page_context !=null)
        _jspx_page_context.handlePageException(t);
    }
    } finally {
        _jspxFactory.releasePageContext(_jspx_page_context);
    }
  }
}
```

serverDemo_jsp.java 是一个完整的 Java 类。其中只有下面这段代码是来自 serverDemo.jsp，其余的语句都是 Tomcat 在转译过程中自动生成的。

```
      out.write("\r\n");
      out.write("\r\n");
      out.write("\r\n");
      out.write("<html>\r\n");
      out.write("  <head>\r\n");
      out.write("    <title>JSP Date 对象</title>\r\n");
      out.write("\r\n");
      out.write("  </head>\r\n");
      out.write("  <body>\r\n");
      out.write("    <h1>欢迎光临中国北京</h1>\r\n");
      out.write("  \r\n");
      out.write("\t ");

      SimpleDateFormat df =new SimpleDateFormat("yyyy-M-d HH:mm:ss");

      out.write("\r\n");
      out.write("\t <span id=\"myspan\">");
      out.print(df.format(new Date()));
      out.write("</span>\r\n");
      out.write("<hr>\r\n");
      out.write("  </body>\r\n");
      out.write("</html>");
```

正是通过这种运行机制，原本十分晦涩的 Java Web 服务器端开发变成了简单的 JSP 开发。

在图 3.8 所示的运行效果页面中使用浏览器的"查看页面源代码"功能，可以看到浏览器所收到的响应信息是如下内容。

```
<html>
    <head>
        <title>serverDemo</title>
    </head>
    <body>
        <h3>欢迎光临中国北京</h3>

        <span id="myspan">2017-5-7 22:18:04</span>
        <hr>
    </body>
</html>
```

不难看出，上面这段代码正是 serverDemo_jsp 类的运行产生的输出。其中的大部分内容与程序 3.1 完全相同。

JSP 页面中可以包含 JSP 脚本、JSP 指令、JSP 标记、HTML 标记、JavaScript 语句以及 CSS 样式定义等内容。这些内容可以在一个 JSP 文件中组合使用。

根据这些代码的运行位置，可以把 JSP 页面的内容分为服务器端代码和客户端代码。服务器端代码是指运行在服务器端的 JSP 脚本、JSP 指令和 JSP 标记等内容。客户端代码是指需要在客户端的浏览器上运行和处理的 HTML 标记、JavaScript 语句和 CSS 样式定义等内容。

JSP 文件存储在服务器端。当浏览器向服务器发出 JSP 请求后，从上面分析的处理过程可以看到，JSP 页面中的客户端代码在服务器端不做任何处理，服务器端代码则是在服务器环境下被运行之后，将其所产生的输出与客户端代码组合成一个整体返回给浏览器，最后由浏览器对接收到的内容进行解析和显示。

由此可知，在程序 3.1 的运行效果图 3.8 中所显示的时间是服务器端的当前系统时间。浏览器只负责把接收到的时间字符串显示在页面中。

而程序 3.2 是一个 HTML 文件。Tomcat 对这个文件的处理不像 JSP 文件那么复杂，只是将文件内容原样返回给浏览器，然后由浏览器对文件内容进行解析和显示。所以，在运行效果图 3.9 中所显示的时间是客户端的当前系统时间。

3.2.3 Web 应用目录结构

虽然，Java Web 应用开发的基本形式是编写 JSP 页面，但一个典型的 Java Web 应用通常会包含一组 JSP 文件、Servlet、其他 Java 类以及 HTML 文档和各种资源文件。这些文件在 Web 应用中都有固定的存入目录。

按照 Java EE 规范的规定，一个典型的 Java Web 应用包含如下 4 个部分。

- 公开文件夹，存放能够被用户访问的资源，包括 .jsp、.htm、.js、.css、.jpg 等文件。
- WEB-INF/web.xml 文件，为应用的部署描述文件。

- WEB-INF/classes 文件夹，存放编译好的 Java 类文件(.class)。
- WEB-INF/lib 文件夹，存放 Java 类库文件(.jar)。

公共文件夹中存放所有可以被用户访问的资源文件。也可以把这些文件根据类别放在公共文件夹下的不同子文件夹中。这个公开文件夹的名字就是 Web 应用程序的名称。

WEB-INF 文件夹是一个专用区域，其中的文件用户不能直接访问，只能被 Web 应用本身和 JSP 引擎使用。

运行 Java Web 应用需要先把它部署到运行环境中。最简单的部署方式是把应用文件夹存放到 Tomcat 安装目录下的 webapps 中。例如，对于本书中使用的示例应用"新闻发布系统"，在 webapps 目录下创建 newsPub 文件夹，相应的目录结构如图 3.11 所示。

图 3.11　newsPub 应用的目录结构

每个文件夹中放置不同类型的代码文件，具体内容如下。

- newsPub 文件夹：是 Java Web 应用的公开文件夹，所有的 JSP 文件和 HTML 文件都直接放在这个文件夹下。
- common 文件夹：存放应用中的公共文件，比如通用的 JSP 文件。此文件夹的名字不一定必须是 common，可以根据需要自行设定。
- css 文件夹：存入页面中使用的 CSS 样式定义文件。
- image 文件夹：存放页面文件中使用的图片文件。
- js 文件夹：存放页面中使用的 JavaScript 代码文件。
- WEB-INF 文件夹：是 Java Web 应用的安全目录。
- classes 文件夹：用于存放 Java Web 应用中用到的 Java 类字节码文件。
- lib 文件夹：用于存放 Java Web 应用中用到的外部 jar 文件。
- src 文件夹：用于存放 Java Web 应用中用到的 Java 类源文件。这个文件夹及其中的 Java 类源文件对于 Java Web 应用的运行不是必需的，只是为了代码管理的方便，习惯把源文件放置在此处。

把第 2 章编写的 index.html 放到 newsPub 文件夹中，main.css 放到 css 文件夹中，所用到的图片文件放到 image 文件夹中，fun.js 放到 js 文件夹中。然后启动 Tomcat，打开浏览器，在地址栏输入 http://localhost:8080/newsPub/index.html，即可打开新闻发布系统首页。

这里直接在运行环境中创建 newsPub 应用的目录结构，接下来将会在 newsPub 文件夹中依次完成各个功能的开发，逐步完善新闻发布系统。

3.3　JSP 基础语法

JSP 页面中的服务器端代码包括 JSP 脚本、JSP 指令、JSP 标记等构成元素。这些代码需要符合 JSP 语法的要求。

3.3.1　JSP 脚本元素

所有的 JSP 脚本元素都以"＜％"标记开始，以"％＞"标记结束。JSP 脚本元素包括 3 类，分别是脚本代码、声明和表达式。JSP 脚本代码就是一些 Java 代码片段；JSP 声明包括变量、方法和类的声明，分别用于定义变量、方法和类；JSP 表达式用于输出计算结果。另外，还可以在 JSP 页面文件中添加不同形式的注释。

1. JSP 脚本代码

JSP 脚本代码就是一些 Java 代码片段，可以实现业务逻辑处理，也可以产生输出。其语法格式如下：

```
<%   脚本代码   %>
```

一个 JSP 页面可以有多个脚本代码，这些脚本代码将被 JSP 引擎按顺序执行。

例如在程序 3.1 中，就使用了如下代码实现获取系统当前时间的功能。

```
<%
    SimpleDateFormat df =new SimpleDateFormat("yyyy-M-d HH:mm:ss");
%>
```

脚本代码中声明的变量在当前页面内的所有脚本代码和 JSP 表达式中有效，这样的变量被称为 JSP 页面的局部变量。因为这里的变量定义语句在发生 JSP 转译时，都被转换成了_service()方法中的语句，所以这些变量实际也相应地转变成了方法中的变量。这种变量的生存周期仅限于方法的执行过程中。当多个用户请求同一个 JSP 页面时，一个用户对 JSP 页面局部变量的操作，不会影响到其他用户的这个局部变量。

2. JSP 声明

前面已经说过，JSP 页面在运行时会被首先转译为一个 Java 类。在 JSP 声明中所定义的变量和方法都会成为转译后的 Java 类的成员变量及类成员方法，声明的类则成为内部类。所声明的变量、方法和类可以被同一 JSP 页面中的其他代码访问。

JSP 声明的语法格式如下：

```
<%! 变量或方法、类的声明%>
```

JSP 声明中定义的变量也称为 JSP 页面的全局变量，所有访问同一个 JSP 页面的客户操作的都是同一个全局变量。

【程序 3.3】　在 demo03 文件夹下编写示例页面文件 declareDemo1.jsp。

```
<%@page contentType="text/html;charset=utf-8" %>
<html>
    <head>
```

```
        <title>declareDemo1</title>
    </head>
    <body>
        <H3>
        <%! int number=0; %>
        <%
            int localNumber = 0;
            localNumber++;
            synchronized(this){
                number++;
            }
        %>
        您是第
        <%out.println(number); %>
        个访问本页面的客户。局部变量值是
        <%out.println(localNumber);%>
        </H3>
    </body>
</html>
```

declareDemo1.jsp 中的声明部分定义了一个变量 number。这个 number 是 JSP 页面的全局变量。接下来又在脚本代码中定义了一个局部变量 localNumber。

然后分别对两个变量进行加 1 运算,再进行输出。其中对于全局变量 number 的操作,需要进行同步处理。

启动 Tomcat,打开浏览器,在地址栏输入 http://localhost:8080/demo03/declareDemo1.jsp,查看程序 3.3 的运行结果,如图 3.12 所示。在同一个浏览器窗口和不同的浏览器窗口多次访问该页面,可以看到 number 变量的值会依次递增,而localNumber 变量的值一直保持为 1。这是因为,局部变量只在处理当前页面请求时有效,处理完毕则被销毁,而全局变量作为 JSP 页面对应类的成员变量,会一直存在于内存中。只有当前应用被停止运行,例如关闭 Tomcat 时,全局变量才会被销毁。

图 3.12　declareDemo1.jsp 的运行结果

【程序 3.4】　在 demo03 文件夹下编写示例页面文件 declareDemo2.jsp。

```
<%@ page contentType="text/html;charset=utf-8" %>
<html>
    <head>
```

```
            <title>declareDemo2</title>
        </head>
        <body>
            <H3>
            <%! int number=0;
                synchronized void countPeople(){
                    number++;
                }
            %>
            <%
                int localNumber =0;
                localNumber++;
                countPeople();
            %>
            您是第
            <%out.println(number); %>
            个访问本页面的客户。局部变量值是
            <%out.println(localNumber);%>
            </H3>
        </body>
    </html>
```

declareDemo2.jsp 中的声明部分除了定义全局变量 number 之外，还定义了 countPeople()方法。在 countPeople()方法中实现对 number 的加 1 处理，然后在脚本代码中调用此方法，最后输出结果。

启动 Tomcat，打开浏览器，在地址栏输入 http://localhost：8080/demo03/ declareDemo2.jsp，查看程序 3.4 的运行结果，可以看到与程序 3.3 完全相同。

【程序 3.5】　在 demo03 文件下编写示例页面文件 declareDemo3.jsp。

```
    <%@page contentType="text/html;charset=utf-8" %>
    <html>
        <head>
            <title>declareDemo3</title>
        </head>
        <body>
            <H3>
            <%!
                class Counter {
                    int number=0;
                    void countPeople(){
                        number++;
                    }
```

```
            }
            Counter c1 =new Counter();
        %>
        <%
            Counter c2 =new Counter();
            c1.countPeople();
            c2.countPeople();
        %>
        您是第
        <%out.println(c1.number); %>
        个访问本页面的客户。局部变量值是
        <%out.println(c2.number);%>
        </H3>
    </body>
</html>
```

declareDemo3.jsp 的声明部分定义了一个 Counter 类,该类含有成员变量 number 和 countPeople()方法,并定义了一个全局变量 c1。然后在脚本代码中定义了局部变量 c2, 并分别调用 c1 和 c2 的 countPeople()方法。最后输出结果。

启动 Tomcat,打开浏览器,在地址栏输入 http://localhost:8080/demo03/ declareDemo3.jsp,查看程序 3.5 的运行结果,也可以看到与程序 3.3 完全相同。

3. JSP 表达式

可以将 JSP 表达式理解为一种简单的输出形式。JSP 表达式的语法格式如下:

```
    <%=表达式%>
```

其中的表达式可以是任意合法的 Java 表达式。该表达式会被计算并将得到的结果 以字符串的形式显示到页面中。需要注意的是,由于 JSP 表达式不是程序代码,所以末 尾不能出现分号“;”。

【程序 3.6】 在 demo03 文件夹下编写示例页面文件 expressionDemo.jsp,输出九九 乘法表。

```
    <%@page language="java" contentType="text/html;charset=utf-8" %>
    <html>
        <head>
            <title>expressionDemo</title>
        </head>
        <body>
        <h1>九九乘法表</h1>
        <table>
```

```
<%for (int i=1;i<=9;i++){%>
    <tr>
    <%for (int j=1;j<=i;j++){%>
        <td><%=i%>* <%=j%>=<%=i* j%></td>
    <%}%>
    </tr>
<%}%>
</table>
</body>
</html>
```

expressionDemo.jsp 中使用多段脚本代码实现了循环处理,并用 JSP 表达式进行输出。

启动 Tomcat,打开浏览器,在地址栏输入 http://localhost:8080/demo03/expressionDemo. jsp,程序运行结果如图 3.13 所示。

图 3.13　expressionDemo.jsp 运行结果

4. 注释

除了上面所说的 3 种组成内容之外,JSP 页面中也可以编写必要的注释内容。JSP 注释的语法如下:

```
<%--JSP 注释信息--%>
```

这些注释信息在 JSP 转译为 Java 类时会被忽略。

另外,在 JSP 脚本代码中,也可以使用 Java 的单行注释和多行注释方式添加注释内容。这些 Java 注释与其他脚本代码一样,被转换到转译之后的 Java 类中,然后在编译 Java 类时被忽略。

在 JSP 页面中还可以使用 HTML 的注释语法编写注释内容,语法如下:

```
<!--HTML 注释信息-->
```

需要注意的是,HTML 注释与普通的 HTML 标记一样,会作为客户端代码被原样发送给浏览器。虽然在浏览器窗口中不会显示这些注释内容,但是利用浏览器的"查看页面源代码"功能就可以看到这些 HTML 注释。所以,如果不希望被用户看到注释内容,就需要使用前面两种注释方式。

为了提高程序的可读性,程序员应该合理地使用注释,将代码所实现的算法、功能等通过注释描述清晰,以提高代码的可读性和可维护性。

【程序 3.7】　在 demo03 文件夹下编写示例页面文件 commentDemo.jsp,使用不同的注释方式。

```
<%@page language="java" contentType="text/html;charset=utf-8" %>
<html>
    <head>
        <title>JSPComment</title>
    </head>
    <body>
    <%--JSP comment --%>
    <h1>hello world</h1>
    <%
        //Java comment1;
        out.println("<h2>hello world</h2>");
        /* Java comment2 */
    %>
    <!--html comment-->
    </body>
</html>
```

commentDemo.jsp 中分别使用了 JSP 注释、Java 注释和 HTML 注释。

启动 Tomcat,打开浏览器,在地址栏输入 http://localhost:8080/demo03/commentDemo.jsp,程序运行结果如图 3.14 所示。

可以通过查看和对比转译后的 Java 类、浏览器接收到的源代码以及浏览器窗口中的显示,来理解 3 种注释的处理时机。

图 3.14　commentDemo.jsp 运行结果

3.3.2　JSP 指令元素

JSP 指令主要用来通知 JSP 引擎如何处理 JSP 页面,所有指令都是在 JSP 的整个页面有效。JSP 指令是在 JSP 文件转译时处理,用于实现类的引入、定义 JSP 页面的编码格式、包含其他文件、引入新的标签库等功能。

JSP 指令共有 3 种，即 page、include 和 taglib，统一使用如下语法格式：

```
<%@指令名 属性 1="值 1" 属性 2="值 2" 属性 n="值 n" %>
```

1. page 指令

page 指令用来定义 JSP 页面的全局属性，一个页面的 page 指令可以出现多次，但是只有 import 属性可以在同一个 JSP 文件中多次出现。允许将 page 指令放在 JSP 文件中的任何地方，但习惯上都放在文件的最开始。

page 指令的主要属性如下。

- language 属性：定义脚本代码使用的语言，默认值为 Java。
- import 属性：定义此 JSP 页面导入的类包。
- errorPage 属性：定义当页面执行中发生异常错误时，对此页面的请求会被重新指向的错误处理页面 URL。
- isErrorPage 属性：取值为 true 时，表示当前 JSP 页面是一个错误处理页面。
- contentType 属性：定义页面响应信息的 MIME 类型和编码方式。
- pageEncoding 属性：定义页面响应信息的编码方式。

page 指令的 import 属性与 Java 语言中的 import 关键字作用相同。可以使用一个 <%@ page %>指令同时引入多个类，也可以使用多个<%@ page %>指令来引入类。例如在程序 3.1 中，就使用两条 page 指令引入了两个 Java 基础类。

```
<%@page import="java.util.Date" %>
<%@page import="java.text.SimpleDateFormat" %>
```

事实上，当 JSP 页面被转译为 Java 类时，在 page 指令中通过 import 属性引入的包会被自动转换成类中的 import 语句。

另外，JSP 页面默认会引入 java.lang. * 、javax.servlet. * 、javax.servlet.jsp. * 、javax.servlet.http. * 等几个包，所以在 serverDemo_jsp.java 中可以看到有如下的 import 语句。

```
import javax.servlet.*;
import javax.servlet.http.*;
import javax.servlet.jsp.*;
import java.util.Date;
import java.text.SimpleDateFormat;;
```

page 指令的 contentType 属性用于定义返回给浏览器的响应信息的 MIME 类型及字符编码。

MIME(Multipurpose Internet Mail Extensions，多功能互联网邮件扩展），最初是为了在发送电子邮件时附加多媒体数据，让邮件客户程序能根据其类型进行处理，目前已成为互联网上判断文件格式的事实标准。MIME 技术规范的完整内容由 RFC 2045～RFC

2049 定义,包括了信息格式、媒体类型、编码方式等各方面的内容。

在最初的 HTTP 中,并没有附加的数据类型信息,所有传送的数据都被客户端程序解释为 HTML 文档。后来为了支持多媒体数据类型,HTTP 中就使用了附加在文档之前的 MIME 类型信息来标识数据类型,这使得 HTTP 能够传输的信息类型不只有普通的文本,变得更加丰富多彩。

每个 MIME 类型由两部分组成,前面是数据的大类别,如声音、图像等,后面定义具体的种类。常用的 MIME 类型如表 3.1 所示。

表 3.1　常用的 MIME 类型

文 件 类 型	文件扩展名	MIME
HTML 文档	.html	text/html
普通文本	.txt	text/plain
PNG 图像	.png	image/png
GIF 图形	.gif	image/gif
JPEG 图形	.jpeg,.jpg	image/jpeg
MPEG 文件	.mpg,.mpeg	video/mpeg
Microsoft Word 文件	.doc	application/msword
Microsoft Excel 文件	.xls	application/x-msexcel
PDF 文档	.pdf	application/pdf
任意的二进制数据		application/octet-stream

字符编码是用二进制字符串来代表字符集的字符,以便于文本在计算机中的存储和网络传输。可以说,对字符进行编码是信息交流的技术基础。

字符集是定义要对哪些字符进行编码,字符编码则具体规定了对每个字符分别用一字节还是多字节存储,这些字节的内容是什么。每个国家和地区在制定编码标准时,一般都是同时制定字符集和编码方式。因此,平时提到"字符集"时,如 GB2312、GBK、JIS 等,除了表示"字符集合"的含义之外,同时也包含了编码方式的含义。

常见的字符集有以下几种。

- ASCII 字符集:美国在 20 世纪 60 年代制定了一套字符编码规则,规定了包含英文字母在内的 128 个字符的编码方式。共占用了字节的后 7 位,最高位统一规定为 0。
- ISO-8859-1 字符集:随着计算机在欧洲的不断普及,后来又制定了扩展 ASCII 字符集,包含 256 个字符,即在 ASCII 字符集原有的 128 个字符基础上,又扩展了 128 个新字符。这个字符集也叫西欧字符集,之后又陆续制定了 ISO-8859-2～ISO-8859-15 字符集,都是完全兼容 ASCII 字符集。
- GB2312 字符集:GB2312 是对 ASCII 字符集的中文扩展,规定当字节值小于 127时,表示一个 ASCII 字符,而两个大于 127 的字节连在一起时,就表示一个汉字。

这样，为大约 7000 多个常用汉字以及数学符号、罗马希腊字母、日文假名都定义了编码。另外，还为 ASCII 字符集里已有的数字、标点、字母也都重新编了两字节的编码，这就是所谓的全角字符，而称 ASCII 字符集中用一字节表示的那些字符为半角字符。

- GBK 字符集：之后又对 GB2312 字符集做了扩展，在 GB2312 的基础上，又增加了近 20000 个汉字（包括繁体字）和符号，称为 GBK 字符集。
- Unicode 字符集：为了便于国际信息交流，国际组织制定了 Unicode 字符集，为地球上现有的各种语言中的每个字符都设定了唯一的数字编号，以满足跨语言、跨平台进行文本转换、处理的要求。Unicode 字符集可以简写为 UCS（Unicode Character Set）。

但 Unicode 只是一个字符集，它规定了字符的二进制代码，但并没有规定这个二进制代码如何存储。因为包含的字符数量非常庞大，所以一个字符的二进制代码可能会达到几十位之多，需要用多字节来保存。为此，又定义了 Unicode 的不同实现方式，如 UTF-8、UTF-16、UTF-32 等，其中 UTF-8 在互联网中使用最广泛。

UTF-8 是一种变长的编码方式，可以使用 1～4 字节表示一个字符。UTF-8 的具体编码规则这里不再详述。为了保持统一，本书把 JSP 页面的 contentType 属性统一设置为如下形式：

```
<%@page contentType="text/html;charset=utf-8" %>
```

2. include 指令

include 指令的作用是在当前 JSP 页面中的指定位置插入另一个文件的内容，语法格式如下：

```
<%@include file="URL"%>
```

URL 是一个相对路径，用来定义被插入的文件。如果 URL 以“/”开头，代表当前 Web 应用的根目录；如果以文件名或目录名称开头，则代表当前目录下的相对位置。

使用 include 指令实现的文件插入称为文件静态包含，实际的文件插入过程发生在 JSP 页面被转译为 Java 类之前。静态包含的执行机制如图 3.15 所示。

B.jsp 文件中静态包含了 a.jsp 文件。当 B.jsp 被请求时，JSP 引擎会将文件中的 include 指令替换为 a.jsp 文件的内容，得到一个新的 B.jsp 文件，然后再进行转译、编译和运行。下面通过示例程序说明静态包含的执行机制。

【程序 3.8】 在 demo03 文件夹下编写示例页面文件 includeDemo1_1.jsp。

```
<%@page contentType="text/html;charset=utf-8" %>
<html>
    <head>
        <title>includeDirective</title>
```

```
    </head>
    <body>
    <H3>
        <%@include file="hello.txt" %>
    </H3>
    </body>
</html>
```

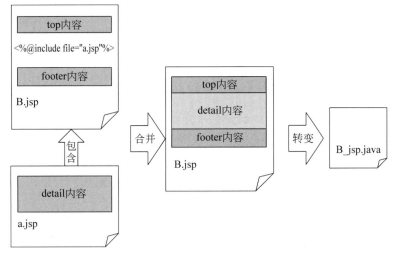

图 3.15　include 指令的执行机制

includeDemo1_1.jsp 中使用 page 指令静态包含了 hello.txt 文件。

【程序 3.9】　在 demo03 文件夹下编写文本文件 hello.txt,实现被包含的文件内容。

```
Hello,Everyone!
```

hello.txt 文件中只有一行简单的文本。

【程序 3.10】　在 demo03 文件夹下编写示例页面文件 includeDemo1_2.jsp。

```
<%@page contentType="text/html;charset=utf-8" %>
<html>
    <head>
        <title>includeDirective</title>
    </head>
    <body>
        <H3>
            Hello,Everyone!
        </H3>
    </body>
</html>
```

根据前面对静态包含执行机制的描述，当 includeDemo1_1.jsp 被请求时，首先发生文件包含，hello.txt 中的内容会被合并，得到一个新的 includeDemo1_1.jsp 文件。这个新文件的内容应该与 includeDemo1_2.jsp 相同。

启动 Tomcat，打开浏览器，在地址栏输入 http://localhost:8080/demo03/includeDemo1_1.jsp，查看程序 3.8 的运行效果，如图 3.16 所示，再启动一个浏览器窗口，输入 http://localhost:8080/demo03/includeDemo1_2.jsp，查看程序 3.10 的运行效果，如图 3.17 所示。可以看到，两个程序的运行结果完全相同。

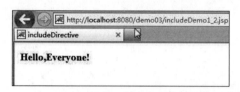

图 3.16   includeDemo1_1.jsp 运行结果

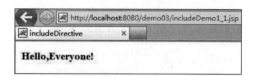

图 3.17   includeDemo1_2.jsp 运行结果

需要注意的是，如果被包含文件的内容发生了变化，包含文件需要重新转译，因此 include 指令适用于包含内容不常变化的文件。

include 指令的优点在于只转译一个文件，所以执行速度快。如果被包含文件的内容变化频繁，应该使用后面介绍的<jsp:include>标记实现动态包含。

3. taglib 指令

正如 HTML 页面中有很多标记，JSP 页面也允许开发者自定义标记来提高 JSP 的开发效率。taglib 指令用于支持自定义标记，将在第 7 章做详细说明。

3.3.3   JSP 标记元素

标记元素是由 JSP 引擎解释执行的一组功能。在 JSP 2.0 的规范里定义了 20 多种标记元素，可以实现动态文件包含、页面跳转、使用 JavaBean 组件等功能。标记元素的统一语法格式如下：

```
<jsp:标记名 属性 1="值 1" 属性 2="值 2" 属性 n="值 n">
…
</jsp:标记名>
```

下面介绍常用标记元素的用法。

1. <jsp:include>标记

<jsp:include>标记用于将 HTML 或 JSP 动态内容插入当前的 JSP 页面中。

<jsp:include>标记的作用是实现对其他文件的动态包含，语法格式如下：

```
<jsp:include page="path">
    <jsp:param name="Name1" value="Value1" />
    <jsp:param name="Name2" value="Value2" />
…
</jsp:include>
```

path 是被包含文件的路径,可以是 JSP 动态文件,也可以是 HTML 或其他静态文件。所谓动态包含,是指在程序运行时才会发生包含动作。

<jsp:param>用于向被包含页面传递参数,详细用法后面进行说明。

动态包含的执行机制如图 3.18 所示。

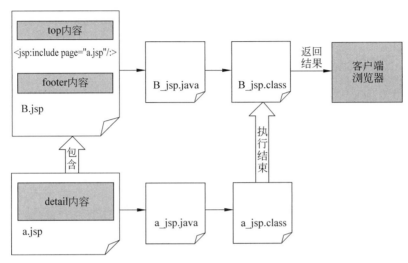

图 3.18　<jsp:include>标记的执行机制

B.jsp 文件中动态包含了 a.jsp 文件。当 B.jsp 被请求时,JSP 引擎会分别对 B.jsp 和被包含的 a.jsp 进行转译、编译和运行,并在最后将两个页面的运行结果进行合并,再将合并后的内容返回给浏览器。下面通过示例程序说明动态包含的执行机制。

【程序 3.11】　在 demo03 文件夹下编写示例页面文件 includeDemo2_1.jsp。

```
<%@page contentType="text/html;charset=utf-8" %>
<html>
    <head>
        <title>includeAction</title>
    </head>
    <body>
        <P>
            加载文件效果:
            <jsp:include page="includeDemo2_2.jsp">
                <jsp:param name="computer" value="300" />
            </jsp:include>
        </P>
    </body>
</html>
```

includeDemo2_1.jsp 文件中动态包含了 includeDemo2_2.jsp 文件,并用<jsp:param>标记向被包含页面传递了一个名为 computer 的参数。

【程序 3.12】 在 demo03 文件夹下编写示例页面文件 includeDemo2_2.jsp，实现被包含的文件。

```
<%@page contentType="text/html;charset=utf-8" %>
<html>
    <head>
        <title>includeAction</title>
    </head>
    <body>
        <%
            String str=request.getParameter("computer");        //获取值
            int n=Integer.parseInt(str);
            int sum=0;
            for(int i=1;i<=n;i++){
                sum=sum+i;
            }
        %>
        从 1 到<%=n%>的连续和是：<%=sum%>
    </body>
</html>
```

includeDemo2_2.jsp 中接收 includeDemo2_1.jsp 传递的 computer 参数，然后计算累加和并输出它。

根据前面对动态包含执行机制的描述，当 includeDemo2_1.jsp 被请求时，被包含的 includeDemo2_2.jsp 文件也会同步被执行，最后两个文件的执行结果合并。

图 3.19 includeDemo2_1.jsp 运行结果

启动 Tomcat，打开浏览器，在地址栏输入 http://localhost:8080/demo03/includeDemo2_1.jsp，程序运行结果如图 3.19 所示。

动态包含是在执行时将被包含文件的执行结果包含进来，而不是被包含文件的源代码。每次请求页面时都会重新运行被包含文件。对于更新比较频繁的内容，应使用<jsp:include>标记实现动态包含，因为被包含文件的改动不会影响到包含文件，因此不需要对包含文件进行重新转译。

2. <jsp:param>标记

<jsp:param>标记用于配合<jsp:include>标记和<jsp:forward>标记使用，实现参数传递。语法格式如下：

```
<jsp:param name="Name1" value="Value1" />
```

其中，Name1 表示传递参数的名称，Value1 表示对应参数的值。

3. ＜jsp：forward＞标记

＜jsp:forward＞标记用于实现页面请求的转发,可以把对当前 JSP 页面的请求转发到同一 Web 应用的另一个资源中。转发目标可以是 JSP 页面、HTML 页面、Servlet 等各种类型的 Web 资源。

＜jsp:forward＞标记的语法格式如下:

```
<jsp:forward page="URL 路径">
    <jsp:param name="Name1" value="Value1" />
    <jsp:param name="Name2" value="Value2" />
    …
</jsp:forward>
```

其中,page 属性表示要转发目标资源的 URL,如果需要在转发的同时传递参数,可以使用＜jsp:param＞标记来实现。

请求转发功能可以在程序中实现 JSP 页面之间的跳转,是 Java Web 应用开发中实现流程控制的一种重要手段。请求转发的具体处理过程如图 3.20 所示。

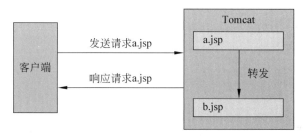

图 3.20　页面请求转发的处理过程

客户端发送对页面 a.jsp 的请求,Tomcat 按照 JSP 运行机制对 a.jsp 进行转译、编译和运行。如果在 a.jsp 中包含 b.jsp 的 forward 指令,本次请求会被转发到 b.jsp。Tomcat 按照 JSP 运行机制再对 b.jsp 进行处理,最后把 b.jsp 的运行结果作为本次请求的响应信息返给浏览器。

在页面请求被转发的过程中,客户端对此是不知情的。也就是说,客户端收到的虽然是 b.jsp 的运行结果,但仍然是作为对 a.jsp 的请求得到的响应。查看客户端浏览器的地址栏可以看到,所显示的仍然是 a.jsp 的 URL。整个处理过程中只有一次请求和一次响应。

下面使用请求转发功能实现一个简单的用户登录功能。

【程序 3.13】　在 demo03 文件夹中创建 login 文件夹,在其中编写页面文件 login.jsp。

```
<%@page language="java" contentType="text/html;charset=utf-8"%>
<html>
    <head>
```

```
        <title>新闻发布系统</title>
    </head>
    <body>
        <h1>用户登录</h1>
        <form method="post" action="doLogin.jsp">
            用户名：<input type="text" name="username"><br>
            密码：<input type="password" name="password"><br>
            <input type="submit" name="submit" value="登录">
        </form>
    </body>
</html>
```

login.jsp 使用 form 标签来传递参数。单击"登录"按钮后跳转到 doLogin.jsp，同时传递用户名 username 和密码 password 两个参数。

【程序 3.14】 在 demo03\login 文件夹下编写页面文件 doLogin.jsp，实现登录判断。

```
<%@page language="java" contentType="text/html;charset=utf-8"%>
<%
    String name = request.getParameter("username");
    String pwd = request.getParameter("password");

    if ("tom".equals(name) && "123".equals(pwd)){
%>
    <jsp:forward page="index.jsp">
        <jsp:param name="username" value="<%=name%>"/>
    </jsp:forward>
<%}else{%>
    <jsp:forward page="login.jsp"/>
<%}%>
```

doLogin.jsp 中首先通过 request.getParameter（）方法获取到 login.jsp 传递的 username 和 password 两个参数的值，然后判断 username 是否等于 tom、password 是否等于 123。如果是则使用＜jsp：forward＞标记转发到 index.jsp 页面，同时用＜jsp：param＞标记将 login.jsp 传递过来的 username 属性值传递给 index.jsp 页面；否则转发到 login.jsp 页面要求重新登录。

【程序 3.15】 在 demo03\login 文件夹下编写页面文件 index.jsp，实现登录成功后进入的页面。

```
<%@page language="java" contentType="text/html;charset=utf-8"%>
<html>
    <head>
        <title>新闻发布系统</title>
```

```
        </head>
        <body>
            <h1>系统首页</h1>
            <%
                String name =request.getParameter("username");
                if (name ==null){
            %>
                请单击<a href="login.jsp">登录</a>
            <%  }else{%>
                用户<%=name%>已登录
            <%  }%>
        </body>
    </html>
```

启动 Tomcat,打开浏览器,在地址栏输入 http://localhost:8080/demo03/login/login.jsp,在登录表单中输入用户名"tom"和密码"123",单击"登录"按钮即可成功登录,进入 index.jsp 页面,运行结果如图 3.21 所示。

图 3.21　登录成功页面

这个用户登录示例程序中用到的其他知识,将在后续章节中陆续介绍。

3.4　结构化网页设计

结构化网页设计是指利用前面介绍的文件包含机制,将一个页面分解为几个模块,分别实现。在程序运行时,再重新组合成一个完整的页面。

通常在实现一个网站时,大部分页面的顶部、底部等公共区域内容都是相同的。利用结构化网页设计的思想,可以把这些公共区域的内容写在单独的文件中,然后在其他页面中通过文件包含的方式引入它们,就可以大大地提高开发效率,提升程序的可读性及可维护性。

根据第 2 章中对新闻发布系统的页面布局设计,可以把整个页面分解为以下几个部分。

- top 区:显示系统 Logo 区和菜单栏。
- left 区:显示侧栏内容。

- content 区：显示当前页面的主体内容。
- footer 区：显示版权声明、联系方式等信息。

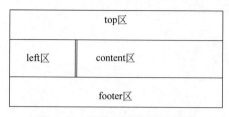

图 3.22　网站功能布局示意图

整体结构如图 3.22 所示。

按照结构化网页的设计思想，可以编写 top.jsp 文件实现系统 Logo 显示和菜单栏，编写 left.jsp 文件实现侧栏区内容，编写 footer.txt 文件定义页脚信息，然后在主页面中包含上面三个文件，实现结构化网页设计。

【程序 3.16】　在 3.2.3 节中所创建的 newsPub 文件夹中编写页面文件 index.jsp，使用结构化网页设计实现新闻发布系统的首页。

```jsp
<%@ page language="java" contentType="text/html;charset=utf-8"%>
<!DOCTYPE html>
<html>
    <head>
        <title>新闻发布系统 V3</title>
        <meta charset="utf-8">
        <link rel="stylesheet" type="text/css" href="css/main.css">
    </head>
    <body>
        <jsp:include page="common/top.jsp" />
        <div id="content">
            <aside>
                <jsp:include page="common/left.jsp" />
            </aside>
            <main>
                <!--main begin -->
                <section class="news_list">
                    <h1>新闻列表</h1>
                    <ul>
                    <li><div class="dd_lm">[社会]</div>
                        <div class="dd_bt">
                            <a href="#">人工智能产业发展再现新趋势</a>
                        </div>
                        <div class="dd_time">2021-09-06 16:03:53 </div>
                    </li>
                    <li><div class="dd_lm">[社会]</div>
                        <div class="dd_bt">
                            <a href="#">《数据安全法》带来新的千亿级市场</a>
```

```
            </div>
            <div class="dd_time">2021-09-06 16:06:23 </div>
        </li>
        <li><div class="dd_lm">[社会]</div>
            <div class="dd_bt">
                <a href="#">数字经济已成我国经济发展新引擎</a>
            </div>
            <div class="dd_time">2021-09-04 16:05:38 </div>
        </li>
        <li><div class="dd_lm">[社会]</div>
            <div class="dd_bt">
                <a href="#">我国新能源汽车产业发展加速</a>
            </div>
            <div class="dd_time">2021-09-06 16:05:14 </div>
        </li>
        <li><div class="dd_lm">[社会]</div>
            <div class="dd_bt">
                <a href="#">联合国提示未来极端天气可能更频繁</a>
            </div>
            <div class="dd_time">2021-09-06 16:07:32 </div>
        </li>
        <li><div class="dd_lm">[社会]</div>
            <div class="dd_bt">
                <a href="#">多地推进机动车不礼让斑马线治理</a>
            </div>
            <div class="dd_time">2021-09-03 16:07:10 </div>
        </li>
        <li><div class="dd_lm">[校内]</div>
            <div class="dd_bt">
                <a href="#">时尚礼仪专家做客我校</a>
            </div>
            <div class="dd_time">2021-09-05 16:17:51 </div>
        </li>
        <li><div class="dd_lm">[校内]</div>
            <div class="dd_bt">
                <a href="#">图书馆积极开展"微平台"建设</a>
            </div>
            <div class="dd_time">2021-09-04 16:18:52 </div>
        </li>
        <li><div class="dd_lm">[校内]</div>
            <div class="dd_bt">
                <a href="#">外交部原部长来我校作主题报告</a>
            </div>
```

```
                    <div class="dd_time">2021-09-03 16:18:19 </div>
                </li>
                <li><div class="dd_lm">[社会]</div>
                    <div class="dd_bt">
                        <a href="#">文创雪糕走红,文物也可以很"美味"</a>
                    </div>
                    <div class="dd_time">2021-09-06 16:07:57 </div>
                </li>
                </ul>
            </section>
            <!--main end -->
        </main>
        <div class="blank20"></div>
        <div class="blank10"></div>
    </div>
    <%@ include file="common/bottom.txt"%>
    </body>
</html>
```

index.jsp 利用文件包含机制,把 top 区、left 区和 footer 区的内容各自写在单独的文件中,然后在 index.jsp 中分别利用<jsp:include>标记和 include 指令实现文件包含。

因为 top 区中的菜单内容以及 left 区的侧栏内容会在程序运行过程中发生变化,所以这里使用动态包含实现。footer 区的内容比较固定,就使用静态包含实现。

【程序 3.17】 在 newsPub\common 文件夹下编写页面文件 top.jsp,实现系统 Logo 区和菜单栏。

```
<%@ page language="java" contentType="text/html;charset=utf-8"%>
<header>
    <div id="logo_main"></div>
</header>
<div id="menu">
    <div id="user">
        <a href="#">用户登录</a>
    </div>
    <nav>
        <ul>
            <li><a href="#">新闻管理</a></li>|
            <li><a href="#">评论管理</a></li>|
            <li><a href="#">用户管理</a></li>|
            <li><a href="#">首 页</a></li>
        </ul>
```

```
        </nav>
    </div>
```

top.jsp 文件的内容就是程序 2.8 中的＜header＞和 div♯menu 两个标记的内容。

【程序 3.18】　在 newsPub\common 文件夹下编写页面文件 left.jsp,实现侧栏内容。

```
    <%@ page language="java" contentType="text/html;charset=utf-8"%>
    <section>
        <h1>站内检索</h1>
        <hr/>
        <form>
            <input type="text" placeholder="请输入关键字" name="keyword"/>
            <img id="submitBtn" style="cursor: pointer;"
                onclick="submitFun()" name="submitBtn" src="image/ss.jpg"/>
        </form>
    </section>
    <section>
        <h1>热点新闻</h1>
        <hr/>
        <ul>
            <li>.<a href="#">人工智能产业发展再现新趋势</a></li>
            <li>.<a href="#">《数据安全法》带来新的千亿级市场</a></li>
            <li>.<a href="#">联合国提示未来极端天气可能更频繁</a></li>
            <li>.<a href="#">图书馆积极开展"微平台"建设</a></li>
            <li>.<a href="#">我国新能源汽车产业发展加速</a></li>
        </ul>
    </section>
    <section>
        <h1>最新评论</h1>
        <hr/>
        <ul>
            <li>.<a href="#">需要加强应急能力建设</a></li>
            <li>.<a href="#">冰川融化,病毒冷酷,水火无情</a></li>
            <li>.<a href="#">目的在于促进数据开发利用</a></li>
            <li>.<a href="#">对信息安全基本制度等的进一步确立和落实</a></li>
            <li>.<a href="#">人工智能需要依托于产业</a></li>
        </ul>
    </section>
```

left.jsp 文件的内容就是程序 2.8 中＜aside＞标记的内容。

【程序 3.19】　在 newsPub\common 文件夹下编写文本文件 bottom.txt,定义网站的版权信息。

```
<%@page language="java" contentType="text/html;charset=utf-8"%>
<footer>
<!--版权-->
    <div class="banq">
        本网站所刊载的信息,不代表本网观点。使用本网站稿件,务经书面授权。<br>
        未经授权禁止转载、复制及建立镜像,违者将依法追究法律责任。
    </div>
</footer>
```

bottom.txt 文件的内容就是程序 2.8 中<footer>标记的内容。

启动 Tomcat,打开浏览器,在地址栏输入 http://localhost:8080/newsPub/index.jsp,页面运行效果与图 2.3 完全相同。

这里利用了结构化网页设计方法,从系统主页提取出三个公共内容文件,又使用文件包含机制把它们重新组合为一个完整的页面。在后面的章节中实现其他页面时,只需要考虑<main>标记中的内容如何实现,公共内容部分直接使用这里的 3 个文件即可。

本 章 小 结

本章首先介绍了 Java Web 应用的开发环境和运行环境的概念,并详细说明了搭建方法,包括 JDK 和 Tomcat 的安装与配置;然后介绍了 JSP 的基本概念,包括开发方法、运行机制和 Java Web 应用的目录结构;接下来介绍了 JSP 的基础语法,包括脚本元素、指令元素和标记元素;最后介绍了结构化网页设计的方法。通过本章的学习,可以掌握 JSP 程序开发的基础知识,为后续章节的学习做好准备。

本章演示程序共有 15 个代码文件,相关目录结构见图 3.23。本章完成的示例应用功能是采用结构化网页设计方法实现了系统主页,相关源代码文件及目录结构见图 3.24。

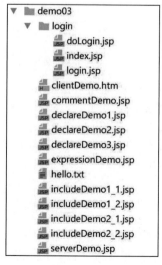

图 3.23　演示程序代码目录结构

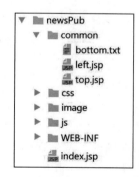

图 3.24　示例应用代码目录结构

习　题

1. 单选题

（1）要运行 Java Web 应用程序，需要把对应的应用文件夹放到 Tomcat 的（　　）文件夹下。

    A. work　　　　　　B. temp　　　　　　C. webapps　　　　　D. logs

（2）下面的注释形式中，能在客户端看到注释内容的是（　　）。

    A. <%--注释内容 --%>　　　　　　B. <! --　注释内容　-->

    C. <% //注释内容　%>　　　　　　D. <% / * 注释内容 * / %>

（3）如果希望在 JSP 页面中包含汉字，所设置的字符编码不能是（　　）。

    A. UTF-8　　　　　B. GBK　　　　　C. ISO-8859-1　　　D. GB2312

2. 简答题

（1）简述 Java Web 应用的开发环境和运行环境。

（2）简述 JSP 的运行机制。

3. 上机练习

（1）根据本书中的说明，下载和安装 JDK 和 Tomcat，配置 Java Web 应用的运行环境。

（2）利用结构化网页设计方法，实现新闻发布系统的首页。

第4章

流程控制与数据传递

学习目标

➤ 掌握 request、response、session 等常用内置对象的用法

➤ 理解 HTTP 请求响应机制和会话管理

➤ 掌握页面间控制流和数据流的各种实现方式

4.1　用户注册功能开发

4.1.1　用户注册功能开发任务

用户注册功能是第一个正式实现的示例应用程序功能,包括注册确认和注册提交两个环节。用户通过单击用户登录页面的超链接进入用户注册页面。在填写注册信息之后,提交进入注册确认页面;然后在注册确认页面核对无误后完成注册,并在注册成功后返回用户登录页面,或者返回用户注册页面重新填写注册信息。

用户注册页面如图 4.1 所示,注册确认页面如图 4.2 所示。

图 4.1　用户注册页面　　　　图 4.2　注册确认页面

4.1.2　用户注册功能设计与实现

1. 用户注册功能设计

根据用户注册功能开发任务的描述,需要分别设计注册确认和注册提交两个子功能。这里先实现注册确认功能,注册提交功能留待第 5 章开发。

首先分析注册确认功能中的流程控制,这里涉及 3 个页面。第一步是通过单击用户登录页面中的超链接跳转到用户注册页面,接下来单击用户注册页面中的"提交"按钮进

入到注册确认页面。因此,流程控制的两次跳转可以分别用 HTML 中的超链接标记和提交表单方式来实现。

　　然后再分析用户注册确认功能中的数据传递。这里的数据传递很简单,用户在注册页面的表单中输入注册信息,当单击"提交"按钮进入注册确认页面时,这些注册信息需要同步传递给注册确认页面并在该页面中显示。这里的数据传递可以使用 HTML 中的提交表单方式来实现。

2. 用户注册功能实现

【程序 4.1】　在第 3 章创建的 newsPub 文件夹下编写用户登录页面文件 userLogin.jsp,提供用户注册功能的入口。

```
<%@page language="java" pageEncoding="utf-8"%>
<!DOCTYPE html>
<html>
<head>
    <title>新闻发布系统 V3</title>
    <meta charset="utf-8">
    <link rel="stylesheet" type="text/css" href="css/main.css">
</head>
<body>
    <jsp:include page="common/top.jsp" />
    <div id="content">
        <aside>
            <jsp:include page="common/left.jsp" />
        </aside>
        <main>
        <!--main begin -->
            <section class="inputform">
                <form action="doLogin.jsp" mehtod="post" >
                <input type="text" name="username" placeholder="用户名"
                required="required" /><br><br>
                <input type="password" name="password" placeholder="登录密
                码">
                <br><br>
                <input type="submit" value="登录"></input>
                <a href="userRegister.jsp">用户注册</a><br>
                </form>
            </section>
        <!--main end -->
        </main>
        <div class="blank20"></div>
```

```
        <div class="blank10"></div>
    </div>
    <%@include file="common/bottom.txt"%>
</body>
</html>
```

userLogin.jsp 的整体代码结构按照第 3 章介绍的结构化网页设计方法实现，其实现机制此处不再赘述。这里只需关注代码中 main 标记中的部分即可。

此处引入这个页面只是作为用户注册功能的入口，所以暂时只需使用其中的"用户注册"超链接，其余代码在后面的用户登录功能实现中再做详细解释。如下关键代码实现了目标地址为用户注册页面 userRegister.jsp 的超链接。

```
<a href="userRegister.jsp">用户注册</a>
```

当用户单击此链接时，即可转入用户注册页面。

【程序 4.2】 在 newsPub 文件夹下编写用户注册页面文件 userRegister.jsp，提供用户注册表单，用于输入注册信息。

```
...
<!--main begin -->
    <section class="inputform">
        <div class="top-bar">
            <h1>用户注册</h1>
        </div>
        <br/>
        <form action="userVeriRegister.jsp" method="post">
            用户名: <input type="text" name="username"></input><br/>
            密码: <input type="password" name="password"></input><br/>
            <br/>
            性别: 男<input type="radio" value="male" name="gender">
                女<input type="radio" value="female" name="gender"><br>
            个人简介<textarea name="resume" cols="12" rows="6"></textarea>
                <br/><input type="submit" value="提交"></input><br/>
        </form>
    </section>
<!--main end -->
...
```

userRegister.jsp 的整体代码结构与 userLogin.jsp 完全相同，为了节省版面，这里只给出了 main 标记中的关键部分，其余代码省略了，后面的示例程序都采用这种方式来给出代码。

注册页面的主要功能是提供输入用户信息的注册表单,这里使用 HTML 中的 form 标记和 input 标记实现。

form 标记中的 action 属性表示处理该表单请求的文件,取值为 userVeriRegister. jsp,表示这个表单被提交后,由 userVeriRegister.jsp 来处理此请求。

表单中的内容用 input 标记和 textarea 标记来定义。其中 input 标记分别用于输入文本形式的用户名、密文形式的用户密码、单选按钮形式的性别,以及提交按钮形式的"注册"按钮,另外还有用 textarea 标记实现的文本区形式的个人简介。需要注意的是,用于输入注册信息的表单元素,都需要设置唯一的 name 属性值,作为数据传递时的区分依据。

【程序 4.3】 在 newsPub 文件夹下编写注册确认页面文件 userVeriRegister.jsp,提供注册信息显示,用于用户核对。

```
...
<!--main begin -->
    <section class="inputform">
        <div class="top-bar">
            <h1>注册确认</h1>
        </div>
        <%
            request.setCharacterEncoding("utf-8");
            String uName = request.getParameter("username");
            String uPwd = request.getParameter("password");
            String uGender = request.getParameter("gender");
            String uResume = request.getParameter("resume");
        %>
        <table>
            <tr>
                <td>用户名: </td><td><%=uName %></td>
            </tr>
            <tr>
                <td>密码: </td><td><%=uPwd %></td>
            </tr>
            <tr>
                <td>性别: </td><td><%=uGender %></td>
            </tr>
            <tr>
                <td>个人简介:</td><td><%=uResume %></td>
            </tr>
        </table>
    </section>
<!--main end -->
...
```

userVeriRegister.jsp 负责处理注册表单的请求，主要功能是获取表单数据并在页面中显示。

首先利用如下代码设置数据解析所采用的字符集，以避免用户输入汉字时出现乱码。

```
request.setCharacterEncoding("utf-8");
```

然后调用 JSP 内置对象 request 的 getParameter()方法，获取 userRegister.jsp 中表单提交的数据。最后使用 JSP 表达式直接输出到页面中。关键代码如下：

```
String uName = request.getParameter("username");
...
<td><%=uName%></td>
...
```

至此，完成用户注册功能的开发。

4.1.3 用户注册功能运行过程

用户注册功能的程序运行过程详述如下。

启动 Tomcat，打开浏览器，在地址栏输入 http://localhost：8080/newsPub/userLogin.jsp，出现如图 4.3 所示的用户登录页面，单击"用户注册"超链接，进入用户注册页面。

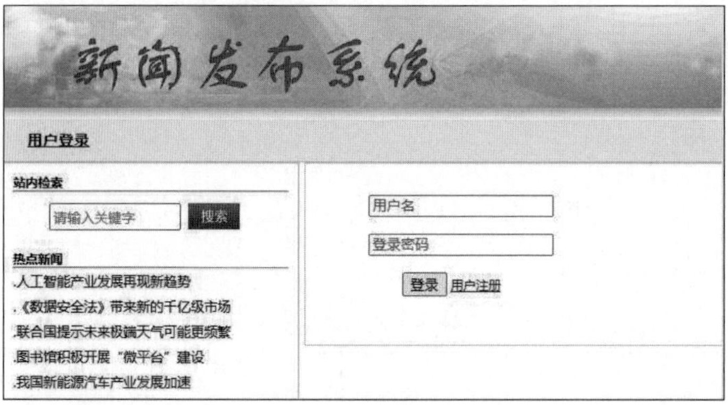

图 4.3   用户登录页面

在注册表单中输入用户注册信息后，单击"提交"按钮，注册表单被提交给注册确认页面，显示刚刚输入的用户注册信息供核对。程序运行结果如图 4.1 和图 4.2 所示。

4.1.4 HTTP 请求响应机制

HTTP 协议是 TCP/IP 协议中的一个应用层协议，用于定义客户端与服务器之间交换数据的过程。当客户端连上服务器之后，如果想要获得服务器中的某个 Web 资源，需遵守一定的通信格式，HTTP 协议就用于定义客户端与服务器之间通信的格式。

HTTP 协议基于请求响应模式实现 Web 内容的传送,即客户端向服务器发送一个请求信息,服务器会返回一个对应的响应信息。Web 交互的基本单位就是 HTTP 请求和响应。

1. HTTP 请求

HTTP 请求由请求行、消息报头、空行和请求数据 4 部分组成。

- 请求行由请求方法、URI(Uniform Resource Identifier,统一资源标识符)和 HTTP 协议版本 3 个字段组成,之间用空格分隔。常用的请求方法有 GET 和 POST。
- 消息报头由报头域/值对组成,每行一对,报头域和值用英文冒号":"分隔。用于向服务器传递请求的附加信息及客户端本身的信息。典型的请求消息报头有 Host、User-Agent、Accept 等。
- 空行表示请求消息报头的结束。
- 请求数据在 POST 方法中使用,GET 方法不需要请求数据。

一般使用 GET 方法获取 URI 所标识的资源,使用 POST 方法可以在请求中附加请求数据。

例如在 4.1 节运行用户注册功能时,打开浏览器,在地址栏输入 http://localhost:8080/ newsPub/userLogin.jsp,浏览器会向服务器发出一个 GET 请求。这个 GET 请求报文的内容如下:

```
GET http://localhost:8080/newsPub/userLogin.jsp HTTP/1.1
Host: localhost
Accept: * / *
<blank line>
```

可以看到,这个请求报文中使用 GET 方法,请求的 URI 是 http://localhost:8080/ newsPub /userLogin.jsp,HTTP 协议版本号 1.1;请求消息报头有 Host 和 Accept 两个请求报头域;没有请求数据。

2. HTTP 响应

HTTP 响应由状态行、消息报头、空行和响应数据 4 部分组成。

- 状态行由 HTTP 协议版本、响应状态代码和响应状态文本描述 3 个字段组成,之间用空格分隔。常见的响应状态代码及文本描述有 200 OK(表示客户端请求成功)、404 Not Found(表示请求资源不存在)、500 Internal Server Error(表示服务器发生不可预期的错误)等。
- 消息报头由报头域/值对组成,每行一对,报头域和值用英文冒号":"分隔,用于服务器向客户端传递不能在状态行放置的附加响应信息,以及关于服务器的信息和对请求资源进行下一步访问的消息。典型的响应消息报头有 Date、Content-Type、Content-Length 等。
- 空行表示响应消息报头的结束。
- 响应数据是服务器在本次响应中返回给浏览器的数据。

响应报文与请求报文结构类似。对于上面的 GET 请求，服务器返回的响应报文内容如下：

```
HTTP/1.1 200 OK
Server: Apache-Coyote/1.1
Set - Cookie: JSESSIONID = 725AD01D68741AA970D0BD2EC1845A20; Path =/
newsPub/;HttpOnly
Content-Type: text/html;charset=utf-8
Content-Length: 3481
Date: Tue, 12 Oct 2021 07:02:18 GMT
\r\n
\r\n
\r\n
<!DOCTYPE html>
<html>
    <head>
        <title>新闻发布系统 V3</title>
        <meta charset="utf-8">
        <link rel="stylesheet" type="text/css" href="css/main.css"/>
    </head>
    <body>
        …(此处内容略)
    </body>
</html>
```

可以看到，其中的状态行中 HTTP 版本为 1.1、状态代码为 200、状态文本描述为 OK。接下来是响应消息报头的 5 个响应报头域，其中的 Content-Type 用于说明响应数据的 MIME 类型为 HTML 文档，字符集使用 utf-8，Content-Length 用于说明响应数据的长度是 3481 字节。空行后面的内容就是响应数据，就是 userLogin.jsp 文件的内容。

完整的 HTTP 规范在 RFC 2616 中给出，有兴趣的读者可以自行查看。

4.2 用户登录功能开发

4.2.1 用户登录功能开发任务

应用系统的用户访问权限通常是基于登录用户的身份来控制的。以新闻发布系统为例，用户权限分为管理员权限、注册用户权限和匿名用户权限等不同的用户身份。

当用户注册成功之后，可以在登录页面输入自己的用户名和密码，进行登录。用户登录功能负责判断所输入的用户名和密码是否正确，如果身份合法则转入登录成功页面，否则返回登录页面要求用户重新登录。

4.2.2　用户登录功能设计与实现

1. 用户登录功能设计

根据用户登录功能开发任务的描述,需要依次实现以下 4 个步骤。

- 获取用户输入。
- 判断用户身份。
- 实现流程控制。
- 用户身份识别。

首先分析用户登录功能中的流程控制。这里涉及 3 个页面。第一步是通过单击用户登录页面中的"登录"按钮进入登录判断页面。在登录判断页面中判断用户身份,并根据判断结果将执行流程转到登录成功页面或返回登录页面。第一步中的流程控制用 HTML 中的提交表单方式实现,后面登录判断之后的流程控制需要用到本章的新知识来实现。

然后再分析用户登录功能中的数据传递。用户在登录页面的表单中输入登录信息,当单击"提交"按钮进入登录判断页面时,这些登录信息需要同步传递给登录判断页面用于判断用户身份。这里的数据传递使用 HTML 中的提交表单方式来实现。如果登录成功,会进入登录成功页面并显示登录用户名,此时需要将用户身份信息继续向下传递。这里的数据传递需要用到本章的新知识来实现。

另外,在实现用户身份判断功能时,需要根据数据库中存放的用户信息来实现。这里暂时使用固定的用户名信息来模拟实现(用户名为 tom,密码为 123),完整的用户身份判断功能留待第 5 章开发。

2. 用户登录功能实现

使用程序 4.1 中的 userLogin.jsp 作为用户登录页面,提供用户登录表单用于输入登录信息。关键代码如下:

```
<form action="doLogin.jsp" mehtod="post" >
    <input type="text" name="username" placeholder="用户名"
        required="required" /><br><br>
    <input type="password" name="password" placeholder="登录密码"><br><br>
    <input type="submit" value="登录"/>
</form>
```

用户登录页面的主要功能是提供输入用户信息的登录表单,这里使用 HTML 中的 form 标记和 input 标记实现。form 标记中的 action 属性值表示处理该表单请求的文件,取值为 doLogin.jsp,表示该表单被提交后,由 doLogin.jsp 来处理此请求。当用户单击"登录"按钮后,即可转入登录判断页面 doLogin.jsp。

【程序 4.4】　在 newsPub 文件夹中编写登录判断页面文件 doLogin.jsp,实现用户身份判断和登录流程控制。

```
<%@page language="java" contentType="text/html;charset=utf-8"%>
<%
    request.setCharacterEncoding("utf-8");
    String name = request.getParameter("username");
    String pwd = request.getParameter("password");
    if("tom".equals(name) && "123".equals(pwd)) {
        session.setAttribute("username",name);
        response.sendRedirect("index.jsp");
    } else {
        response.sendRedirect("userLogin.jsp");
    }
%>
```

doLogin.jsp 负责处理登录表单的请求，主要功能是获取登录的表单数据并判断数据是否正确，正确则转入登录成功页面 index.jsp，否则转入用户登录页面 userLogin.jsp。

doLogin.jsp 首先调用 JSP 内置对象 request 的 getParameter()方法，获取 userLogin.jsp 表单提交的数据。关键代码如下：

```
String name = request.getParameter("username");
String pwd = request.getParameter("password");
```

然后判断用户名是否为 tom 且密码是否等于 123。如果登录失败，使用 JSP 内置对象 response 的 sendRedirect()方法重定向到 userLogin.jsp，使用户重新登录。关键代码如下：

```
response.sendRedirect("userLogin.jsp");
```

如果登录成功，调用 JSP 内置对象 session 的 setAttribute()方法，将登录用户名保存到 session 作用域的 username 属性中，再调用 JSP 内置对象 response 的 sendRedirect()方法重定向到 index.jsp。关键代码如下：

```
session.setAttribute("username",name);
response.sendRedirect("index.jsp");
```

【程序 4.5】 修改程序 3.17 中的动态功能菜单页面文件 top.jsp，实现用户登录后显示当前登录的用户信息。

```
<%@page language="java" contentType="text/html;charset=utf-8"%>
<header>
    <div id="logo_main"></div>
</header>
```

```
<div id="menu">
    <div id="user">
        <%
            String username =(String) session.getAttribute("username");
            if (username ==null) {
        %>
                <a href="userLogin.jsp">用户登录</a>
        <%} else {%>
                当前用户:<%=username%>|
                <a href="doLogout.jsp">退出登录</a>
        <%}%>
    </div>

    <nav>
        <ul>
            <li><a href="#">新闻管理</a></li>|
            <li><a href="#">评论管理</a></li>|
            <li><a href="#">用户管理</a></li>|
            <li><a href="index.jsp">首 页</a></li>
        </ul>
    </nav>
</div>
```

top.jsp 首先调用 JSP 内置对象 session 的 getAttribute()方法获取会话作用域中的 username 属性值。该值是在 doLogin.jsp 中设置的,这样就实现了会话级的数据传递。最后使用 JSP 表达式直接输出到页面中进行显示。关键代码如下:

```
String username =(String) session.getAttribute("username");
...
当前用户:<%=username%>|
```

【程序 4.6】　在 newsPub 文件夹下编写退出登录页面文件 doLogout.jsp,实现登录用户注销的功能。

```
<%@page language="java" contentType="text/html;charset=utf-8"%>
<%
    session.invalidate();
    response.sendRedirect("index.jsp");
%>
```

doLogout.jsp 调用 JSP 内置对象 session 的 invalidate()方法销毁当前的会话信息,保存在当前会话中的用户信息也同时被销毁,达到了注销已登录用户的功能,最后重定向到 index.jsp。

使用程序 3.16 中的 index.jsp 作为登录成功页面，完成用户登录功能的开发。

4.2.3　用户登录功能运行过程

用户注册功能的程序运行过程详述如下。

启动 Tomcat，打开浏览器，在地址栏输入 http://localhost：8080/newsPub/userLogin.jsp，出现用户登录页面，依次输入用户名 tom 和密码 123，单击"登录"按钮，跳转到图 4.4 所示的登录成功页面。在该页面中单击"退出登录"，即将当前会话信息销毁，注销当前的登录用户，运行结果如图 4.5 所示。

图 4.4　登录成功页面　　　　　　　　图 4.5　退出登录后的页面

4.2.4　HTTP 会话机制

HTTP 协议是一种无状态协议，不保存客户端每次提交的信息。也就是说，当服务器返回与请求相对应的响应后，这次请求的所有信息就都丢掉了。如果用户发来一个新的请求，服务器无法知道它是否与上次的请求有关系。

对于简单的 HTML 页面来说，这种特性很适用，但是对于那些需要多次提交请求才能完成的 Web 操作就有问题了。比如权限控制，Web 服务器必须知道每次请求来自哪个用户，这次请求操作是否有权限等。为了满足这种需要，在 Web 应用开发中实现了一种会话机制。

一个 HTTP 会话代表服务器与浏览器的一次会话过程，这个过程包含连续或时断时续的多次请求响应。在 Java Web 应用中，会话用 javax.servlet.http.HttpSession 类的对象来表示，不同的用户拥有不同的会话。也就是说，对于每个用户的会话都会在服务器上有一个会话对象与之相对应。

正常情况下，在用户打开浏览器第一次请求一个 JSP 页面时，服务器会自动为该用户创建一个会话对象，并为其赋一个 sessionID，发送给客户端的浏览器。例如在 4.1.4 节的响应报文中可以看到如下的响应头部信息：

```
HTTP/1.1 200 OK
Server: Apache-Coyote/1.1
```

```
Set - Cookie: JSESSIONID = 725AD01D68741AA970D0BD2EC1845A20; Path =/
newsPub/;HttpOnly
Content-Type: text/html;charset=utf-8
Content-Length: 3481
Date: Tue, 09 May 2017 07:02:18 GMT
```

其中的 JSESSIONID 就是服务器所创建的会话对象的 ID 值。

之后在这个会话过程中,客户端再请求本应用中其他资源时,就会自动在请求头部添加如下关键字:

```
Cookie: JSESSIONID=725AD01D68741AA970D0BD2EC1845A20
```

服务器端在接收到请求时,根据其中的 session ID 值在内存中找到之前为该用户创建的会话对象,提供给请求使用。

会话对象创建之后保存在服务器端的内存中。因为每个用户都会有一个独立的会话对象,如果其中的内容太多,当有大量客户访问服务器时可能会导致内存溢出,所以会话对象中的信息应尽量精简。

需要注意的是,只有当访问 JSP、Servlet 等程序时才会创建会话对象。在访问 HTML 页面、图片文件等静态资源时是不会创建会话对象的。

会话对象创建之后,每次用户继续访问该网站,服务器都会更新会话的最后访问时间,并维护该会话对象。为了防止会话对象过多导致内存溢出,服务器会把长时间没有被访问的会话对象从内存删除,这个时间限制就是会话的超时时间。超时的会话自动失效。

4.3 JSP 内置对象

Web 应用程序基于 HTTP 协议的请求响应模式运行。在程序开发时,需要利用 HTTP 请求、HTTP 响应以及 HTTP 会话等处理机制来实现诸如获取浏览器请求信息、对客户端做出响应和存储会话信息等功能。为了简化程序的开发,JSP 已经用一组类预先实现了这些常用的功能,并在 JSP 程序运行之前由 JSP 引擎自动创建好。在编写 JSP 页面文件时,这些对象不需要创建,在脚本代码中直接调用其中的方法就可以实现特定的功能,因此称为内置对象。表 4.1 列出了 JSP 的 9 个内置对象。

表 4.1　JSP 的内置对象及其用途

内置对象名称	类　　型	作用域	用　　途
request	javax.servlet.ServletRequest	request	封装了客户端的请求信息,例如包含了通过 GET/POST 方式传递的参数等信息
response	javax.servlet.ServletResponse	page	封装了服务器端响应信息,例如包含了服务端发送到客户端的响应内容等信息

续表

内置对象名称	类　　型	作用域	用　　途
pageContext	javax.servlet.jsp.PageContext	page	封装了当前页面的属性信息
session	javax.servlet.http.HttpSession	session	封装了当前请求的会话信息
application	javax.servlet.ServletContext	application	封装了整个应用共享的信息
out	javax.servlet.jsp.JspWriter	page	用于向客户端输出信息
config	javax.servlet.ServletConfig	page	封装了 JSP 页面对应 Servlet 的配置信息
page	java.lang.Object	page	JSP 页面类的实例，即 JSP 页面本身被编译后会生成一个名为 page 的实例对象
exception	java.lang.Throwable	page	封装了发生的异常信息

下面对几个常用的 JSP 内置对象进行介绍。

4.3.1　request 对象

当用户通过浏览器向 Web 服务器发出请求时，Web 服务器接收到用户的请求信息，在进行必要的逻辑处理后，对该请求做出响应。JSP 提供了 request 对象来封装客户端的请求信息，response 对象来封装响应信息。处理过程如图 4.6 所示。

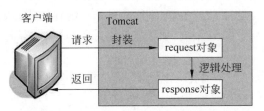

图 4.6　request 和 response 对象的处理过程

request 对象代表了客户端的请求信息，用于接收通过 HTTP 协议传送到服务器的数据。使用 request 对象的一系列方法，可以在 JSP 页面中比较容易获取到各种请求信息，包括表单提交的数据、请求消息报头等。表 4.2 列出了 request 对象的主要方法。

表 4.2　request 对象的主要方法

方 法 声 明	功 能 简 介
getParameter(String name)	获取客户端提交的名称为 name 的请求参数值，不存在则返回 null
getParameterValues(String name)	获取客户端提交的名称为 name 的所有请求参数值，不存在则返回 null
setCharacterEncoding(Stringenv)	设置请求数据的字符编码类型
getCharacterEncoding()	获取请求数据的字符编码类型

方 法 声 明	功 能 简 介
setAttribute(name, Object o)	设置请求中 name 的属性值为 0
getAttribute(String name)	获取请求中名称为 name 的属性值,不存在则返回 null
removeAttribute(String name)	删除请求中名称为 name 的属性
getContentLength()	获取请求数据的长度,单位是字节;长度未知则返回-1
getContentType()	获取请求数据的 MIME 类型;类型未知则返回 null
getProtocol()	获取客户端向服务器传递数据的通信协议名称和版本
getRemoteAddr()	获取客户端的 IP 地址
getRemoteHost()	获取客户端的主机名
getRemotePort()	获取客户端的端口号
getServerName()	获取收到请求的服务器主机名
getServerPort()	获取收到请求的服务器端口号
getCookies()	获取客户端的 Cookie 集合
getMethod()	获取客户端提交信息的方法,例如 GET、POST
getContextPath()	获取请求 URL 的上下文路径
getRequestURI()	获取请求 URL 中端口号之后到查询字符串之前的路径信息
getServletPath()	获取请求 URL 中调用的 Servlet 信息
getQueryString()	获取请求 URL 中路径之后的查询字符串
getRequestDispatcher(String path)	返回 path 表示的 Web 资源转发对象,可用于在不丢失请求信息的基础上实现服务器端的页面请求转发

下面通过几个示例程序来讲解 request 对象的常用方法。

1. 获取表单提交的数据

【程序 4.7】 在"Tomcat 安装目录\webapps"下创建文件夹 demo04,然后在其中编写示例页面文件 requestDemo1_1.jsp,实现输入表单。

```
<%@ page language="java" contentType="text/html;charset=utf-8"%>
<html>
    <head>
        <title>requestDemo</title>
    </head>
    <body>
        <form method="post" action="requestDemo1_2.jsp">
            用户名:<input type="text" name="username"><br>
            密码:<input type="password" name="up">
            <p>居住地:
```

```
            <select name="City" >
                <option value="BeiJing">北京市</option>
                <option value="ShangHai">上海市</option>
                <option value="TianJin">天津市</option>
            </select></p>
            <p>就业方式：
            <input type="checkbox" name="JOB" value="trainning">通过培训
            <input type="checkbox" name="JOB" value="recommend">通过推荐
            <input type="checkbox" name="JOB" value="selfstudy">通过自学<br>
            <p>性别：
            <input Type="Radio" Name="sex" Value="male" Checked>男
            <input Type="Radio" Name="sex" Value="female">女
            </p>
            <p>留言：</p>
            <p><textarea name="msg" rows="4" cols="60"></textarea></p>
            <input type="submit" name="submit" value="提交">
        </form>
    </body>
</html>
```

requestDemo1_1.jsp 页面模拟实现用户注册页面，用 HTML 的文本框（text 类型的 input）来输入用户名，用密码框（password 类型的 input）来输入密码，用下拉列表框（select）来选择居住地，用复选框（checkbox）来选择就业方式，用单选按钮（radio）来选择性别。

提交表单信息的关键代码如下：

```
<form method="post" action="requestDemo1_2.jsp">
...
<input type="text" name="username"><br>
...
```

form 标记的 action 属性定义了表单提交的目标页面是 requestDemo1_2.jsp。

【程序 4.8】 在 demo04 文件夹下编写示例页面文件 requestDemo1_2.jsp，实现表单数据获取。

```
<%@page language="java" contentType="text/html;charset=utf-8"%>
<html>
    <head>
        <title>requestDemo</title>
    </head>
    <body>
```

```
<%
    //接收 text 和 password 类信息
    String name = request.getParameter("username");
    String pwd = request.getParameter("up");
    out.println("用户名: " + name + "<br>");
    out.println("密码: " + pwd + "<br>");

    //接收 select 信息
    out.println("居住地: ");
    out.println(request.getParameter("City"));
    out.println("<br>");

    //接收 checkbox 类信息
    out.println("就业方式: <br>");
    String job[] = request.getParameterValues("JOB");
    if(job != null) {
        for(int i=0; i<job.length; i++)
            out.println(job[i] + "<br>");
    }

    //接收 radio 类信息
    out.println("性别: ");
    out.println(request.getParameter("sex"));
    out.println("<br>");

    //处理 textarea 中的信息
    String str = request.getParameter("msg");
    out.println("您的留言是: <br>");
    out.println(str);
%>
</body>
</html>
```

requestDemo1_2.jsp 页面使用 request 对象的 getParameter()方法获取表单信息,参数对应于 form 标记中各个输入元素的 name 属性值,如 username。获取表单信息的关键代码如下:

```
String name = request.getParameter("username");
```

启动 Tomcat,打开浏览器,在地址栏输入 http://localhost:8080/demo04/requestDemo1_1.jsp,输入注册信息后,单击"提交"按钮,进入 requestDemo1_2.jsp 页面,显示获取到的表单内容。程序运行结果如图 4.7 和图 4.8 所示。

图 4.7   requestDemo1_1.jsp 运行结果   图 4.8   requestDemo1_2.jsp 运行结果

可以看到，表单提交的数据在 requestDemo1_2.jsp 中能够接收到，但其中的汉字字符变成了乱码。

出现这种现象的根本原因是汉字字符在编码和解码时所使用的字符集不一致。本例中浏览器在提交表单时使用 UTF-8 对表单中的汉字字符进行编码，这是由表单所在页面中 page 指令的 contentType 属性设置。而服务器端在获取表单数据进行解码时使用的则是 ISO-8859-1。

解决乱码问题的根本途径就是统一编码和解码的字符集。需要注意的是，对于采用 GET 方法提交的表单，由于表单内容直接组合成查询字符串作为请求 URL 的一部分，Tomcat 9 默认采用 UTF-8 进行解码，而通过 POST 方法提交的表单，Tomcat 9 是采用 ISO-8859-1 西欧字符集。

对于采用 POST 方法提交的表单，可以在获取表单数据之前，先使用 request 对象的 setCharacterEncoding()方法把它的字符集设置为与客户端一致。例如向程序 4.8 添加如下代码：

```
<%
    request.setCharacterEncoding("UTF-8");
    //接收 text 和 password 类信息
    String name =request.getParameter("username");
%>
```

先把 request 对象的解码字符集设置为 UTF-8，然后再获取表单数据。

重新提交表单，程序运行结果如图 4.9 所示。

可以看到，汉字内容也能够正常显示，乱码问题得到了解决。因为 POST 方法提交时，表单内容是作为请求数据来提交的，而 setCharacterEncoding()方法可以设置请求数据的编码类型，所以不再出现乱码。

2. 获取请求报文头及其他信息

【程序 4.9】   在 demo04 文件夹下编写示例页面文件 requestDemo2.jsp，获取请求中

图 4.9　POST 方式提交表单处理汉字乱码的运行结果

的其他信息。

```
<%@page language="java" contentType="text/html;charset=utf-8"%>
<%@page import="java.util.*" %>
<html>
    <head>
        <title>requestDemo2</title>
    </head>
    <body>
        <%
            String cur_name="";
            Enumeration params=request.getHeaderNames();
            out.println("请求报文头:<br>");
            while(params.hasMoreElements()){
                cur_name=(String)params.nextElement();
                out.println(cur_name+"="+request.getHeader(cur_name)
                    +"<br>");
            }
            out.println("请求协议:"+request.getProtocol()+"<br>");
            out.println("请求方法:"+request.getMethod()+"<br>");
            out.println("客户端提交信息的页面:"+request.getServletPath()
                +"<br>");
            out.println("客户端的 IP 地址:"+request.getRemoteAddr()+"<br>");
            out.println("客户端的名称:"+request.getRemoteHost()+"<br>");
            out.println("服务器的名称:"+request.getServerName()+"<br>");
            out.println("服务器的端口:"+request.getServerPort()+"<br>");
            out.println("上下文路径:"+request.getContextPath()+"<br>");
            out.println("请求 URI:"+request.getRequestURI()+"<br>");
        %>
    </body>
</html>
```

requestDemo2.jsp 使用 request 对象的主要方法获取请求的协议、请求报文头、请求文件名、请求方法、客户端 IP、服务器名称和端口等信息。

启动 Tomcat，打开浏览器，在地址栏输入 http://localhost：8080/demo04/
requestDemo2.jsp，程序运行结果如图 4.10 所示。

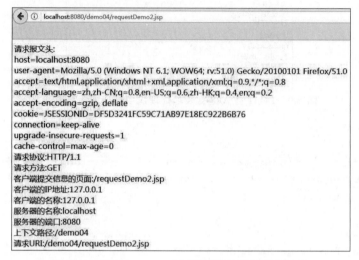

图 4.10 使用 request 对象获取请求信息运行结果

4.3.2 response 对象

response 对象代表服务器对客户端做出的响应，将 JSP 页面的运行结果返回给客户端，与 request 对象结合起来完成动态页面的交互功能。可以使用 response 对象的一系列方法，通过编写代码来设置各种响应信息，包括响应报文头、响应数据等。表 4.3 列出了 response 对象的主要方法。

表 4.3 response 对象的主要方法

方 法 声 明	功 能 简 介
setContentType(String type)	设置响应数据的 MIME 类型
getContentType()	获取响应数据的 MIME 类型
setHeader(String name，String value)	设置指定的响应报文头
sendRedirect(String location)	重定向到地址为 location 的 Web 资源
addCookie(Cookie cookie)	向响应中添加 Cookie，用于在客户端保存信息
getWriter()	获取响应的 printWriter 对象，用于输出响应数据
flushBuffer()	立即将缓存区的内容发送到客户端

下面通过几个示例程序来讲解 response 对象的常用方法。

1. 设置 ContentType 响应报头域

setContentType()方法用于设置响应报头域 ContentType 的值，可以在程序运行中根据需要进行动态设置。

【程序 4.10】　在 demo04 文件夹下编写示例页面文件 responseDemo1.jsp，设置响应数据的 MIME 类型。

```
<%@page language="java" contentType="text/html;charset=utf-8"%>
<html>
    <head>
        <title>responseDemo</title>
    </head>
    <body>
        <table border="1">
            <tr bgcolor="#E6E6E6">
                <th width="364" height="27">图书名称</th>
                <th width="150">出版社</th>
                <th width="140">定价</th>
            </tr>
            <tr align="center" height="25">
                <td>ASP.NET 网络编程</td>
                <td>清华大学出版社</td>
                <td>￥128 元</td>
            </tr>
            <tr align="center" height="25">
                <td>JavaWeb 应用开发</td>
                <td>清华大学出版社</td>
                <td>￥142 元</td>
            </tr>
            <tr align="center" height="25">
                <td>C++基础教程</td>
                <td>清华大学出版社</td>
                <td>￥162 元</td>
            </tr>
        </table>
        <h3>最近浏览过的图书</h3>
        <form action="responseDemo1.jsp" method="get" name="form1" >
            【选项】将文档保存为以下哪个格式？<br>
            <input name="t" type="radio" value="text/plain"
                ID="Radio1">文本文件
            <input name="t" type="radio" value="application/x-msexcel"
                ID="Radio2">Office Excel 文件
            <input name="t" type="radio" value="application/msword"
                ID="Radio3">Office Word 文件
            <input type="submit" name="Submit" value="保存" ID="Submit1">
        </form>
        <%
```

```
            String doctype=request.getParameter("t");
            if (doctype !=null){
                response.setContentType(doctype);
            }
        %>
    </body>
</html>
```

responseDemo1.jsp 中使用表单提交用户选择的文档类型 MIME 值，用 setContentType()方法设置为响应报头域 ContentType 的值。

启动 Tomcat，打开浏览器，在地址栏输入 http://localhost：8080/demo04/responseDemo1.jsp，此时请求参数 t 没有值，所以响应报头域 ContentType 的值是在 page 指令中设置的"text/html；charset＝utf-8"，其中，MIME 值 text/html 表示响应数据是 HTML 文档。浏览器在收到响应后直接在窗口中以网页形式显示响应数据，运行结果如图 4.11 所示。

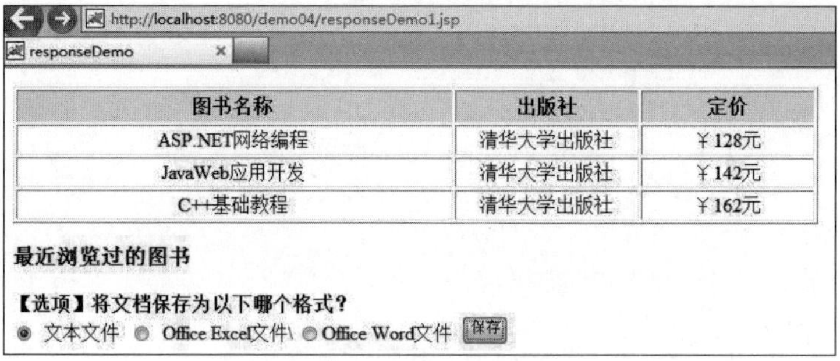

图 4.11   responseDemo1.jsp 运行结果

可以在"选项"中选择"文本文件"单选按钮，然后单击"保存"按钮提交表单。提交目标仍然是 responseDemo1.jsp 本身，但请求参数 t 的值是第一个单选按钮的 value 属性值"text/plain"。所以响应报头域 ContentType 的值被设置为"text/plain"，表示响应数据是普通文本文件。浏览器在收到响应数据后就会直接在浏览器窗口中以普通文本的形式显示，程序运行结果如图 4.12 所示。

同理，当在"选项"中选择"Office Excel 文件"或"Office Word 文件"单选按钮时，浏览器会分别以 Excel 文件或 Word 文档的形式来显示收到的响应数据，实际运行效果请读者进行验证。

2. 设置其他响应报头域

setHeader()方法提供了一个更加通用的方法，可以设置任意指定的响应报头域。

【程序 4.11】   在 demo04 文件夹下编写示例页面文件 responseDemo2.jsp，设置 refresh 报头域的值，实现页面自动刷新功能。

图 4.12　选择"文本文件"保存类型时的运行结果

```
<%@page language="java" contentType="text/html;charset=utf-8"%>
<%@page import="java.util.*"%>
<html>
    <head>
        <title>responseDemo</title>
    </head>
    <body>
        <h1>5秒后自动跳转到 responseDemo1 页面</h1>
        <%response.setHeader("refresh","5;url=responseDemo1.jsp");%>
    </body>
</html>
```

responseDemo2.jsp 中使用 setHeader()方法将响应报头域 refresh 的值设置为"5；url＝responseDemo1.jsp"，表示在当前页面停留 5 秒后自动跳转到 responseDemo1.jsp 页面。实际运行效果请读者进行验证。

3. 实现页面重定向

sendRedirect()方法实现对页面请求的重定向，也是 Java Web 应用开发中实现流程控制的一种重要手段。页面重定向的具体处理过程如图 4.13 所示。

客户端发送对页面 a.jsp 的请求，Tomcat 按照 JSP 运行机制对 a.jsp 进行转译、编译和运行。当执行到 response.sendRedirect("b.jsp")方法时，会将响应状态行中的状态码设置为 302，并将 b.jsp 放入响应报头域中作为重定向的目标地址。浏览器收到此响应后会自动发送对 b.jsp 页面的请求，Tomcat 按照 JSP 运行机制再对 b.jsp 进行处理，最后把

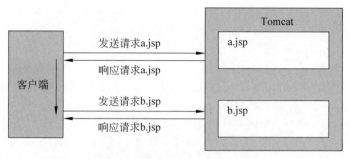

图 4.13　页面重定向的处理过程

b.jsp 的运行结果作为响应信息返给浏览器。

　　在页面重定向的过程中，客户端是知情的。因为，对 b.jsp 页面的请求也是由浏览器在收到状态码为 302 的响应之后自动发出的。所以，对于用户而言，虽然最初请求的是 a.jsp，最后收到的却是 b.jsp 的运行结果。在客户端浏览器的地址栏可以看到，最终显示的是 b.jsp 的 URL。在整个处理过程中有两次请求响应处理。

　　在程序 4.4 中，登录判断之后使用页面重定向 response.sendRedirect() 方法实现了页面流程的控制；而第 3 章的程序 3.14 中则使用了请求转发 <jsp:forward> 标记来实现的页面流程控制。

　　表 4.4 列出了页面重定向与请求转发的区别。

表 4.4　页面重定向与请求转发的区别

对　比　项	请 求 转 发	页 面 重 定 向
URL 地址的限制	只能在同一个应用中转发	可以跳转到任意的 URL
地址栏 URL 是否有变化	不变	有变化
客户端请求的次数	一次	两次
行为的主体	服务端的行为	客户端的行为
请求的信息是否可以共用	共用相同的 request，所以请求的信息不会丢失	两次请求使用不同的 request，所以请求的信息会丢失

4.3.3　session 对象

　　HTTP 的一个优势是对客户端的应答速度比较快，这得益于它最初被设计为一种无连接无状态的协议。所谓无连接无状态，是指执行 HTTP 的 Web 服务器在处理完客户端的请求后会立即关闭连接，同时也不保存客户端的访问状态。这样能减少服务器对内存的消耗和网络带宽的占用，从而提高服务器的工作效率。所以依靠 HTTP 本身并无法知道本次连接和上次连接是否属于同一客户。为了实现 Web 应用中常见的用户身份识别、网上购物车等功能，需要保存会话信息。

1. Cookie 机制

　　Cookie 是 Web 服务器产生并嵌入在 HTTP 响应报头中的一小段文本。浏览器在收到一个 Cookie 后会把它保存到特定的文件夹下，并在接下来再次访问同一个 Web 服务器时，自动在请求报头中携带该 Cookie，供服务器读取使用，从而弥补 HTTP 无状态的不足。基于这一工作机制，可以实现用户识别、应用定制等功能。

　　一个 Cookie 包含一个名称和值，以及一些可选的属性，如路径、最长存活时间等。Java 提供了 javax.servelt.http.Cookie 类来支持 Cookie 机制的实现。可以使用 response 对象的 addCookie()方法向浏览器发送 Cookie，使用 request 对象的 getCookie()方法获取请求中的所有 Cookie。Cookie 类的主要方法如表 4.5 所示。

表 4.5　Cookie 类的主要方法

方　法　声　明	功　能　简　介
getName()	获取 Cookie 的名称
getValue()	获取 Cookie 的值
setValue(String Value)	创建 Cookie 后，为其设置新的值
getMaxage()	获取 Cookie 的最大生存周期(以秒为单位)，默认情况下，-1 表示 Cookie 将持续下去，直到浏览器关闭
setMaxage(int expiry)	设置 Cookie 过期的时间(以秒为单位)
getPath()	返回 Cookie 适用的路径
setPath(String uri)	设置 Cookie 适用的路径。如果不指定路径，与当前页面相同目录(包括子目录)下的所有 URL 都会返回 Cookie

　　下面用一个示例程序来演示 Cookie 的使用。

　　【程序 4.12】　在 demo04 文件夹下创建文件夹 cookieDemo，然后在其中编写示例页面文件 bgset.jsp，设置 Cookie 信息。

```
<%@page language="java" contentType="text/html;charset=utf-8"%>
<html>
<head>
    <title>cookieDemo</title>
</head>
<body><h3>
    <form action="bgset.jsp" method="post" >
        背景色<input type="text" name="bgcolor" >
        <input type="submit" value="提交">
    </form>
    <%
        String str=request.getParameter("bgcolor");
        if(!"".equals(str)){
            Cookie c=new Cookie("bg",str);
            response.addCookie(c);
```

```
        }
    %>
    <a href="bgshow.jsp">cookieshow.jsp</a>
</body>
</html>
```

bgset.jsp 通过表单将 bgcolor 参数提交到服务器端，服务器端使用获取到的值创建 Cookie 对象，并使用 response.addCookie()方法将该 Cookie 发送给客户端浏览器进行保存。

【程序 4.13】 在 demo04\cookieDemo 文件夹下编写示例页面文件 bgshow.jsp，读取和使用 Cookie 信息。

```
<%@page language="java" contentType="text/html;charset=utf-8"%>
<html>
<head>
    <title>cookieDemo</title>
</head>
<%
    String bgcolor="";
    StringBuffer str =new StringBuffer();
    Cookie[] cookies=request.getCookies();
    for(int i=0;i<cookies.length;i++)
    {
        str.append("<br>cookie"+i+" name:"+cookies[i].getName()
            +",value:" +cookies[i].getValue());
        if("bg".equals(cookies[i].getName()))
        {
            bgcolor=cookies[i].getValue();
        }
    }
%>
<body bgcolor="<%=bgcolor%>">
    <%=str%>
</body>
</html>
```

在 bgset.jsp 页面中单击"cookieshow.jsp"超链接进入 bgshow.jsp 页面。浏览器在发送此请求时会自动携带之前收到的所有 Cookie。bgshow.jsp 使用 request.getCookies() 方法获取到所有 Cookie，依次取出名称和值进行显示，并将名称为"bg"的 Cookie 值设置为 body 标记的背景颜色属性。

启动 Tomcat，打开浏览器，在地址栏输入 http://localhost：8080/demo04/cookieDemo/bgset.jsp，在文本框中输入"yellow"，单击"提交"按钮提交表单。然后单击

"cookieshow.jsp"超链接跳转到 Cookie 显示页面,可以看到页面背景被设置为黄色,并且显示了两个 Cookie 的名称和值。运行结果如图 4.14 和图 4.15 所示。

图 4.14　bgset.jsp 设置 Cookie

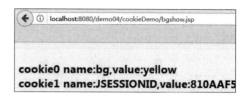

图 4.15　bgshow.jsp 显示 Cookie

可以使用 Cookie 机制,在客户端保存会话信息,实现用户身份识别等功能。

2. session 对象

session 对象代表一个 HTTP 会话,用于在服务器端保存会话信息。服务器为每个用户都生成一个 session 对象,用于保存该用户的信息,跟踪用户的操作状态。session 对象内部使用 Map 类来保存数据,因此保存数据的格式为"key/value"。

当一个客户第一次请求 JSP 页面时,JSP 引擎会为该用户创建一个 session 对象,并分配一个 String 类型的 SessionID,然后以 Cookie 的形式将此 SessionID 值发送到客户端。这样 session 对象和客户端之间就建立起了一一对应的关系。当客户再次访问该应用中的页面时,会在请求信息中自动携带此 SessionID。服务器端根据收到的 SessionID 识别与之相对应的 session 对象。直到本次会话结束,session 对象才被销毁。在此期间,相关的会话信息可以保存在 session 对象中。表 4.6 列出了 session 对象的主要方法。

表 4.6　session 对象的主要方法

方 法 声 明	功 能 简 介
getAttribute(String name)	获取 session 对象中名为 name 的属性值,不存在则为 null
removeAttribute(String name)	删除 session 对象中名称为 name 的属性
setAttribute(String name, Object value)	设置 session 对象的属性,属性名为 name,属性值为 value
getCreationTime()	获取 session 对象的创建时间,返回自 1970 年 1 月 1 日至今的毫秒数
getLastAccessedTime()	获取 session 对象对应客户端的最近发送请求的时间,返回自 1970 年 1 月 1 日至今的毫秒数
invalidate()	销毁 session 对象里的信息,但 session 对象本身不会销毁
getMaxInactiveInterval()	获取会话的超时时间,单位为秒
setMaxInactiveInterval(int interval)	设置会话的超时时间,单位为秒

虽然用户在最后一次访问后当前会话就已经结束,但此时浏览器并不会向服务器发出会话结束的通知,所以服务器无法确定会话结束的确切时间。一般 Tomcat 把会话时间默认设置为 120 分钟,也可以通过 setMaxInactiveInterval()方法进行设置,或者通过 invalidate()方法强制结束当前会话。

下面用一个猜数游戏示例程序来说明 session 对象的使用。

【程序 4.14】 在 demo04 文件夹下创建 sessionDemo 文件夹，然后在其中编写示例页面文件 guess.jsp，实现猜数游戏。

```jsp
<%@ page contentType="text/html;charset=utf-8" %>
<HTML>
<BODY bgcolor=cyan>
    <FONT Size=4>
    <P>随机生成一个 1～100 的数,请猜!
    <%
        int number=(int)(Math.random() * 100)+1;
        session.setAttribute("count",new Integer(0));
        session.setAttribute("save",new Integer(number));
    %>
    <BR>
    <P>输入你所猜的数
    <FORM action="result.jsp" method="post">
        <INPUT type="text" name="boy" >
        <INPUT TYPE="submit" value="送出" name="submit">
    </FORM>
    </FONT>
</BODY>
</HTML>
```

guess.jsp 页面中首先生成一个 1～100 的随机数，再使用 session 内置对象的 setAttribute()方法，将生成的随机数保存到 save 属性，并将猜的次数保存到 count 属性。

【程序 4.15】 在 demo04\sessionDemo 文件夹下编写示例页面文件 result.jsp，判断猜数结果。

```jsp
<%@ page contentType="text/html;charset=utf-8" %>
<HTML>
<BODY bgcolor=cyan>
    <FONT Size=4>
    <BR>
    <%
        String str=request.getParameter("boy");
        if(str==null){
            str="0";
        }
        int guessNumber=Integer.parseInt(str);
        Integer integer=(Integer)session.getAttribute("save");
        int realnumber=integer.intValue();
```

```
                int n=((Integer)session.getAttribute("count")).intValue();
                n=n+1;
                session.setAttribute("count",new Integer(n));
                if(guessNumber==realnumber){
                    response.sendRedirect("success.jsp");
                }
                else if(guessNumber>realnumber){
                    response.sendRedirect("large.jsp");
                }
                else if(guessNumber<realnumber){
                    response.sendRedirect("small.jsp");
                }
        %>
        </FONT>
    </BODY>
</HTML>
```

result.jsp 中首先使用 request 对象的 getParameter()方法获取表单提交的数字，然后再使用 session 对象的 getAttribute()方法取出 save 属性的值，将两者进行比较，如果相同则重定向到 success.jsp 页面，否则根据比较情况重定向到 small.jsp 或 large.jsp 页面。另外，还要从 session 对象中取出 count 属性的值，加 1 后再存回。

【程序 4.16】　在 demo04\sessionDemo 文件夹下编写示例页面文件 success.jsp，显示猜中的信息。

```
<%@page contentType="text/html;charset=utf-8" %>
<HTML>
<BODY bgcolor=cyan>
    <FONT Size=4>
    <%
        int count=((Integer)session.getAttribute("count")).intValue();
        int num=((Integer)session.getAttribute("save")).intValue();
        long startTime=session.getCreationTime();
        long endTime=session.getLastAccessedTime();
    %>
    <P>恭喜你,猜对了<BR>
    <P>您共猜了<%=count%>次
    <P>用时<%=(endTime-startTime)/1000%>秒。
    <P>这个数字就是<%=num%>
    <P>您必须关掉浏览器才能获得新的数。
    </FONT>
</BODY>
</HTML>
```

success.jsp 中取出 session 中保存的 count、save 属性值，并使用 getCreationTime()
方法和 getLastAccessedTime()方法分别获取 session 对象的创建时间和最后访问时间，
计算出所用的总时间，最后显示相关信息。

【程序 4.17】　在 demo04\sessionDemo 文件夹下编写示例页面文件 large.jsp，显示
猜大时的信息。

```
<%@page contentType="text/html;charset=utf-8" %>
<HTML>
<BODY>
    <FONT Size=4>
    <BR>
    <P>所猜的数比实际的数大,请再猜:
    <FORM action="result.jsp" method="get">
        <INPUT type="text" name="boy" >
        <INPUT TYPE="submit" value="送出" name="submit">
    </FORM>
    </FONT>
</BODY>
</HTML>
```

large.jsp 中提示所猜的数比正确的数大，并重新提供猜数表单。

【程序 4.18】　在 demo04\sessionDemo 文件夹下编写示例页面文件 small.jsp，显示
猜小时的信息。

```
<%@page contentType="text/html;charset=utf-8" %>
<HTML>
<BODY>
    <FONT Size=4>
    <BR>
    <P>所猜的数比实际的数小,请再猜:
    <FORM action="result.jsp" method="post">
        <INPUT type="text" name="boy" >
        <INPUT TYPE="submit" value="送出" name="submit">
    </FORM>
    </FONT>
</BODY>
</HTML>
```

small.jsp 中提示所猜的数比正确的数小，并重新提供猜数表单。

启动 Tomcat，打开浏览器，在地址栏输入 http://localhost:8080/demo04/sessionDemo/
guess.jsp，在猜数表单中输入所猜的数字。程序运行结果如图 4.16 和图 4.17 所示。

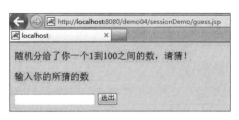

图 4.16　guess.jsp 运行结果

图 4.17　success.jsp 运行结果

虽然 Cookie 和 session 对象都可以用来保存会话信息,但两者的实现机制完全不同。表 4.7 列出了 session 对象与 Cookie 的主要区别。

表 4.7　session 对象与 Cookie 的区别

	session 对象	Cookie
存储位置	数据在服务器端保存	数据在客户端保存
数量限制	不限制大小及数量,但是一般数量越多时服务器效率越低	单个 Cookie 大小不超过 4K,浏览器一般对每个站点最多支持 20 个 Cookie
有效期	会话期间	浏览器关闭之前或者设定时间内
安全性	高,不容易伪造	低,容易伪造

4.3.4　其他内置对象

1. out 对象

out 对象是一个向客户端发送数据的输出流对象,同时管理服务器上的输出缓冲区。常用的方法是 print() 和 println()。前面的示例程序中已经多次使用这两个方法。表 4.8 列出了 out 对象的主要方法。

表 4.8　out 对象的主要方法

方 法 声 明	功 能 简 介
println(String x)	向客户端输出字符串后换行,注意是对输出到客户端的 HTML 代码换行,而不是界面换行
print(String s)	向客户端输出字符串
newLine()	向客户端输出换行,同 println() 类似,也是对输出到客户端的 HTML 代码换行,而不是界面换行
isAutoFlush()	判断是否是自动向客户端输出缓冲区的数据,由 page 指令的 autoFlush 属性来确定
getBufferSize()	获取缓冲区的大小
getRemaining()	获取缓冲区未使用的字节大小

续表

方 法 声 明	功 能 简 介
flush()	向客户端强制输出缓冲区的数据
close()	向客户端输出缓冲区的数据后关闭对客户端的输出流
clearBuffer()	向客户端输出缓冲区的数据后清空缓冲区的数据
clear()	清空缓冲区的数据,并不会把缓冲区的数据输出到客户端

2. application 对象

JSP 引擎启动时会产生一个 application 对象,之后该对象会一直保持到 JSP 引擎关闭。当不同用户请求 Web 应用中的不同页面时,对应于同一个 application 对象。application 对象可将用户信息保存在服务器端,直到服务器关闭。并且,application 对象中保存的信息在整个应用中都有效。

与 session 对象相比,application 对象生命周期更长,可以理解为整个 Web 应用的全局变量。application 对象内部也是使用 Map 类来保存数据。表 4.9 列出了 application 对象的常用方法。

表 4.9 application 对象的常用方法

方 法 声 明	功 能 简 介
getAttribute(String name)	获取 application 内置对象中名称为 name 的属性值,不存在则返回 null
removeAttribute(String name)	删除 application 内置对象中名称为 name 的属性
setAttribute (String name, Object object)	设置 application 内置对象中属性,名称为 name,属性值为 object
getRealPath(String path)	获得虚拟路径 path 对应的实际路径
getContextPath()	获取当前 Web 应用程序的根目录

3. page 对象

page 对象代表当前 JSP 页面对应的类本身,类似于 Java 中的 this 关键字。

4. config 对象

config 对象用于获取 Web 应用的配置信息。开发者可以在 Web 应用配置文件 web.xml 中为当前应用中的 Servlet 程序和 JSP 页面提供初始化参数。

5. exception 对象

exception 对象用于在 JSP 页面中显示异常信息。如果在 JSP 页面中出现了没有被捕获的异常,就会生成 exception 对象,并把它传送到在 page 指令中设定的错误页面中,进行相应处理。

6. pageContext 对象

pageContext 对象由 JSP 引擎创建和初始化,通过它可以取得任何范围的参数,以及其他的 JSP 内置对象。

以上几个对象现在已经很少使用,此处不再详述。

4.4 控制流和数据流的实现

Java Web 应用程序的基本构成就是 JSP 页面文件。这些 JSP 页面通过关联协作共同来完成客户端请求的具体功能。在程序开发过程中,需要在不同的 JSP 页面之间实现流程控制和数据传递。在前面的章节中已经用到了在 JSP 页面之间实现控制流和数据流的各种方式,本节对这些实现方式进行总结。

4.4.1 JSP 页面间的流程控制

1. 超链接方法

因为 Web 应用的用户界面是以网页形式来实现的,所以 JSP 页面之间的流程控制可以直接用 HTML 标记中的超链接来实现。

例如,在程序 4.1 中使用下面的代码,用超链接实现了从用户登录页面到用户注册页面之间的流程控制。

```
<a href="userRegister.jsp">用户注册</a><br>
```

这是一种简单直观的流程控制方式。

2. 表单提交方法

HTML 表单在提交时,会向 action 属性设置的目标页面发送请求。程序的控制流接下来会转到目标页面去执行。因此,也可以用来实现 JSP 页面之间的流程控制。

例如,在程序 4.2 中使用下面的代码,用表单提交方法实现了从用户注册页面到注册确认页面之间的流程控制。

```
<form action="userVeriRegister.jsp" method="post">
```

3. 页面重定向方法

除了在客户端浏览器中由用户操作触发流程控制之外,还可以在服务器端程序中实现 JSP 页面之间的流程控制。

response 对象的 sendRedirect()方法实现对页面请求的重定向,也是一种流程控制方法。

例如,在程序 4.4 中使用下面的代码,用页面重定向的方法实现了从登录判断页面到系统主页和用户登录页面之间的流程控制。

```
response.sendRedirect("index.jsp");
...
response.sendRedirect("userLogin.jsp");
```

4. 请求转发方法

另一种在服务器端实现流程控制的方法是使用<jsp：forward>标记或 request 对象的 getRequestDispatcher()方法实现请求转发。

例如，在程序 3.14 中用请求转发的方法实现了从登录判断页面到系统主页和用户登录页面之间的流程控制。关键代码如下：

```
<jsp:forward page="index.jsp">
…
<jsp:forward page="login.jsp"/>
```

下面的代码也可以实现相同的功能。

```
request.getRequestDispatcher("index.jsp").forward(request,reponse);
…
request.getRequestDispatcher("login.jsp").forward(request,reponse);
```

可以看到，在服务器端代码中实现流程控制有页面重定向和请求转发两种实现方法。通常情况下请求转发的运行速度更快，而且能够保持 request 作用域内的对象，所以首选使用它。但是在有些情况下，程序流程的下一步必须通过客户端发送新请求来实现，这时可以使用页面重定向来实现流程控制。

4.4.2 JSP 页面间的数据传递

1. 表单传参

HTML 的<form>标记用于实现供用户输入的 HTML 表单，可以将这些表单中的输入内容提交给服务器端，实现用户和服务器端程序之间的交互。所以，可以用表单来实现页面之间的数据传递。

例如，在程序 4.2 中使用表单中的<input>标记定义了用户名和密码信息，当提交表单时用户在表单中输入的内容被发送给服务器端的目标页面，实现了用户注册页面到注册确认页面之间的数据传递。

在目标页面中，使用 request 对象的 getParameter()方法可以取出请求中的表单数据。

例如，在程序 4.3 中使用下面的代码取到用户在注册表单中输入的用户名、密码等数据。

```
String uName =request.getParameter("username");
String uPwd =request.getParameter("password");
…
```

另外，在表单中还有一种特殊的输入元素，称为隐藏表单域。语法格式如下：

```
<input type="hidden" name="隐藏域名称" value="默认值"/>
```

隐藏表单域在表单提交时会与其他表单输入元素一起被传递给目标页面。但它在浏览器中的网页中是不显示的,可以用来在一些特殊情况下传递数据。

例如在后面实现用户修改功能时,需要将用户 ID 传递给下一个页面,但没有必要在页面上显示,就可以使用隐藏表单域来实现传参。相关代码见程序 5.5 中的 modiUser.jsp 实现的用户修改页面。

2. URL 传参

当使用 GET 方法提交表单时,表单中的输入元素会以"name＝value"的形式被附加在目标页面的 URL 后面。其实,也可以直接把超链接的目标 URL 写成这种形式,实现 URL 传参。

URL 传参,是指以"URL? name1＝value1＆ name2＝value2"的形式直接在 URL 后面加参数。在 URL 所指向的目标页面中,可以用获取表单数据的方法取得 URL 中附加的参数值。

例如在后面实现用户修改功能时,需要将用户 ID 传递给下一个页面,但无需用户输入,就可以使用 URL 传参方式直接把参数值写在 URL 中。相关代码见程序 5.7 中的 manageUser.jsp 实现的用户管理页面。

当使用页面重定向方式实现流程控制时,也可以将附加了数据的 URL 作为 sendRedirect()方法的参数,在实现重定向的同时实现数据传递。

3. ＜jsp:param＞标记传参

＜jsp:param＞标记用于配合＜jsp:forward＞标记,在请求转发的同时实现参数传递。

例如,在程序 3.14 中,在用请求转发实现流程控制时,还使用＜jsp:param＞标记将用户名进行同步的数据传递。关键代码如下:

```
<jsp:forward page="index.jsp">
    <jsp:param name="username" value="<%=name%>"/>
</jsp:forward>
```

4. 作用域传参

Web 交互的最基本单位是 HTTP 请求。每个用户从进入网站到离开网站的这段过程称为一个 HTTP 会话,一个服务器的运行过程中会有多个用户访问,就是多个 HTTP 会话。前面已经介绍了 JSP 的内置对象,其中的 application、session、request 也可以用来在 JSP 页面之间实现数据传递。

这 3 个 JSP 内置对象都实现了 setAttribute()方法和 getAttribute()方法,分别用于存入和取出参数,但其作用域不同。作用域是指信息共享的范围,表示信息能够在多大的范围内有效。

JSP 中定义了以下 4 种作用域。

- application 作用域：放在 application 中的变量，其有效范围是整个应用，即从应用启动到应用结束。application 作用域的变量，可以在一个应用的所有请求中使用。
- session 作用域：放在 session 中的变量，其有效范围是当前会话，从用户打开浏览器发出第一个 HTTP 请求开始，到会话结束。session 作用域的变量，可以在当前会话的所有请求中使用。
- request 作用域：放在 request 中的变量，其有效范围是当前请求，从用户发出 HTTP 请求开始，到服务器完成处理返回 HTTP 响应结束。在这个过程中，可能会发生请求转发跳转了多个 JSP 页面，在这些 JSP 页面中都可以使用当前 request 作用域中的变量。
- page 作用域：放在 pageContext 中的变量，其有效范围是当前页面，从把变量放到 pageContext 开始，到当前 JSP 页面运行完成结束。

在这 4 个作用域中，除 page 作用域外，其他 3 个都可以存放能够跨 JSP 页面使用的变量，实现不同形式的数据传递。

例如，在程序 4.4 中，判断用户登录成功后，向 session 作用域中存入了名称为 username 的用户名信息，后面在其他页面中可以再从 session 中取出该数据使用。如在程序 4.5 中就从 session 中取出 username 的值用于显示当前用户和选择功能菜单，从而实现了从登录判断页面到动态菜单页面之间的数据传递。

另外，在程序 4.14～程序 4.16 中也使用 session 对象实现了 JSP 页面之间的数据传递。

4.4.3　自动登录功能开发

1. 自动登录功能开发任务

4.2 节中开发的用户登录功能，只是在对用户身份进行判断之后，将当前用户名显示在系统主页中，但用户登录的主要目的是根据用户身份对系统功能进行权限控制。本节对用户登录功能进行完善，主要实现以下功能：

- 支持注册用户和管理员用户登录。
- 注册用户可以使用用户修改功能。
- 管理员用户可以使用用户管理功能。
- 支持在设定时间内可以免输入密码自动登录。

2. 自动登录功能设计

为了同时支持注册用户和管理员用户登录，需要在登录判断页面中增加管理员用户的判断条件。

增加用户修改功能页面和用户管理功能页面，并为它们增加权限控制功能，避免未登录页面访问。

自动登录功能基于 Cookie 实现，在登录成功后将用户的登录信息保存到 Cookie 中。之后用户再次访问时即可利用 Cookie 中保存的登录信息实现自动登录。

作为一个示例程序，这里只是提供了一个系统功能权限控制的实现思路。程序中仍然有需要进一步完善的地方,读者可以分析存在的不足并进行改进。

3. 自动登录功能实现

【程序 4.19】　修改程序 4.1 中的 userLogin.jsp,在登录表单中增加自动登录的选项。

```
...
<!--main begin -->
<section class="inputform">
    <form action="doLogin.jsp" mehtod="post" >
        <input type="text" name="username" placeholder="用户名"
                      required="required" /><br><br>
        <input type="password" name="password" placeholder="登录密码">
        <br><br>
        自动登录:
        <input type="radio" name="nopwd" value="<%=60 * 60 * 24 * 7%>">一周
        <input type="radio" name="nopwd" value="<%=60 * 60 * 24 * 15%>">半
        个月
        <input type="radio" name="nopwd" value="<%=60 * 60 * 24 * 31%>">一
        个月
        <input type="radio" name="nopwd" value="<%=0%>">不启用
        <br><br>
            <input type="submit" value="登录"/>
        <a href="userRegister.jsp">用户注册</a><br/>
    </form>
</section>
<!--main end -->
...
```

userLogin.jsp 中增加了一组单选输入,用于设定免密码自动登录的有效时间。

【程序 4.20】　修改程序 4.4 中的 doLogin.jsp,增加管理员用户判断条件和对自动登录的处理。

```
<%@page language="java" contentType="text/html;charset=utf-8"%>
<%
    request.setCharacterEncoding("utf-8");
    String name = request.getParameter("username");
    String pwd = request.getParameter("password");

    if(("tom".equals(name) && "123".equals(pwd))
        || ("admin".equals(name) && "456".equals(pwd))) {
        session.setAttribute("username",name);
        //免密码自动登录
        String nopwd = request.getParameter("nopwd");
        if (nopwd!=null){
```

```
                Cookie cookie =new Cookie("autologin",name+"-"+pwd);
                cookie.setMaxAge(Integer.parseInt(nopwd));
                cookie.setPath(request.getContextPath());
                response.addCookie(cookie);
            }
            response.sendRedirect("index.jsp");
        } else {
            response.sendRedirect("userLogin.jsp");
        }
    %>
```

doLogin.jsp 页面中增加了管理员用户的登录判断。管理员使用用户名 admin，密码 456。并在登录成功时判断用户是否选择使用自动登录功能，如果是就将用户名和密码的值保存到名为 autologin 的 Cookie 中，然后将 Cookie 返回给客户端浏览器。

需要说明的是，这里为了实现自动登录功能，只是简单地把用户名和密码保存到 Cookie 中。这种做法存在泄漏密码的风险，在实际应用中，通常会将用户名和密码进行加密处理之后再保存，读者可以查阅相关资料了解相关内容。

【程序 4.21】 修改程序 4.5 中的 top.jsp，增加动态功能菜单显示处理逻辑。

```
<%@page language="java" contentType="text/html;charset=utf-8"%>
<header>
    <div id="logo_main"></div>
</header>
<div id="menu">
    <div id="user">
        <%
            String username = (String) session.getAttribute("username");
            boolean logined =false;
            boolean autologin =false;
            Cookie[] cookies=request.getCookies();
            for(int i=0;(cookies!=null) && (i<cookies.length);i++){
                if("autologin".equals(cookies[i].getName())){
                    autologin =true;
                    username =cookies[i].getValue().split("-")[0];
                    break;
                }
            }
            if (username !=null) {
                logined =true;
            }else if (autologin){
```

```
            logined = true;
        }
        if (!logined){
%>
            <a href="userLogin.jsp">用户登录</a>
    <%} else {%>
            当前用户: <%=username%>|
            <%if (autologin){
            %>
                <a href="removeAutologin.jsp">取消自动登录</a>
            <%}else{%>
                <a href="doLogout.jsp">退出登录</a>
            <%}
        }%>
    </div>
    <nav>
        <ul>
            <%if (username !=null && username.equals("admin")){   //管理员功能%>
            <li><a href="#">新闻管理</a></li>|
            <li><a href="#">评论管理</a></li>|
             <li><a href="manageUser.jsp">用户管理</a></li>|
            <%} else if (username !=null) {                       //普通用户功能%>
                <li><a href="#">评论管理</a></li>|
                <li><a href="modiUser.jsp">用户管理</a></li>|
            <%}%>
                <li><a href="index.jsp">首 页</a></li>
        </ul>
    </nav>
</div>
```

top.jsp 中首先根据 Cookie 中是否存有自动登录信息,显示退出登录或取消自动登录功能链接。然后再根据用户名是否为 admin,显示管理员用户的功能菜单或注册用户的功能菜单。

为了接下来演示两类用户的自动登录功能,这里分别为管理员用户和注册用户的用户管理功能设定了不同的链接目标页面。

【程序 4.22】 在 newsPub 文件夹下编写移除自动登录页面文件 removeAutologin. jsp,取消自动登录功能。

```
<%@page language="java" contentType="text/html;charset=utf-8"%>
<%
    Cookie cookie = new Cookie("autologin","msg");
    cookie.setMaxAge(0);
```

```
        cookie.setPath(request.getContextPath());
        response.addCookie(cookie);
        response.sendRedirect("index.jsp");
    %>
```

removeAutologin.jsp 页面中使用 Cookie 对象的 setMaxAge()方法设置 Cookie 失效，取消免密码自动登录功能。

【程序 4.23】 在 newsPub 文件夹下编写授权页面文件 checkvalid.jsp，根据用户身份确定是否允许使用相应功能。

```
    <%@page contentType="text/html;charset=utf-8" %>
    <%
        String username=(String)session.getAttribute("username");
        if(username ==null){
            Cookie[] cookies=request.getCookies();
            String autologin =null;
            if (cookies !=null){
                for(int i=0;i<cookies.length;i++){
                    if("autologin".equals(cookies[i].getName())){
                        autologin =cookies[i].getValue();
                        break;
                    }
                }
            }
            if (autologin ==null){
                response.sendRedirect("userLogin.jsp");
            }else{
                String[] parts =autologin.split("-");
                String name =parts[0];
                String pwd =parts[1];
                if (!(("tom".equals(name) && "123".equals(pwd))
                        || ("admin".equals(name) && "456".equals(pwd)))){
                    response.sendRedirect("userLogin.jsp");
                }else{//自动登录
                    session.setAttribute("username",name);
                }
            }
        }
    %>
```

checkvalid.jsp 页面中实现用户权限控制功能。首先读取 session 作用域中的 username 属性值，如果存在说明用户已经登录，则通过授权；如果不存在说明用户未登录,则判断该用户是否使用了自动登录功能。读取本次请求携带的所有 Cookie,并查找其中是否存在名为 autologin 的 Cookie,如果不存在说明本次请求没有得到授权,将请求重定向到用户登录页面;如果存在则使用存放在 Cookie 中的用户名和密码进行自动登录判断。如果自动登录判断失败将请求重定向到用户登录页面;如果成功就将用户名存入 session,实现自动登录,并通过授权。

【程序 4.24】 在 newsPub 文件夹下编写用户修改页面文件 modiUser.jsp,作为注册用户的权限验证页面。

```
<%@include file="checkvalid.jsp"%>
...
<!--main begin -->
    <section class="inputform">
        <div class="top-bar">
            <h1>用户管理</h1>
        </div>
        <br />
        用户修改页面
    </section>
<!--main end -->
...
```

modiUser.jsp 页面中没有实现任何功能,只是在文件的最开始把授权页面包含进来,实现系统功能权限控制。

【程序 4.25】 在 newsPub 文件夹下编写用户管理页面文件 manageUser.jsp,作为管理员用户的权限验证页面。

```
<%@include file="checkvalid.jsp"%>
...
<!--main begin -->
    <section class="inputform">
        <div class="top-bar">
            <h1>用户管理</h1>
        </div>
        <br/>
        <div class="table">
            <table class="listing" cellpadding="0" cellspacing="0">
                <tr>
                    <th>序号</th>
                    <th>用户名</th>
                    <th>删除</th>
```

```
        </tr>
        <tr>
            <td>1</td>
            <td>admin</td>
            <td><a href="#">
                <img src="image/hr.gif" alt="删除"/></a></td>
        </tr>
        <tr>
            <td>2</td>
            <td>user1</td>
            <td><a href="#">
                <img src="image/hr.gif" alt="删除"/></a></td>
        </tr>
        <tr>
            <td>3</td>
            <td>user2</td>
            <td><a href="#">
                <img src="image/hr.gif" alt="删除"/></a></td>
        </tr>
        </table>
    </div>
</section >
<!--main end -->
...
```

manageUser.jsp 页面中也在文件的最开始把授权页面包含进来，实现系统功能权限控制。

4. 自动登录功能运行过程

启动 Tomcat，打开浏览器，在地址栏输入 http://localhost：8080/newsPub/manageUser.jsp，试图进入用户管理页面。但是因为没有登录，所以不能通过授权验证，请求会被重定向到用户登录页面，如图 4.18 所示。

输入用户名 admin 和密码 456 并选中自动登录功能中的"一周"，单击"登录"按钮进入系统首页，如图 4.19 所示。可以单击用户管理功能链接进入用户管理页面。

关闭浏览器后，在一周内若再次使用用户管理功能时则无须登录。在地址栏输入 http://localhost:8080/newsPub/manageUser.jsp，可以直接进入用户管理页面。这是因为客户端 Cookie 中存有用户名和密码信息，每次请求都会将此信息传递给服务器，用于实现自动登录功能。单击"取消自动登录"会设置该 Cookie 失效，在退出登录后再使用用户管理功能时就需要重新登录。

另外，还可以使用用户名 tom 和密码 123 验证注册用户的自动登录功能，运行过程与此类似。

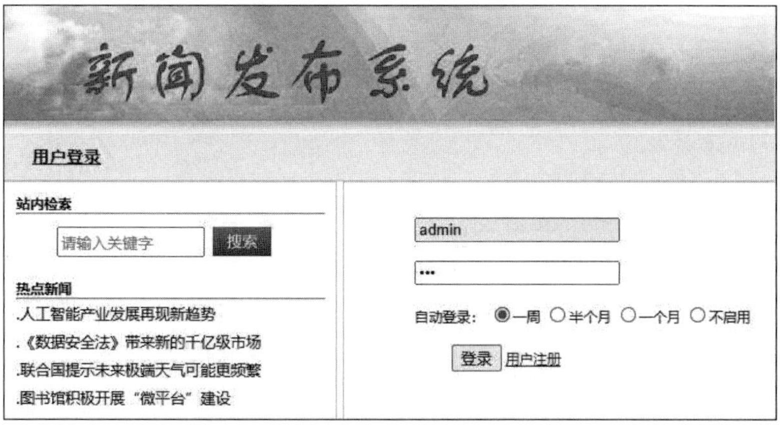

图 4.18　用户登录页面

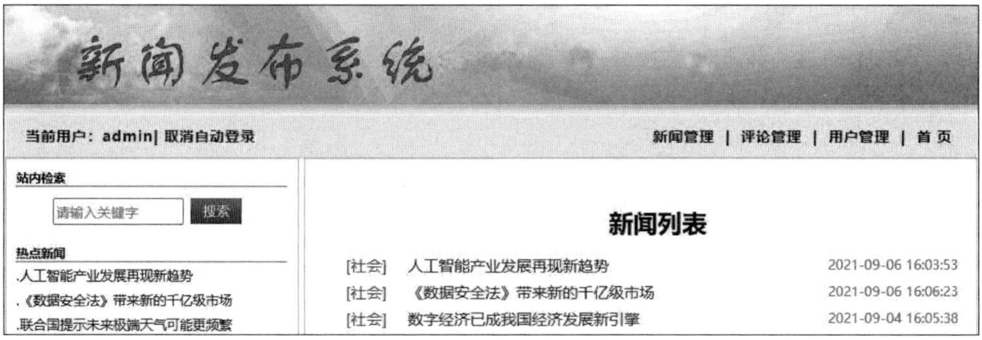

图 4.19　系统首页

本 章 小 结

本章通过简单的用户注册和用户登录功能的开发说明了 Web 应用中的流程控制和数据传递的实现，并对 Web 通信的基本原理和 Web 会话机制进行介绍。接下来详细介绍了 JSP 的常用内置对象，如 request、response、session 等，使用这些内置对象可以方便地实现一些常用功能。最后对 Web 应用中控制流和数据流的实现机制进行总结。通过本章内容的学习，读者可以完成一些简单的 Web 应用开发。

本章演示程序共有 12 个代码文件，相关目录结构见图 4.20。本章完成的示例应用功能是用户注册和用户登录的部分功能，相关源代码文件及目录结构如图 4.21 所示。

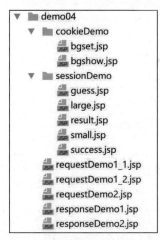

图 4.20 演示程序代码目录结构

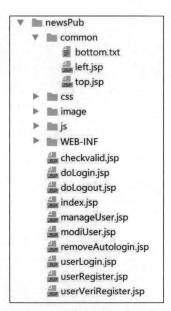

图 4.21 示例应用代码目录结构

习 题

1. 单选题

（1）获取客户端提交的请求参数值使用 request 对象的（　　）方法。

    A. getParameter()　　　　　　　　　　B. getParameterNames()

    C. getAttribute()　　　　　　　　　　　D. getCookies()

（2）实现页面请求的重定向使用 response 对象的（　　）方法。

    A. setContenttype()　　　　　　　　　B. setHeader()

    C. sendRedirect()　　　　　　　　　　D. setAttribute()

（3）向 session 对象中存入属性使用它的（　　）方法。

    A. setValue()　　　　　　　　　　　　B. setAttribute()

    C. setContenttype()　　　　　　　　　D. setName()

2. 简答题

（1）JSP 中实现页面间的跳转有哪几种方式？

（2）简述 JSP 中的各种作用域及相关的内置对象。

（3）简述 session 和 Cookie 的区别与联系。

3. 上机练习

（1）实现新闻发布系统中的用户登录和用户注册功能。

（2）为新闻发布系统增加免密码自动登录功能。

第 5 章

数据库访问

学习目标

➢ 理解 JDBC 数据库连接的基本概念和原理

➢ 掌握应用 JDBC 实现数据库增加、删除、查询、修改功能的编程方法

➢ 了解数据库访问代码的优化方法

5.1 用户注册功能完善

5.1.1 注册提交功能设计与实现

1. 注册提交功能设计

第 4 章已经描述过用户注册功能的开发任务,并且完成了第一个子任务注册确认功能的开发,这里对第二个子任务注册提交功能进行设计和实现。

注册提交功能的流程控制和数据传递都与用户登录功能类似,共涉及 3 个页面。

首先在图 4.2 所示的注册确认页面中核对注册信息无误后,单击"注册"按钮进入到注册提交页面,同时需要将注册信息也传递过来。在注册提交页面中将注册信息存入数据库的用户数据表中并显示处理结果,最后将执行流程转到用户登录页面。从注册确认页面到注册提交页面的流程控制还需要同步传递数据,因此选择使用 HTML 的表单来实现比较合适。注册提交页面到用户登录页面的流程控制可以使用 HTML 的超链接来实现。

这里存在两个问题需要解决。第一个问题是之前在第 4 章实现注册确认功能时,只是简单地把用户输入的注册信息以普通文本的形式显示在确认页面上。现在实现注册提交功能的话,需要在注册确认页面中再次以表单的形式来存放用户注册信息,以便实现基于表单的数据传递,但这些表单内容无需在页面中再次显示。这个问题可以通过在注册确认页面中增加一个表单用于传递注册信息,并使用 CSS 中隐藏显示的效果来满足需要。第二个问题则是注册提交功能的核心任务,即将用户注册信息保存到数据库中。这需要用到本章的新知识来实现。

本章实现的程序功能是使用数据库来持久保存相关信息。这里选择使用在 Web 应用开发中最流行的 MySQL 作为示例应用程序的数据库环境,读者需要提前安装配置好 MySQL 8,才能继续下面的学习。在安装过程中要为 root 用户设置密码,本书所用的数据库用户为 root,其密码为 mysql。

这里所用到的用户数据表的表结构已经在 1.3 节中给出了。在数据库环境准备好之后，启动 MySQL 命令行客户端，然后按照以下步骤创建用户数据表。

（1）登录 MySQL

输入 MySQL 登录密码，进入命令行界面，如图 5.1 所示。

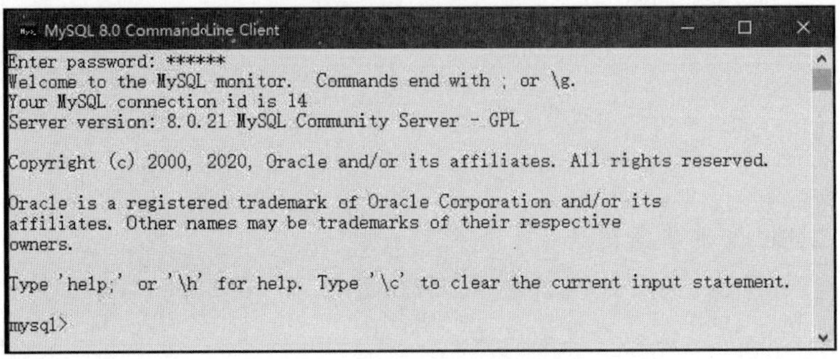

图 5.1　MySQL 命令行界面

（2）创建数据库

使用 create database 语句创建示例数据库 newsdb，具体语句如下：

```
create database newsdb
```

（3）创建数据表

先使用 use 语句选择 newsdb 为默认数据库，具体语句如下：

```
use newsdb;
```

然后使用 create table 语句在该数据库中创建数据表 user，具体语句如下：

```
create table user (
    id int(11) NOT NULL AUTO_INCREMENT,
    username varchar(20),
    password varchar(20),
    gender varchar(10),
    resume varchar(100),
    PRIMARY KEY (id)
)
```

创建数据库和数据表的操作过程如图 5.2 所示。

（4）添加管理员用户

使用 insert 语句往 user 数据表中添加一条记录（管理员用户），具体语句如下：

```
insert into user values(1,'admin','admin','male','Administrator');
```

```
mysql> create database newsdb;
Query OK, 1 row affected (0.03 sec)

mysql> use newsdb;
Database changed
mysql> create table user(
    -> id int(11) NOT NULL AUTO_INCREMENT,
    -> username varchar(20),
    -> password varchar(20),
    -> gender varchar(10),
    -> resume varchar(100),
    -> PRIMARY KEY(id)
    -> );
Query OK, 0 rows affected, 1 warning (0.04 sec)
```

图 5.2　创建数据库和数据表

添加管理员用户的操作过程如图 5.3 所示。

```
mysql> insert into user values(1,'admin','admin','male','Administrator');
Query OK, 1 row affected (0.01 sec)
```

图 5.3　添加管理员用户

（5）查看 user 数据表结构和内容

先使用 desc 语句查看 user 表结构，具体语句如下：

```
descuser;
```

查看 user 数据表结构的操作过程如图 5.4 所示。

```
mysql> desc user;
+----------+--------------+------+-----+---------+----------------+
| Field    | Type         | Null | Key | Default | Extra          |
+----------+--------------+------+-----+---------+----------------+
| id       | int          | NO   | PRI | NULL    | auto_increment |
| username | varchar(20)  | YES  |     | NULL    |                |
| password | varchar(20)  | YES  |     | NULL    |                |
| gender   | varchar(10)  | YES  |     | NULL    |                |
| resume   | varchar(100) | YES  |     | NULL    |                |
+----------+--------------+------+-----+---------+----------------+
5 rows in set (0.02 sec)
```

图 5.4　查看 user 数据表结构

然后再使用 select 语句查看 user 表的内容，具体语句如下：

```
select * from user;
```

查看 user 数据表内容的操作过程如图 5.5 所示。

2. 注册提交功能实现

【程序 5.1】　修改程序 4.3 得到新的注册确认页面文件 userVeriRegister.jsp，在文件中增加表单，用于传递注册信息（黑体部分为新增代码）。

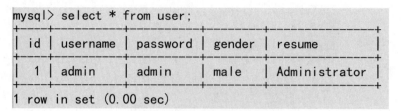

图 5.5　查看 user 数据表内容

```
...
<!--main begin -->
<section class="verifyform">
    <div class="top-bar">
        <h1>注册确认</h1>
    </div><br/>

<%request.setCharacterEncoding("utf-8");
    String uName =request.getParameter("username");
    String uPwd =request.getParameter("password");
    String uGender =request.getParameter("gender");
    String uResume =request.getParameter("resume");
%>
<table>
    <tr>
        <td>用户名：</td><td><%=uName %></td>
    </tr>
    <tr>
        <td>密码：</td><td><%=uPwd %></td>
    </tr>
    <tr>
        <td>性别：</td><td><%=uGender %></td>
    </tr>
    <tr>
        <td>个人简介:</td><td><%=uResume %></td>
    </tr>
</table>

<form action="doRegister.jsp" method="post">
    <div style="display:none">
        用户名：
        <input type="text" name="username" value="<%=uName%>"/><br/>
```

```
        密    码：
        <input type="text" name="password" value="<%=uPwd %>"/><br/>
        性    别：
        <input type="text" name="gender" value="<%=uGender%>"/><br/>
        个人简介<br>
        <textarea name="resume" cols="20" rows="6"><%=uResume%></textarea>
        <br><br>           
    </div>
    <input class="btn" type="submit" value="注册"></input>
        <a href="javascript:history.go(-1)" >返回</a><br/>
  </form>
</section>
<!--main end -->
...
```

第 4 章中的 userVeriRegister.jsp 已经实现了获取表单数据并在页面中显示的功能，这里增加了一个表单用于继续往下一页面传递用户的注册信息，可以使用 HTML 的 form 标记和 input 标记来实现。

form 标记中的 action 属性取值为"doRegister.jsp"，实现到注册提交页面的流程控制。表单中的内容用 input 标记和 textarea 标记来分别定义用户名、密码、性别和个人简介。因为在用户注册页面中已经输入了这些信息，这里直接使用之前已经获取到的相应值设置各个 input 标记的 value 属性值及 textarea 标记的内容。

另外，用 input 标记实现了"注册"提交按钮，用 a 标记实现了"返回"超链接。当单击"注册"按钮时程序流程转向注册提交页面并同步传递表单中的数据，单击"返回"超链接则返回到用户注册页面，从而可以修改注册信息之后再重新提交。

因为在页面中已经用表格形式显示了用户注册信息供核对，表单中要提交的注册信息不需要再显示，所以将这部分内容放置在一个 div 中，并设置其 CSS 样式的 display 属性值为 none。这样程序在运行时会将相关内容隐藏起来，避免相同内容在页面上重复出现。

【程序 5.2】　在 newsPub 文件夹下编写注册提交页面文件 doRegister.jsp，将用户注册信息写入数据库。

```
<%@page language="java" contentType="text/html;charset=utf-8"
pageEncoding="utf-8"%>
<!--1. 导入 JDBC API -->
<%@page import="java.sql.* " %>

<% request.setCharacterEncoding("utf-8");
```

```
String uname =request.getParameter("username");
String pwd =request.getParameter("password");
String gender =request.getParameter("gender");
String resume =request.getParameter("resume");

Connection conn =null;
Statement stmt =null;
String sDBDriver ="com.mysql.cj.jdbc.Driver";
String sConnStr ="jdbc:mysql://localhost:3306/newsdb?useUnicode =
 true&characterEncoding=utf-8";
String username ="root";
String password ="mysql";

//2.装载驱动程序
try {
    Class.forName(sDBDriver);
}
catch(ClassNotFoundException ex) {
    System.err.println(ex.getMessage());
}

try {
    //3.创建数据库连接
    conn =DriverManager.getConnection(sConnStr,username,password);

    //4.创建 Statement 对象
    stmt =conn.createStatement();

    //5.执行 SQL 语句
    String sql="INSERT INTO user VALUES (null,'"+uname+"','"+
            pwd+"','"+gender+"','"+resume+"')";
    int result =stmt.executeUpdate(sql);

    //6.处理结果
    if(result==1){
        out.println("用户注册成功,请登录使用。");
    }else{
        out.println("用户注册失败,请联系管理员!");
    }
    out.println("<a href='userLogin.jsp'>登录</a>");
}
catch(SQLException e1) { out.println(e1);}
finally{
```

```
        //7.关闭连接
        conn.close();
    }
%>
```

doRegister.jsp 负责获取表单数据并写入数据库。获取表单数据的处理方法与注册确认页面中完全相同,这里不再赘述。下面解释一下将数据写入到数据库所用的代码。

首先用 page 指令导入 java.sql 包。这个包具有访问数据库所需的一些类。

然后定义数据库操作需要用到的参数,包括驱动程序类名 sDBDriver、数据库连接字符串 sConnStr、数据库访问用户名 username 以及数据库访问密码 password。

接下来使用 Class 类的 forName()方法注册数据库驱动程序,再使用 DriverManager 的 getConnection ( ) 方法创建一个数据库连接,然后用 Connection 对象的 createStatement()方法创建一个 Statement 对象。

之后使用获取的用户注册信息拼接成一条 INSERT 语句,并调用 Statement 对象的 executeUpdate()方法来执行它。这条 SQL 语句会通过 JDBC 发送给数据库系统执行,并返回执行的结果。当 INSERT 语句执行成功后,会在数据表中新增一条记录,并返回影响的记录条数,这里应该为整数 1。

再根据返回值输出注册结果提示信息,并给出一个转到用户登录页面的超链接以实现到下一步的流程控制。

最后关闭数据库连接,释放所占用的资源。

由于上面使用的一些方法在执行过程中有可能抛出异常,因此需要将这些代码分别放置在不同的 try 语句块中。

使用程序 4.1 作为用户登录页面 userLogin.jsp,使用程序 4.2 作为用户注册页面 userRegister.jsp。然后再从 https://dev.mysql.com/downloads/file/? id＝496589 下载 MySQL 8 的 JDBC 驱动并解压缩。将解压得到的驱动文件 mysql-connector-java-8.0.21. jar 复制到 newsPub\WEB-INF\lib 文件夹下,完成注册提交功能的开发。

5.1.2　注册提交功能运行过程

用户注册功能的程序运行过程详述如下。

启动 Tomcat,打开浏览器,在地址栏输入 http://localhost:8080/newsPub/userLogin. jsp,出现用户登录页面,单击"用户注册"超链接,进入用户注册页面。

在注册表单中输入用户注册信息后,单击"提交"按钮,注册表单被提交给注册确认页面,显示效果如图 5.6 所示。

注册确认页面中的注册信息核对如果有问题,可以单击"返回"回到用户注册页面重新输入。如果核对无误可以单击"注册"按钮,注册确认页面中隐藏的确认表单被提交给注册提交页面。

注册提交页面中的代码运行将用户注册信息写入数据库,实现用户注册功能。完成后显示注册成功提示,如图 5.7 所示。

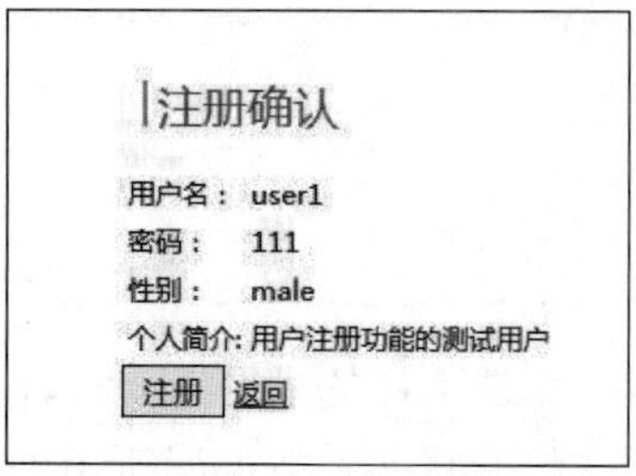

图 5.6 注册确认页面

图 5.7 注册成功提示页面

最后可以单击"登录"链接回到用户登录页面。

5.1.3 数据库访问代码模板

Java 程序中对数据库的访问可以基于 JDBC 实现。编写数据库访问代码遵循相对固定的模式。这里以操作 MySQL 数据库为例，给出实现数据库访问的典型代码模板，主要包括以下步骤。

1. 导入 JDBC API

首先用 page 指令导入 java.sql 包。

```
<%@page import="java.sql.*"%>
```

2. 加载驱动程序

然后使用 Class 类的 forName()方法加载驱动程序类，加载成功后即可使用该驱动程序与数据库建立连接。

```
Class.forName("com.mysql.cj.jdbc.Driver");
```

3. 建立数据库连接

提供数据库连接字符串、数据库用户名和数据库密码，使用 DriverManager 类的 getConnection()方法建立数据库连接。

```
String sConnStr ="jdbc:mysql://localhost:3306/newsdb?useUnicode =
 true&characterEncoding=utf-8";
String username ="root";
String password ="mysql";
Connection  conn  = DriverManager. getConnection ( sConnStr, username,
password);
```

4. 创建 Statement 对象

使用数据库连接对象的 createStatement()方法创建 Statement 对象。

```
stmt =conn.createStatement();
```

5. 执行 SQL 语句
使用 Statement 对象的 executeUpdate( )方法执行 INSERT 语句。

```
String sql="INSERT INTO user VALUES(null,'"+uname+"','"+
            pwd+"','"+gender+"','"+resume+"')";
int result =stmt.executeUpdate(sql);
```

6. 处理执行结果
根据需要对执行结果 result 进行处理。

```
if(result ==1){
        out.println("用户注册成功,请登录使用。");
    }else{
    out.println("用户注册失败,请联系管理员!");
}
```

7. 关闭链接
使用 close( )方法关闭数据库连接,释放所占用的资源。

```
conn.close();
```

在注册提交页面中就是按照这个步骤实现了往数据库中写入用户注册信息的功能。

需要说明的是,由于调用的这些方法在执行过程中有可能抛出异常,因此需要将这些代码放置在 try 语句块中。程序最后必须关闭链接以释放资源,所以要把相关代码放在 finally 语句块中,以确保在程序运行出现异常时数据库连接也能关闭。

另外需要注意的是,必须提前创建好相关的数据库、数据表,并配置好相应的数据库驱动程序。

掌握了这个代码模板之后,如果需要实现对数据库进行其他类型的操作,都可以参考它编写程序来实现。

5.2　用户登录功能完善

5.2.1　登录判断功能设计与实现

1. 登录判断功能设计
前面在第 4 章已经描述过用户登录功能的开发任务,并基本完成了它的设计和实现。但是在实现登录判断功能时,是用固定的用户账号来模拟实现的。实际的用户身份判断应当根据数据库中保存的用户名和密码等信息来实现。

如果用户登录时输入的用户名和密码在数据库中存有相应的记录,就证明该用户是合法用户,可以允许登录,否则登录失败。这里利用 JDBC 来实现完整的登录判断功能。

2. 登录判断功能实现

【**程序 5.3**】 修改程序 4.4 得到新的登录判断页面文件 doLogin.jsp,把文件中原来使用固定的用户账号信息模拟实现用户身份判断,改为根据数据库中的真实用户信息来判断。

```jsp
<%@page language="java" contentType="text/html;charset=utf-8"%>
<!--1. 导入 JDBC API -->
<%@page import="java.sql.*" %>

<%
    request.setCharacterEncoding("utf-8");
    String uname = request.getParameter("username");
    String pwd = request.getParameter("password");

    Connection conn = null;
    ResultSet rs = null;
    Statement stmt = null;

    String sDBDriver = "com.mysql.cj.jdbc.Driver";
    String sConnStr = "jdbc:mysql://localhost:3306/newsdb?useUnicode =
        true&characterEncoding=utf-8";
    String username = "root";
    String password = "mysql";

    //2.装载驱动程序
    try {
        Class.forName(sDBDriver);
    }
    catch(ClassNotFoundException ex) {
        System.err.println(ex.getMessage());
    }

    try {
        //3.创建数据库连接
        conn = DriverManager.getConnection(sConnStr, username, password);

        //4.创建 Statement 对象
        stmt = conn.createStatement();
```

```
            //5.执行 SQL 语句
            String sql="SELECT * FROM user WHERE username='"+uname+"' and
                password='"+pwd+"'";
            rs =stmt.executeQuery(sql);

            //6.处理结果
            if(rs!=null && rs.next()) {
                session.setAttribute("username",uname);
                response.sendRedirect("index.jsp");
            } else {
                response.sendRedirect("userLogin.jsp");
            }
        }catch(SQLException e1) {
            out.println(e1);
        }finally{
            //7.关闭连接
            conn.close();
        }
    %>
```

doLogin.jsp 负责实现登录判断功能。

根据第 4 章的设计,用户登录功能共包括 4 个步骤。

(1) 获取用户输入;

(2) 判断用户身份;

(3) 实现流程控制;

(4) 用户身份识别。

这里只对(2)进行分析,其他步骤已在第 4 章做过介绍。

可以通过查询数据库中的 user 数据表,然后根据是否存在与用户输入的用户名和密码一致的记录来判断用户身份是否合法。这个处理过程本质上是一次数据库查询。参考5.1.3 节的数据库访问代码模板,可以写出与注册提交页面结构类似的程序。

首先使用 page 指令导入 java.sql 包。

然后定义数据库操作需要用到的参数,包括驱动程序类名 sDBDriver、数据库连接字符串 sConnStr、数据库访问用户名 username 以及数据库访问密码 password。

接下来使用 Class 类的 forName()方法注册数据库驱动程序,再使用 DriverManager的 getConnection( ) 方法创建一个数据库连接。然后用 Connection 对象的createStatement()方法创建一个 Statement 对象。

之后使用获取的用户登录信息拼接为一条 SELECT 语句,并调用 Statement 对象的executeQuery()方法来执行它。此时,该条 SQL 语句会通过 JDBC 发送给数据库系统执行,并返回查询结果集。如果查询结果集对象 rs 不是空指针,并且其中包含至少一条记录,说明该用户身份合法,则登录通过;否则登录失败。这里调用 rs 对象的 next()方法,若返回值为 true 则表示至少包含一条记录。

最后关闭数据库连接。

使用程序 4.5 作为登录成功后进入的系统首页 index.jsp，使用程序 4.7 作为退出登录功能页面 doLogout.jsp，使用程序 4.21 中的 top.jsp 实现动态功能菜单，完成登录判断功能的开发。

5.2.2　登录判断功能运行过程

用户登录功能的程序运行过程详述如下。

启动 Tomcat，打开浏览器，在地址栏输入 http://localhost:8080/newsPub/userLogin.jsp，出现用户登录页面，在登录表单中输入已注册的用户名和密码，单击"登录"按钮，登录表单被提交给登录判断页面。

登录判断页面中的代码运行将查询数据库的 user 表，以判断用户身份。如果查询结果不为空，说明用户名密码正确，登录成功，即可进入系统首页。

如果用户名或密码输入有误，会重新进入用户登录页面。

5.2.3　数据库安全开发

本节所编写的程序虽然能够实现登录判断的功能，但是这种实现方法存在一个安全方面的漏洞。非法用户可以使用 SQL 注入攻击的方法来绕过用户身份判断，从而实现非法登录。

所谓 SQL 注入攻击，是指通过把恶意的 SQL 命令填写到 Web 表单中提交，达到欺骗服务器执行恶意 SQL 命令的目的。这里的登录判断程序验证用户身份是否合法使用了下面的 SQL 语句：

```
String sql ="SELECT * FROM user WHERE username='"+uname+"' and password=
        '"+pwd+"'";
```

把用户在登录表单中输入的用户名和密码值拼接得到一条查询语句，然后执行该语句来实现用户身份的判断。

现在假定有一个恶意的非法用户，在登录表单中输入用户名 admin 和密码 1' or '1'='1。那么拼接得到的查询语句如下：

```
SELECT * FROM user WHERE username='admin' and password='1' or '1'='1
```

分析一下这条查询语句，可以发现执行它的结果将会查询出 user 数据表中的所有记录。而前面的程序处理逻辑是，只要查询结果集中包含至少一条记录，则认为该用户身份合法。因此，这个非法用户就会以 admin 用户的身份成功登录。

要避免受到这种攻击，可以改用 Statement 接口的子接口 PreparedStatement 来执行查询语句。将登录判断页面中这两行代码：

```
String sql="SELECT * FROM user WHERE username='"+uname+"' and
    password='"+pwd+"'";
rs =stmt.executeQuery(sql);
```

改为下面的实现方式：

```
String sql ="SELECT * FROM user WHERE username=? and password=? ";
PreparedStatement  ps =conn.prepareStatement(sql);
ps.setString(1, uname);
ps.setString(2, pwd);
rs =ps.executeQuery();
```

这样，就可以达到防范 SQL 注入攻击、提高程序安全性的效果。

程序 5.2 实现的用户注册提交功能中同样存在 SQL 注入攻击漏洞，读者可以参考这里的提示对相关代码进行改进。

另外，在程序 5.2 中把用户密码直接以明文形式存入数据库。这种实现方式也存在一定的安全风险。一旦数据库受到恶意攻击，所有用户的密码就有泄露的可能。

在实际开发中，通常会对用户密码使用 SHA256 之类的哈希算法进行处理，再把得到的用户密码消息摘要存入数据库。相应地，用户登录时也不再使用程序 5.3 中的查询语句实现登录判断功能，而是先对用户输入的密码使用同样的哈希算法计算摘要值；然后按照用户名查询用户表中是否存在用户记录；如果存在，再读出数据库中存放的用户密码信息摘要并进行比对，相同则认为登录通过；其他情况均为登录失败。读取数据库中存放内容的实现可参考程序 5.4 中的相关代码。读者可以按照这种思路对程序 5.2 和程序 5.3 中的相关代码进行改进，以进一步提高程序的安全性。

5.3　JDBC 技术

5.3.1　JDBC API

1. JDBC 基础概念

为了简化在程序中的数据库存取操作，Java 提供了一套专门用于执行 SQL 语句的 API，称为 JDBC(Java DataBase Connectivity)。JDBC 由一组接口和类组成，可以向各种关系数据库发送 SQL 语句，实现对数据库中数据的增加、删除、查询、修改操作。基于 JDBC 编写访问数据库的 Java 程序，屏蔽了不同数据库平台的区别，使得程序员可以无差别地操作不同的数据库，极大地简化了数据库编程。JDBC 原理如图 5.8 所示。

2. 相关接口和类

JDBC API 位于 java.sql 包中，包括一组支持数据库访问和操作的类与接口。

(1) Driver 接口

Driver 接口提供用来注册和连接基于 JDBC 技术的驱动程序，每个 JDBC 驱动程序都应该提供一个实现 Driver 接口的类，并且在程序运行时能够加载指定的数据库驱动程

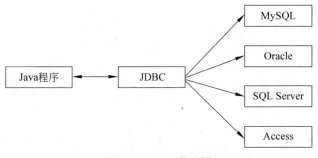

图 5.8　JDBC 原理图

序或类库。对于 Java Web 应用程序，需要把对应的 jar 包文件放到 Web 应用程序的 lib 目录下。例如在 5.1.1 节中，为了操作 MySQL 数据库，需要将数据库厂商提供的实现了 Driver 接口的驱动程序 com.mysql.cj.jdbc.Driver 所在的 jar 包文件 mysql-connector-java-8.0.21.jar 复制到应用目录 newsPub 下的 WEB-INF\lib 中，然后在程序中加载该数据库驱动程序。

　　在加载某一个 Driver 类时，它应该创建自己的实例并向 DriverManager 注册该实例。一般使用语句 Class.forName("com.mysql.cj.jdbc.Driver") 来加载和注册 MySQL 数据库的驱动程序。不同的数据库其驱动程序类名各不相同。

　　（2）DriverManager 类

　　Java 程序通过 DriverManager 类创建与驱动程序的连接。常用方法为：

```
static Connection getConnection(String url, String user, String password)
```

　　该方法试图创建到给定数据库 URL 的连接。DriverManager 类会尝试从已经注册的 JDBC 驱动程序集中选择一个适当的驱动程序。

　　3 个参数分别如下。

- url 是以"jdbc:subprotocol:subname"形式提供的数据库连接字符串，各种数据库系统使用不同形式的连接字符串。
- user 是数据库用户名。
- password 是数据库用户的密码。

此方法返回一个到指定 url 的数据库连接对象。

　　表 5.1 是常见数据库的 JDBC 连接参数，包括驱动程序类名 driver 和连接字符串 url，假定连接到数据库 mydb。

表 5.1　常见数据库的 JDBC 连接参数

数 据 库	JDBC 连接
MySQL	driver：com.mysql.cj.jdbc.Driver url：jdbc:mysql://localhost:3306/mydb? useUnicode＝true&characterEncoding＝utf-8
Oracle	driver：oracle.jdbc.driver.OracleDriver url：jdbc:oracle:thin:@127.0.0.1:1521:mydb

续表

数 据 库	JDBC 连接
SQL Server 2008	driver：com.microsoft.jdbc.sqlserver.SQLServerDriver url：jdbc：microsoft：sqlserver：//localhost：1433；DatabaseName＝mydb
ODBC 桥接	driver：sun.jdbc.odbc.JdbcOdbcDriver url：jdbc：odbc：mydb（需配置 ODBC 数据源）

（3）Connection 接口

Connection 接口代表了 Java 程序与数据库之间的连接，用于提供创建语句，以及管理连接及其属性的方法。常用方法如表 5.2 所示。

表 5.2　Connection 接口的常用方法

方 法 声 明	功 能 简 介
Statement createStatement()	创建一个 Statement 对象，用于将 SQL 语句发送到数据库
PreparedStatement prepareStatement（String sql）	创建一个 PreparedStatement 对象，用于将参数化的 SQL 语句发送到数据库
void close()	释放此 Connection 对象的数据库和 JDBC 资源

不带参数的 SQL 语句通常使用 Statement 对象执行。如果多次执行相同的 SQL 语句，使用 PreparedStatement 对象会更有效。

带有 IN 参数或不带有 IN 参数的 SQL 语句都可以被预编译并存储在 PreparedStatement 对象中。然后可以有效地使用此对象来多次执行该语句。preparedStatement()方法的参数 sql 是一个可能包含一个或多个问号"?"作为 IN 参数占位符的 SQL 语句。

（4）Statement 接口

Statement 接口用于执行静态 SQL 语句并返回它所生成结果的对象。常用方法如表 5.3 所示。

表 5.3　Statement 接口的常用方法

方 法 声 明	功 能 简 介
ResultSet executeQuery（String sql）	执行给定的静态 SQL SELECT 语句，返回包含给定查询所生成数据的 ResultSet 对象
int executeUpdate（String sql）	执行给定 SQL 语句

executeUpdate()方法的参数 sql 可能为 INSERT、UPDATE 或 DELETE 语句，或者不返回任何内容的 SQL 语句（如 SQL DDL 语句）。其返回值分为两种情况：对于 SQL 数据操作语言（DML）语句，返回行计数；对于不返回任何内容的 SQL 语句，返回 0。

（5）PreparedStatement 接口

PreparedStatement 接口继承自 Statement 接口，用于向数据库发送准备好的语句或基本 SQL 语句。SQL 语句被预编译并存储在 PreparedStatement 对象中。然后可以使用此对象多次高效地执行该语句。常用方法如表 5.4 所示。

表 5.4　PreparedStatement 接口的常用方法

方 法 声 明	功 能 简 介
void setString(int parameterIndex，String x)	将指定参数设置为给定 Java String 值
void setDate(int parameterIndex，Date x)	使用运行应用程序的虚拟机的默认时区将指定参数设置为给定 java.sql.Date 值
void setDouble(int parameterIndex，double x)	将指定参数设置为给定 Java double 值
void setFloat(int parameterIndex，float x)	将指定参数设置为给定 Java REAL 值
void setInt(int parameterIndex，int x)	将指定参数设置为给定 Java int 值
void setLong(int parameterIndex，long x)	将指定参数设置为给定 Java long 值
ResultSet executeQuery()	在此 PreparedStatement 对象中执行 SQL 查询，返回包含给定查询所生成数据的 ResultSet 对象
int executeUpdate()	在此 PreparedStatement 对象中执行 SQL 语句

如果预编译的 SQL 语句中包括 IN 参数，那么需要首先调用相应的 setXXX()方法为这些参数赋值，然后再执行 SQL 语句。用于设置 IN 参数值的 setXXX()方法必须指定与输入参数的已定义 SQL 类型兼容的类型，参数 parameterIndex 表示 IN 参数的序号，从 1 开始。

前面使用 PreparedStatement 来防止 SQL 注入，原因是 setXXX()方法在为参数赋值时会把单引号转义成 \'。例如对于下面的代码：

```
String sql ="SELECT * FROM user WHERE username=? and password=? ";
PreparedStatement ps =conn.prepareStatement(sql);
ps.setString(1, uname);
ps.setString(2, pwd);
```

如果 uname 的值是 admin，pwd 的值是 1' or '1'='1。那么拼接出来的查询语句如下：

```
SELECT * FROM user WHERE username='admin' and password='1\' or \'1\'=\'1'
```

这样就无法截断 SQL 语句，仍然按照程序预定的处理逻辑来判断，所以能够防范 SQL 注入攻击。

executeUpdate()方法中的语句必须是一个 SQL 数据操作语言（Data Manipulation Language，DML）语句，比如 INSERT、UPDATE 或 DELETE 语句；或者是无返回内容的 SQL 语句，比如 DDL 语句。返回值分为两种情况：对于 SQL 数据操作语言（DML）语句，返回行计数；对于不返回任何内容的 SQL 语句，返回 0。

（6）ResultSet 接口

ResultSet 接口用于表示数据库结果集的数据表，通常通过执行查询数据库的语句生成，其中存放了查询结果。

在 ResultSet 对象中具有指向当前数据行的光标，可以在 while 循环中使用 next() 方法来迭代处理结果集。

```
boolean next()  throws SQLException
```

该方法将光标从当前位置向下移动一行。ResultSet 光标最初位于第一行之前；第一次调用 next() 方法使第一行成为当前行；第二次调用使第二行成为当前行，依此类推。如果新的当前行有效，则返回 true；如果不存在下一行，则返回 false。

ResultSet 接口同时提供了用于从当前行获取列值的方法。可以使用列的索引编号或列的名称获取值。应该按从左到右的顺序读取每行中的结果集列，每列只能读取一次。常用的获取列值方法如表 5.5 所示。

表 5.5　ResultSet 接口常用的获取列值方法

返 回 类 型	方 法 名 称	返 回 类 型	方 法 名 称
byte	getByte(int columnIndex)	byte	getByte(String columnLabel)
Date	getDate(int columnIndex)	Date	getDate(String columnLabel)
double	getDouble(int columnIndex)	double	getDouble(String columnLabel)
float	getFloat(int columnIndex)	float	getFloat(String columnLabel)
int	getInt(int columnIndex)	int	getInt(String columnLabel)
long	getLong(int columnIndex)	long	getLong(String columnLabel)
String	getString(int columnIndex)	String	getString(String columnILabel)

参数 columnIndex 是列索引，从 1 开始编号。参数 columnLabel 是使用 SQL AS 子句指定的列标签，如果未指定 SQL AS 子句，则标签是列名称。一般情况下，使用列索引较为高效。

5.3.2　JDBC 的使用

使用 JDBC 编写程序对数据库进行各种操作遵循相对固定的模式，5.1.3 节已经给出了数据库访问代码的编写模板。经过上面的介绍，读者对如何使用 JDBC 连接和访问数据库已经有一定的了解，这里再通过编程实现查看所有用户的功能演示一下 JDBC 的使用方法。

1. 查看所有用户功能实现

【程序 5.4】　在 newsPub 文件夹下编写查看所有用户页面文件 allUser.jsp，显示所有用户的用户名和密码。

```
<%@page language="java" contentType="text/html;charset=utf-8"%>
<!--1. 导入 JDBC API -->
<%@page import="java.sql.*"%>
<html>
    <head>
        <title>新闻发布系统</title>
    </head>

    <body>
        <h3>所有用户</h3>
        <table border="1">
            <tr>
                <th>序号</th>
                <th>用户名</th>
                <th>密码</th>
            </tr>
            <%
            Connection conn =null;
            ResultSet rs =null;
            Statement stmt =null;

            String sDBDriver ="com.mysql.cj.jdbc.Driver";
            String sConnStr="jdbc:mysql://localhost:3306/newsdb?
                useUnicode=true&characterEncoding=utf-8";
            String username ="root";
            String password ="mysql";

            //2.装载驱动程序
            try {
                Class.forName(sDBDriver);
            } catch (ClassNotFoundException ex) {
                System.err.println(ex.getMessage());
            }

            try {
                //3.创建数据库连接
                conn =DriverManager.getConnection(sConnStr, username,
                    password);

                //4.创建 Statement 对象
                stmt =conn.createStatement();

                //5.执行 SQL 语句
```

```
                    String sql = "select * from user";
                    rs = stmt.executeQuery(sql);

                    //6.处理结果
                    if (rs != null) {
                        int count = 0;
                        while (rs.next()) {
                            count++;
                            String uname = rs.getString("username");
                            String pwd = rs.getString("password");
        %>

                        <tr>
                            <td><%=count%></td>
                            <td><%=uname%></td>
                            <td><%=pwd%></td>
                        </tr>
        <%
                        }
                    }
                } catch (SQLException e1) {
                    out.println(e1);
                } finally {
                    //7.关闭连接
                    conn.close();
                }
        %>
        </table>
    </body>
</html>
```

这个程序的整体结构与注册提交页面和登录判断页面中的代码结构基本相同。只是在步骤 5 所执行的 SQL 语句以及步骤 6 的处理结果方式有区别。

因为要查询所有用户,即查询 user 数据表中的全部记录,所以执行下面的 SQL 语句并返回查询结果集:

```
String sql = "select * from user";
rs = stmt.executeQuery(sql);
```

如果查询结果集对象 rs 不是空指针,则利用 while 循环从结果集中依次取出每条记录,并以表格的形式显示在页面中,关键代码如下:

```
<table border="1">
    <tr>
        <th>序号</th>
        <th>用户名</th>
        <th>密码</th>
    </tr>
<%
    ...
    while (rs.next()) {
        count++;
        String uname = rs.getString("username");
        String pwd = rs.getString("password");
%>
        <tr>
            <td><%=count%></td>
            <td><%=uname%></td>
            <td><%=pwd%></td>
        </tr>
<%}
    ...
%>
</table>
```

先用 HTML 的 table 标记和 tr、th 标记构造一行表头，然后循环处理每条记录。

第一次判断循环条件时调用 ResultSet 对象 rs 的 next()方法，移动光标使第一行成为当前行。若当前行有效则返回 true 进入循环体执行。

在循环体中首先给计数器加 1，作为序号值。然后调用 rs 的 getString()方法，用列名作为参数，取出当前行的指定列值。这里依次取出用户名和密码。接下来用 tr 和 td 标记构造一行三个单元格，内容分别是用 JSP 表达式输出的序号、用户名和密码。一次循环执行完毕。

之后再次判断循环条件，调用 rs 的 next()方法，移动光标使第二行成为当前行。若当前行有效返回 true 则继续执行循环体，再产生一行用户数据。

直到所有记录处理完成，最后一次调用 rs 的 next()方法，因为不存在下一行，所以返回 false，循环结束。

最后是 table 的结束标记，完成表格的构造。

2. 查看所有用户运行过程

查看所有用户功能的程序执行过程详述如下。

启动 Tomcat，打开浏览器，在地址栏输入 http://localhost:8080/newsPub/allUser.jsp，出现如图 5.9 所示的查看所有用户页面。

查询所有用户功能是通过查询数据库中 user 数据表的所有记录，然后依次输出每条

图 5.9 查看所有用户页面

记录来实现的。这个功能本质上就是多次数据库查询操作,程序结构与 5.1.3 节的数据库访问代码模板完全相同。

3. 数据库查询代码优化

上面这段程序中的核心代码是用 Statement 对象实现 SQL 查询。前面已经讲过,也可以用 PreparedStatement 对象来实现相同的功能。

事实上,作为 Statement 的子接口,用 PreparedStatement 实现数据库访问有以下 3 个优点。

(1) 代码可读性好

这里是一条执行 INSERT 语句的代码,stmt 是一个 Statement 对象:

```
stmt.executeUpdate("insert into tb_name (col1,col2,col3,col4) values ('"+
var1+"','"+var2+"',"+var3+",'"+var4+"')");
```

下面的代码实现相同的功能,ps 是一个 PreparedStatement 对象。

```
ps = conn. prepareStatement ( " insert into tb _ name ( col1, col2, col3,
col4) values
    (?,?,?,?)");
ps.setString(1,var1);
ps.setString(2,var2);
ps.setString(3,var3);
ps.setString(4,var4);
ps.executeUpdate();
```

可以看到,虽然第二段代码多出了几行,但无论是从可读性还是可维护性方面,后者都远比前者要好得多。

(2) 运行效率高

每种数据库都会尽其所能对预编译语句提供最大的性能优化,以备重复调用。数据库的编译器编译后的执行代码会被缓存,当再次调用相同的预编译语句时不需要再次编译，而只要像函数调用一样，将参数传入已经编译过的执行代码中即可直接执行。PreparedStatement 对象会对 SQL 语句进行预编译，因此它的运行效率更高。

以 Oracle 为例，Statement 会为每条 SQL 语句生成一个执行计划。例如执行下面两条 SQL 语句，就会生成两个执行计划：

```
select colume from tb_name where colume=1;
select colume from tb_name where colume=2;
```

如果要运行 1000 个查询，相应地就会生成 1000 个执行计划。而 PreparedStatement 会通过绑定变量来重用执行计划。语句形式如下：

```
select colume from tb_name where colume=:x;
```

然后通过 setXXX()方法设置不同的数据就可以实现不同的查询，只需生成一次执行计划，之后重用即可。因为生成执行计划极为消耗资源，所以这两种实现方式的实际运行效率可能会相差成百上千倍。

（3）安全性能强

前面已经分析过，对于 SQL 注入攻击，Statement 是无法直接防范的，除非在程序中自行对用户输入进行特定符号的过滤。而使用 PreparedStatement 则可以利用其 setXXX()方法在为参数赋值时会把单引号自动做转义来避免受到这种攻击。

当然，如果程序中只是对数据库执行一次性操作，并且不涉及注入攻击的安全问题，仍然可以使用 Statement 对象来处理。因为 PreparedStatement 对象的第一次执行开销要比 Statement 大得多，它的运行效率优势是体现在后续的重复执行上。

读者可以参考 5.2.2 节中的代码，试着把查看所有用户的代码改成用 PreparedStatement 对象来实现。

5.4   用户管理功能开发

5.4.1   用户管理功能开发任务

本节完成用户管理功能的开发任务。

根据第 1 章的功能介绍，对于注册用户和管理员用户，用户管理的具体功能有所不同。

注册用户登录成功后，单击页面功能菜单中的"用户管理"超链接进入用户修改页面。在这里可以修改自己的用户名、密码、性别和个人简介等信息。完成所需改动后，单击"修改"按钮进入用户修改提交页面，显示修改结果提示。然后单击"回到首页"超链接返回系统首页。注册用户的用户管理页面如图 5.10，用户修改成功页面如图 5.11。

管理员用户登录成功后，单击页面功能菜单中的"用户管理"超链接进入用户管理页面。在这里列出了所有的用户名，可以单击"删除"超链接来删除指定用户。删除成功后返回到用户管理页面。管理员用户的用户管理页面如图 5.12 所示。

图 5.10　注册用户的用户管理页面

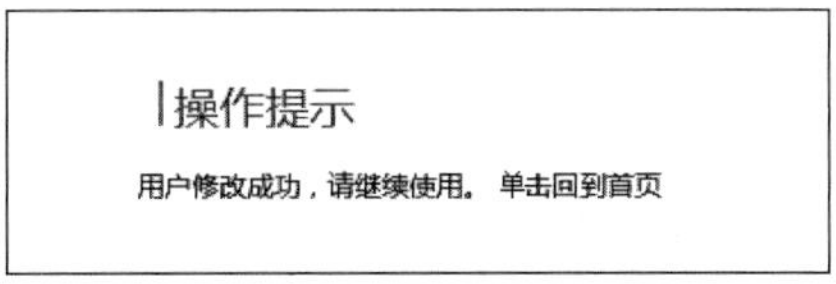

图 5.11　用户修改成功页面

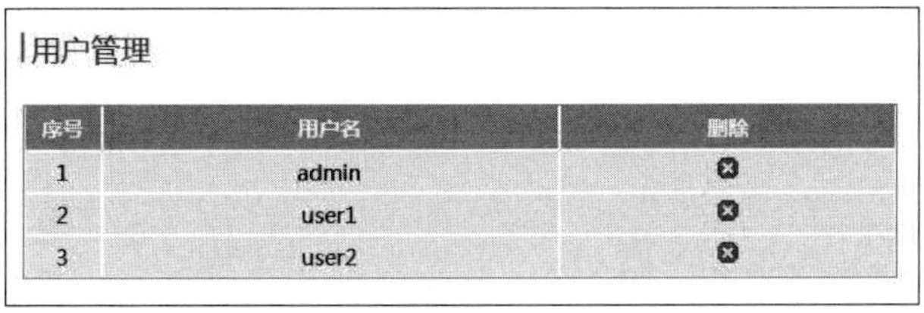

图 5.12　管理员用户的用户管理页面

5.4.2　用户管理功能设计与实现

1. 用户管理功能设计

根据用户管理开发任务的描述,需要分别设计注册用户和管理员用户的用户管理功能。

首先设计注册用户的用户管理功能。

流程控制涉及 3 个页面。第一步是通过单击系统首页功能菜单中的"用户管理"超链接进入用户修改页面,接下来单击用户修改页面中的"修改"按钮进入到用户修改提交页面,最后单击"回到首页"超链接返回系统首页。流程控制的 3 次跳转分别用 HTML 的超链接标记和提交表单方式来实现。

这里涉及两次数据传递。第一次是进入用户修改页面时,需要将用户名同步传入并据此查询数据库 user 数据表,取出该用户的全部注册信息并显示在用户修改表单中。因为在用户登录功能中,登录成功后已经把用户名保存在 session 内置对象中,所以这里的用户名不需要输入,直接从 session 中取出当前用户名,再做一次数据库查询即可。第二次是在用户修改页面的表单中修改注册信息之后,单击"修改"按钮进入用户修改提交页面时,这些修改后的注册信息需要同步传递给用户修改提交页面并更新数据库中的数据。这里的数据传递用 HTML 的提交表单方式来实现。

再来设计管理员用户的用户管理功能。

流程控制同样涉及 3 个页面。第一步是通过单击系统首页功能菜单中的"用户管理"超链接进入用户管理页面,接下来单击用户管理页面中的"删除"超链接进入用户删除页面,并在删除成功后回到用户管理页面。流程控制的前两次跳转用 HTML 的超链接标记实现。最后一次跳转是完成删除功能后自动完成,用页面重定向技术实现。

这里也涉及两次数据传递。第一次是进入用户管理页面时,需要查询数据库中的 user 数据表,取出所有用户名并显示在用户列表中。这个功能就是 5.3.2 节中实现的查看所有用户功能,这里不需要输入,直接查询数据库即可。第二次是在用户管理页面中单击"删除"超链接进入删除用户页面时,需要将被删除用户的 ID 值同步传递以实现删除指定用户的功能。这里的数据传递可以用 URL 传参的方式来实现。

2. 用户管理功能实现

【程序 5.5】 在 newsPub 文件夹下编写用户修改页面文件 modiUser.jsp,提供用户修改表单用于修改用户信息。

```
...
<!--1.导入 JDBC API -->
<%@page language="java" import="java.sql.*" %>
<%
    Connection conn =null;
    ResultSet rs =null;
    Statement stmt =null;
    String sql =null;

    String sDBDriver ="com.mysql.cj.jdbc.Driver";
    String sConnStr ="jdbc:mysql://localhost:3306/newsdb?useUnicode=
        true&characterEncoding=utf-8";
    String username ="root";
    String password ="mysql";

    int id=0;
    String uname=null,upwd=null,gender=null, resume=null;
    uname = (String)session.getAttribute("username");

    //2.装载驱动程序
    try {
        Class.forName(sDBDriver);
    }
    catch(ClassNotFoundException ex) {
        System.err.println(ex.getMessage());
    }

    try {
        //3.创建数据库连接
```

```
            conn =DriverManager.getConnection(sConnStr,username,password);

            //4.创建 Statement 对象
            stmt =conn.createStatement();

            //5.执行 SQL 语句
            sql="SELECT * from user where username='"+uname+"'";
            rs =stmt.executeQuery(sql);

            //6.处理结果
            if(rs!=null&&rs.next()){
                id =rs.getInt(1) ;
                upwd =rs.getString("password");
                gender =rs.getString("gender");
                resume =rs.getString("resume");
            }
        }
        catch(SQLException e1) { out.println(e1);}
        finally{
            //7.关闭连接
            conn.close();
        }
%>
<!--main begin -->
    <section class="inputform">
        <div class="top-bar">
            <h1>用户管理</h1>
        </div><br>
        <form action="doModiUser.jsp" method="post">
            <input type="hidden" name="id" value="<%=id %>"/>
            用户名:<input type="text" name="username" value="<%=uname %>"/><br>
            密     码:<input type="password" name="password"
                    value="<%=upwd %>"/><br/><br/>
            性     别:
            <%if ("male".equals(gender)){%>
                男<input type ="radio" value ="male" name ="gender"
                checked/>
                女<input type="radio" value="female" name="gender"/>
                <br>
            <%}else{%>
                男<input type="radio" value="male" name="gender"/>
                女<input type ="radio" value ="female" name ="gender"
                checked/>
```

```
            <br>
              <%}%>
              个人简介<textarea name="resume" cols="12" rows="6"><%=
              resume %>
          </textarea><br/><br/>
              <input type="submit" value="修改"/><br/>
          </form>
      </section>
  <!--main end -->
  ...
```

modiUser.jsp 负责在用户修改表单中显示当前用户的注册信息，用户可以在修改后提交。页面包括获取当前用户注册信息和显示用户修改表单两部分。

首先按照 JDBC 代码模板编写查询当前用户信息的数据库访问程序。代码结构与前面已经实现的数据库访问程序类似，只是在步骤 5 所执行的 SQL 语句以及步骤 6 的处理结果方式有所区别。

查询用户注册信息需要用当前用户名作为查询条件。第 4 章已经在登录成功后把用户名保存在 session 对象中，所以这里直接从 session 中取出当前用户名，然后执行下面的 SQL 语句并返回查询结果集：

```
    uname =(String)session.getAttribute("username");
    ...
    sql="SELECT * from user where username='"+uname+"'";
    rs =stmt.executeQuery(sql);
```

如果查询结果集对象 rs 不是空指针且至少包含一条记录，则取出第一条记录的各个字段值即为当前用户的注册信息，关键代码如下：

```
    if(rs!=null&&rs.next()) {
        id =rs.getInt(1);
        upwd =rs.getString("password");
        gender =rs.getString("gender");
        resume =rs.getString("resume");
    }
```

接下来需要把当前用户的注册信息显示在修改表单的 input 元素中。这里需要说明的是，id 字段的值需要作为表单内容提交给用户修改提交页面，以作为修改用户记录的条件，但是它不需要显示在页面中，所以使用了 hidden 类型的 input 标记，代码如下：

```
    <input type="hidden" name="id" value="<%=id %>"/>
```

　　另外,表单中的性别是用单选按钮形式显示,不能像文本框一样直接设置为其 value属性值,需要判断其取值给出不同的 radio 显示形式。关键代码如下:

```
性别: <%if ("male".equals(gender)){%>
        男<input type="radio" value="male" name="gender" checked/>
        女<input type="radio" value="female" name="gender"/><br>
    <%}else{%>
        男<input type="radio" value="male" name="gender"/>
        女<input type="radio" value="female" name="gender" checked/>
<%} %>
```

【程序 5.6】　在 newsPub 文件夹下编写用户修改提交页面文件 doModiUser.jsp,使用提交的用户修改信息更新数据库中的用户信息,并显示修改结果提示。

```
...
<!--1. 导入 JDBC API -->
<%@page import="java.sql.* " %>

<!--main begin -->
<section class="inputform">
    <div class="top-bar">
        <h1>操作提示</h1>
    </div>
    <%
        Connection conn =null;
        Statement stmt =null;

        String sDBDriver ="com.mysql.cj.jdbc.Driver";
        String sConnStr ="jdbc:mysql://localhost:3306/newsdb?useUnicode=
            true&characterEncoding=utf-8";
        String username ="root";
        String password ="mysql";

        String id =null, uname =null, upwd =null, gender =null,
            resume =null;
        request.setCharacterEncoding("utf-8");
        id =request.getParameter("id");
        uname =request.getParameter("username");
        upwd =request.getParameter("password");
        gender =request.getParameter("gender");
        resume =request.getParameter("resume");
```

```
        //2.装载驱动程序
        try {
            Class.forName(sDBDriver);
        } catch (ClassNotFoundException ex) {
            System.err.println(ex.getMessage());
        }

        try {
            //3.创建数据库连接
            conn =DriverManager.getConnection(sConnStr, username, password);

            //4.创建 Statement 对象
            stmt =conn.createStatement();

            //5.执行 SQL 语句
            String sql ="UPDATE user SET username='" +uname
                    +"', password='" +upwd +"',gender='" +gender
                    +"',resume='" +resume +"' where id=" +id;
            int result =stmt.executeUpdate(sql);

            //6.处理结果
            if (result ==1) {
                out.println("用户修改成功,请继续使用。");
            } else {
                out.println("用户修改失败,请联系管理员!");
            }
            out.println("单击<a href='index.jsp'>回到首页</a>");
        } catch (SQLException e1) {
            out.println(e1);
        } finally {
            //7.关闭连接
            conn.close();
        }
    %>
</section>
<!--main end -->
...
```

doModiUser.jsp 负责更新数据库中的用户信息,并显示修改结果提示。页面包括获取表单提交数据和更新数据库记录两部分。

获取表单数据的处理方法与之前的代码完全相同,更新数据库记录的代码也是完全按照 JDBC 代码模板的格式编写,只是注意在步骤 5 所执行的 SQL 代码是如下的

UPDATE 语句：

```
String sql ="UPDATE user SET username='" +uname +"', password='" +
upwd +"',gender='" +gender +"',resume='" +resume +"' where id=" +id;
```

【程序 5.7】　在 newsPub 文件夹下编写用户管理页面文件 manageUser.jsp，列表显示所有用户名和删除链接。

```jsp
...
<!--1. 导入 JDBC API -->
<%@page import="java.sql.* " %>

<!--main begin -->
<section class="news_list">
    <div class="top-bar">
        <h1>用户管理</h1>
    </div><br/>
    <div class="table">
        <table class="listing" cellpadding="0" cellspacing="0">
            <tr>
                <th class="first" width="40">序号</th>
                <th>用户名</th>
                <th>删除</th>
            </tr>
            <%
                Connection conn =null;
                ResultSet rs =null;
                Statement stmt =null;

                String sDBDriver ="com.mysql.cj.jdbc.Driver";
                String sConnStr ="jdbc:mysql://localhost:3306/newsdb?
                    useUnicode=true&characterEncoding=utf-8";
                String username ="root";
                String password ="mysql";

                //2.装载驱动程序
                try {
                    Class.forName(sDBDriver);
                } catch (ClassNotFoundException ex) {
                    System.err.println(ex.getMessage());
```

```
            }

        try {
            //3.创建数据库连接
            conn =DriverManager.getConnection(sConnStr, username,
             password);

            //4.创建 Statement 对象
        stmt =conn.createStatement();

            //5.执行 SQL 语句
        String sql ="select * from user";
        rs =stmt.executeQuery(sql);

            //6.处理结果
        if (rs !=null) {
            int count =0;
              while (rs.next()) {
                 count++;
                 int id =rs.getInt("id");
                 String uname =rs.getString("username");
%>
<tr>
    <td><%=count%></td>
    <td><%=uname%></td>
    <td>
        <a href="deleteUser.jsp?id=<%=id%>"
          onclick="return confirm('确定删除吗?')">
            <img src="image/hr.gif" width="16"
                          height="16" alt="删除" />
        </a>
    </td>
</tr>
<%   }
        }
} catch (SQLException e1) {
    out.println(e1);
} finally {
//7.关闭连接
conn.close();
}%>
</table>
</div>
```

```
    </section>
    <!--main end -->
    ...
```

manageUser.jsp 负责以表格的形式显示所有的用户名及其删除链接。

只需把程序 5.4 中实现的查看所有用户功能稍加改动就可用于实现显示所有用户名。

对于用户删除的超链接,一方面需要把链接目标页面设置为用户删除页面 deleteUser.jsp 以实现流程控制;另一方面,还要为删除功能提供被删除用户的 id 值作为删除条件以实现数据传递,这里使用 URL 传参的方法来实现。相关代码如下:

```
    <a href="deleteUser.jsp?id=<%=id%>" onclick="return confirm('确定删除
    吗?')">

                <img src="image/hr.gif" width="16" height="16" alt="删除" />
    </a>
```

【程序 5.8】　在 newsPub 文件夹下编写用户删除页面文件 deleteUser.jsp,从数据库中删除指定用户并返回用户管理页面。

```
    ...
    <!--1. 导入 JDBC API -->
    <%@page import="java.sql.*" %>

    <!--main begin -->
    <section class="inputform">
    <div class="top-bar">
            <h1>操作提示</h1>
    </div><br/>
    <%
        Connection conn =null;
        Statement stmt =null;

        String sDBDriver ="com.mysql.cj.jdbc.Driver";
        String sConnStr ="jdbc:mysql://localhost:3306/newsdb?useUnicode=
                true&characterEncoding=utf-8";
        String username ="root";
        String password ="mysql";
        String id=null;
```

```
            id = request.getParameter("id");
            //2.装载驱动程序
            try {
                    Class.forName(sDBDriver);
            }
            catch(ClassNotFoundException ex) {
                System.err.println(ex.getMessage());
            }

            try {
                //3.创建数据库连接
                conn = DriverManager.getConnection(sConnStr,username,password);

                //4.创建 Statement 对象
                stmt = conn.createStatement();

                //5.执行 SQL 语句
                String sql=" DELETE FROM user WHERE id="+id;
                int result = stmt.executeUpdate(sql);

                //6.处理结果
                if(result==1){
                    response.sendRedirect("manageUser.jsp");
                }else{
                    out.println("用户删除＊＊＊失败＊＊＊,请联系管理员!");
                }
                out.println("单击<a href='index.jsp'>回到首页</a>");
            }
            catch(SQLException e1) { out.println(e1);}
            finally{
                //7.关闭连接
                conn.close();
            }
        %>
        </section>
        <!--main end -->
        ...
```

deleteUser.jsp 负责删除数据库中的指定用户记录,并返回用户管理页面。

这里获取 URL 中传递的用户 id 值方法与之前获取表单数据完全相同,代码如下:

```
id = request.getParameter("id");
```

删除数据库记录的代码完全按照 JDBC 代码模板的格式编写,只需注意在步骤 5 所执行的 SQL 代码是如下的 DELETE 语句:

```
String sql="DELETE FROM user WHERE id="+id;
```

删除成功后,使用页面重定向技术返回到用户管理页面,代码如下:

```
response.sendRedirect("manageUser.jsp");
```

至此,完成了用户管理功能的开发。

5.4.3 用户管理功能运行过程

用户管理功能的程序运行过程详述如下。

启动 Tomcat,打开浏览器,在地址栏输入 http://localhost:8080/newsPub/userLogin.jsp,进入用户登录页面,分别使用注册用户和管理员用户身份登录,即可使用开发任务中所描述的用户管理功能。

如果以注册用户身份登录,单击"用户管理"功能菜单,即可进入用户修改页面。

用户修改页面中首先查询数据库,取出当前用户的注册信息并显示在修改表单中,可以在修改表单中对用户注册信息进行修改,然后单击"修改"按钮,进入用户修改提交页面。

用户修改提交页面获取表单数据,执行数据库更新操作,实现用户修改功能。完成后显示用户修改成功提示,可以单击"回到首页"链接回到系统首页。

如果以管理员身份登录,单击"用户管理"功能菜单,即可进入用户管理页面。

用户管理页面中首先查询数据库取出所有注册用户的信息并显示在表格中,同时为每个用户显示一个"删除"超链接。单击"删除"超链接即可进入用户删除页面,同时会将该用户 ID 同步传递。

在用户删除页面中获取用户 ID,执行数据库删除操作,实现用户删除功能。如果删除成功程序会转到用户管理页面,如果删除失败则显示用户删除失败提示,可以单击"回到首页"链接回到系统首页。

至此,用户模块的主要功能已经开发完成。读者可以参考所学到的开发方法,对新闻模块的各个功能进行开发。

可以看到,在简单的 Web 应用程序中,常见功能基本上都可以归结为对数据库的增加、删除、查询、修改这些基本操作,有些功能可能还需要再加上一些简单的处理逻辑。总之,基于前面几章所学到的开发技能,现在已经可以完成小型 Java Web 应用的开发工作。

本 章 小 结

本章介绍 Web 应用中实现数据库访问功能的编程方法,基于 JDBC 完成了用户模块相关功能的开发。

基于 JDBC 编写数据库访问代码遵循相对固定的模式，一般包括导入 java.sql 包、加载 JDBC 驱动程序、建立数据库连接、创建 Statement 对象或 PreparedStatement 对象、执行 SQL 语句、处理执行结果和关闭连接等步骤。

　　使用 PreparedStatement 对象实现数据库访问具有以下几个优点：一是代码可读性和可维护性更好；二是因为会对 SQL 语句进行预编译，所以它的运行效率更高；三是能够防范 SQL 注入攻击，安全性更好。

　　本章完成的示例应用功能包括用户注册、用户登录和用户管理等功能，相关源代码文件及目录结构如图 5.13 所示。

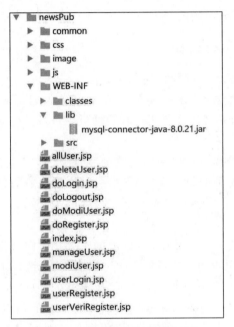

图 5.13　示例应用代码目录结构

习　　题

1. 简答题

（1）简述 JDBC 数据库连接的基本概念和主要功能。

（2）基于 JDBC 编写数据库访问代码主要有哪些步骤？

（3）什么是 SQL 注入攻击？在 Java Web 应用开发中如何防范？

2. 上机练习

（1）完成新闻发布系统的用户注册和用户登录功能。

- 在用户注册和用户登录功能中，采用防范 SQL 注入攻击的开发方式（可选）。
- 使用 SHA256 算法实现用户密码的加密存放（可选）。

（2）编写 JSP 页面，实现新闻列表、新闻阅读和新闻删除功能。

第6章

重构程序功能

学习目标

➢ 掌握 JavaBean 的编写和使用方法

➢ 理解实体 Bean 和业务 Bean 的概念和用法

➢ 掌握应用 JavaBean 分离数据处理与显示逻辑的开发方法

6.1 重构用户登录功能

6.1.1 重构用户登录功能设计与实现

1. 用户登录功能重构设计

前面在第 5 章已经实现了完整的用户登录功能,但是在判断用户身份时需要访问数据库,相关的代码被直接写在了 JSP 页面中。这种实现方式把程序脚本和 HTML 大量混杂在一起,导致后期维护比较困难,所实现的功能也无法重用。现在采用一种新的实现方式对用户登录功能进行重构。先用 Java 类实现数据库操作,然后在 JSP 页面中通过调用类的相应方法来完成用户身份判断。

用户登录功能的流程控制和数据传递在前面章节已经详细设计过,本节不再赘述。这里只对用户登录功能中需要重构的部分进行设计。

因为在所实现新闻发布系统功能中,对数据库的连接操作使用很频繁,所以编写一个数据库访问公共类,封装创建数据库连接和关闭连接的代码。

然后把实现数据库操作的代码也封装在一个 Java 类中,为每一种操作定义一个专门的方法。在用户登录功能中,主要是对用户数据表进行查询操作。根据用户名和密码来查找数据库中是否存在指定的用户,如果存在说明登录成功,否则登录失败。因此编写一个用户数据表访问类,封装对用户数据表的查询操作。

最后在登录判断页面中直接调用用户数据表访问类中的查询方法即可实现用户身份判断,这样简化了 JSP 页面中的程序脚本。

2. 用户登录功能重构实现

在 newsPub\WEB-INF\src 文件夹下创建图 6.1 所示的目录结构,用于存放 Java 类源文件。

【程序 6.1】 在 beans 文件夹下编写数据库访问公共类文件 DBGet.java,实现创建数据库连接的 getConnection( )方法和

图 6.1 src 的目录结构

断开数据库连接的 closeConnection() 方法。

```java
package news.beans;
import java.sql.*;
public class DBGet {
    static String sDBDriver ="com.mysql.cj.jdbc.Driver";
    static String sConnStr ="jdbc:mysql://localhost:3306/newsdb?useUnicode=
            true&characterEncoding=utf-8";
    static String username ="root";
    static String password ="mysql";

    //返回 Connection 对象
    public static Connection getConnection() {
        Connection conn =null;
        try {
            Class.forName(sDBDriver);
            conn = DriverManager.getConnection(sConnStr, username, password);
        } catch (ClassNotFoundException ex) {
            System.out.println(ex.getMessage());
        } catch (SQLException ex) {
            System.out.println(ex.getMessage() +"dbget");
        }
        return conn;
    }

    //断开 Connection 对象
    public static void closeConnection(Connection conn) {
        try {
            if (conn !=null) {
                conn.close();
            }
        } catch (SQLException ex) {
            System.out.println(ex.getMessage());
        }
    }
}
```

　　DBGet 类是一个数据库访问公共类，封装了创建和断开数据库连接的相关代码。

　　该类首先定义了 4 个静态变量，分别存放创建数据库连接需要用到的 JDBC 驱动程序类名、JDBC 连接字符串以及数据库用户名和密码。

　　getConnection() 方法中实现了 JDBC 代码模板中的第 2 步和第 3 步，创建指定的数据库连接并返回代表该连接的 Connection 对象。

　　closeConnection() 方法中实现了 JDBC 代码模板中的第 7 步，断开所创建的数据库连接。

　　这两个方法都定义为类方法,之后当程序中需要实现数据库相关操作时,可以随时通过调用 getConnection()方法得到一个可用的数据库连接,使用完毕再调用 closeConnection()方法断开该连接。这样减少了冗余代码,降低了编程难度,也使代码更易于维护。

　　编写完成后打开命令行窗口,进入 newsPub 文件夹中的 src 文件夹,使用下面的命令进行编译:

```
javac -d ..\classes news\beans\DBGet.java
```

　　编译成功后可以看到在 newsPub 文件夹的 classes 文件夹下自动创建了 news\beans\ 文件夹,其中有刚刚编译得到的 DBGet.class 文件。

　　【程序 6.2】　在 beans 文件夹下编写用户数据表访问类文件 UserDAO.java,实现 queryByNamePwd()方法。

```java
package news.beans;
import java.sql.*;
public class UserDAO {
    public boolean queryByNamePwd(String uName, String up) {
        boolean result =false;
        Connection conn =null;
        ResultSet rs =null;
        Statement stmt =null;
        try {
            conn =DBGet.getConnection();
            stmt =conn.createStatement();
            String sql ="select * from user where username='" +uName
                    +"' and password ='" +up +"'";
            rs =stmt.executeQuery(sql);
            if (rs !=null && rs.next())
                result =true;
        } catch (SQLException e1) {
            System.out.println(e1 +"dao");
        } finally {
            DBGet.closeConnection(conn);
        }
        return result;
    }
}
```

　　UserDAO 类中实现了针对用户数据表的数据库访问功能。

　　queryByNamePwd()方法根据用户名和密码查询用户数据表中是否存在指定用户,根据查询结果是否存在返回 boolean 值。

首先调用 DBGet 类的 getConnection()方法得到数据库连接对象,然后依次创建 Statement 对象、发送 SQL 语句、处理 SQL 语句查询结果,实现了 JDBC 代码模板中的第 4 步、第 5 步和第 6 步。

所执行的 SQL 语句为:

```
String sql ="select * from user where username='" +uName
                +"' and password ='" +up +"'";
```

其中的 uName 和 up 是方法参数。

处理查询结果的方法与程序 5.3 中相同,判断结果集对象 rs 中是否包含至少一条记录。如果用户数据表 user 中存在用户名为 uName 值、密码为 up 值的记录,那么结果集对象 rs 应该非空,说明当前用户登录成功,把 result 变量赋值为 true。否则用户登录失败,result 变量仍为初值 false。最后把 result 值返回。

还要在 finally 语句块中调用 DBGet 类的 closeConnection()方法断开连接对象。

编写完成后打开命令行窗口,进入 newsPub 文件夹中的 src 文件夹,使用下面的命令进行编译:

```
javac -d ..\classes news\beans\UserDAO.java
```

编译成功后可以看到在 newsPub 文件夹中的 classes\news\beans\文件夹,增加了刚刚编译得到的 UserDAO.class 文件。

【程序 6.3】 在 newsPub 文件夹中编写新的登录判断页面文件 doLogin.jsp,实现用户身份判断和登录流程控制。

```
<%@page contentType="text/html;charset=UTF-8"%>
<jsp:useBean id="userDAO" class="news.beans.UserDAO" scope="page" />
<%
    String uName =request.getParameter("username");
    String pwd =request.getParameter("password");
    //out.print(uName);
    if (userDAO.queryByNamePwd(uName, pwd)) {
        session.setAttribute("username", uName);
        response.sendRedirect("index.jsp");
    } else {
        response.sendRedirect("userLogin.jsp");
    }
%>
```

在新编写的 doLogin.jsp 中,通过调用 UserDAO 类的 queryByNamePwd()方法来判断用户身份。

首先使用<jsp:useBean>标记创建一个 JavaBean 实例,关键代码为:

```
<jsp:useBean id="userDAO" class="news.beans.UserDAO" scope="page" />
```

这个标记会创建一个 beans.UserDAO 类的实例,实例名为 userDAO。该实例的作用范围为 page 范围。useBean 标记的具体用法在 6.3 节再做详细介绍。

然后从 request 对象中取得用户名和密码,再调用 JavaBean 实例的方法,实现用户身份判断。关键代码为:

```
if (userDAO.queryByNamePwd(userName,pwd)){
    ...
}
```

判断之后的流程控制逻辑与之前的实现相同,此处不再赘述。

使用程序 4.1 作为用户登录页面文件 userLogin.jsp,使用程序 4.5 作为登录成功后进入的系统首页文件 index.jsp,使用程序 4.21 中的 top.jsp 实现动态功能菜单,完成用户登录功能的重构。

6.1.2　重构用户登录功能后的运行过程

重构登录功能后的程序运行过程详述如下。

启动 Tomcat,打开浏览器,在地址栏输入 http://localhost:8080/newsPub/userLogin.jsp,出现用户登录页面,在登录表单中输入注册过的用户名和密码,单击"登录"按钮,登录表单被提交给登录判断页面。

登录判断页面中会调用 UserDAO 类的 queryByNamePwd()方法并传递所输入的用户名和密码作为参数。queryByNamePwd()方法调用 DBGet 类的 getConnection()方法创建数据库连接,然后执行查询语句,并根据查询结果返回 true 或 false。最后在登录判断页面中根据返回值进入登录成功页面或返回用户登录页面。

6.2　重构用户注册功能

6.2.1　重构用户注册功能设计与实现

1. 用户注册功能重构设计

本节使用与 6.1 节同样的思路对用户注册功能进行重构。下面对用户注册功能中需要重构的部分进行设计。

数据库访问公共类无需重新编写,直接使用 6.1 中已有的类。

在用户注册功能中,主要是对用户数据表进行插入操作。把用户输入的注册信息作为一条新的记录插入到用户数据表中,插入成功则表示用户注册成功,否则注册失败。因此在用户数据表访问类中增加一个新的方法,实现对用户数据表的插入操作即可。

最后在用户注册页面中直接调用用户数据表访问类中的插入方法即可实现用户注册,这样简化了 JSP 页面中的程序脚本。

另外，由于用户注册功能中需要传递的用户注册参数较多，这里采用 Java 对象对这些参数进行封装，然后再把对象作为参数进行传递。

2. 用户注册功能重构实现

【程序 6.4】　在 beans 文件夹中编写用户实体类文件 User.java，用于传递参数。

```java
package news.beans;
public class User implements java.io.Serializable {
    private Integer id;
    private String username;
    private String password;
    private String gender;
    private String resume;
    public User() {    }
    public User(String username,String password,String gender,
                  String resume) {
        this.username =username;
        this.password =password;
        this.gender =gender;
        this.resume =resume;
    }
    public Integer getId() {
        return this.id;
    }
    public String getUsername() {
        return this.username;
    }
    public void setUsername(String username) {
        this.username =username;
    }
    public String getPassword() {
        return this.password;
    }
    public void setPassword(String password) {
        this.password =password;
    }
    public String getGender() {
        return gender;
    }
    public void setGender(String gender) {
        this.gender =gender;
    }
    public String getResume() {
```

```
            return resume;
        }
        public void setResume(String resume) {
            this.resume = resume;
        }
    }
```

　　User 类是一个用来封装用户注册信息的类,实现了 Serializable 接口。

　　首先定义了 id、username、password、gender、resume 等私有属性,这些属性是与数据库中的用户数据表结构所定义的字段,以及用户注册页面中注册表单里的用户注册信息一致。

　　然后定义了一个公共的无参构造方法和一个带参数的构造方法。

　　接下来为每个属性定义了公共的 setter()方法和 getter()方法,分别用于对相应的属性进行赋值和读取操作。这样做的目的是保护私有属性,不允许在类外直接调用属性,只能通过 setter()方法和 getter()方法来对属性进行访问。

　　编写完成后打开命令行窗口,进入 newsPub 文件夹中的 src 文件夹,使用下面的命令进行编译:

```
    javac -d ..\classes news\beans\User.java
```

　　编译成功后可以看到在 newsPub 文件夹中的 classes\news\beans\ 文件夹下,增加了刚刚编译得到的 User.class 文件。

　　【程序 6.5】　修改程序 6.2,在 UserDAO.java 中增加 addUser()方法。

```
    ...
    public class UserDAO {
        ...
        public boolean addUser(User user) {
            boolean result = false;
            int n = 0;
            Connection conn = null;
            Statement stmt = null;
            try {
                conn = DBGet.getConnection();
                stmt = conn.createStatement();
                String sql = "INSERT INTO user VALUES(null,'" + user.getUsername()
                        + "','" + user.getPassword() + "','" + user.getGender()
                        + "','" + user.getResume() + "')";
                n = stmt.executeUpdate(sql);
            } catch (SQLException e1) {
                System.out.println(e1 + "dao");
```

```
        } finally {
            DBGet.closeConnection(conn);
        }
        if (n > 0)
            result = true;
        return result;
    }
}
```

UserDAO 类中增加了实现插入用户注册功能的方法。

addUser()方法中的代码结构与程序 6.2 中的 queryByNamePwd()方法基本相同。区别在于这里执行的一条 INSERT 语句。另外,该方法参数是一个 User 对象。

在实现数据库插入操作的 INSERT 语句时,使用 User 类的 getter()方法取出封装在 User 对象中的用户注册信息。如果插入成功,则返回 true,表示注册成功;否则返回 false,表示注册失败。

需要注意的是,addUser()方法的参数不是表示用户注册信息 4 个变量,而是一个封装了所有注册信息的实体类 User 对象。这种实现更符合面向对象的编程思想,方法的头部也更简洁。

编写完成后打开命令行窗口,重新编译 UserDAO.java。

【程序 6.6】　在 newsPub 文件夹中编写新的注册提交页面文件 doRegister.jsp,将用户注册信息写入数据库。

```
<%@ page contentType="text/html;charset=UTF-8"%>
<jsp:useBean id="userDAO" class="news.beans.UserDAO" scope="page" />
<jsp:useBean id="user" class="news.beans.User" scope="page" />
<%
    request.setCharacterEncoding("utf-8");
%>
<jsp:setProperty name="user" property="*" />
<%
    if (userDAO.addUser(user)) {
        out.println("用户注册成功,请登录使用。");
    } else {
        out.println("用户注册失败,请联系管理员!");
    }
    out.println("<a href='userLogin.jsp'>登录</a>");
%>
```

在新编写的 doRegister.jsp 中,通过调用 UserDAO 类的 addUser()方法来实现注册功能。

首先使用<jsp:useBean>标记创建 JavaBean 实例,关键代码为:

```
<jsp:useBean id="userDAO" class="news.beans.UserDAO" scope="page" />
<jsp:useBean id="user" class="news.beans.User" scope="page" />
```

这里创建了 UserDAO 类的实例 userDAO 和 User 类的实例 user。

然后使用＜jsp:setProperty＞标记设置 User 对象的属性。关键代码为：

```
<jsp:setProperty name="user" property="*"/>
```

这个标记的功能是获取 request 对象中的参数值,并将参数值进行必要的数据类型转换后,设置为与 User 对象中名字一致的属性值。

最后调用 JavaBean 实例的方法,实现注册提交功能。关键代码为：

```
if (userDAO.addUser(user)){
    ...
}
```

若 addUser()方法返回值为 true,表示注册成功;否则注册失败。

判断之后的流程控制逻辑与之前的实现相同,此处不再赘述。

使用程序 4.2 作为用户注册页面 userRegister.jsp,使用程序 5.1 作为注册确认页面 userVeriRegister.jsp,完成用户注册功能的重构。

6.2.2 用户重构注册功能后的运行过程

重构注册功能后的程序运行过程详述如下。

启动 Tomcat,打开浏览器,在地址栏输入 http://localhost:8080/newsPub/userLogin.jsp,出现用户登录页面,单击"用户注册"超链接,进入用户注册页面。输入注册信息后,单击"提交"按钮,进入注册确认页面,核对无误后单击"注册"按钮。用户注册信息被提交给注册提交页面。

在注册提交页面中会调用 UserDAO 类的 addUser()方法并传递 User 对象作为参数。addUser()方法调用 DBGet 类的 getConnection()方法创建数据库连接,然后执行插入语句,并根据执行结果返回 true 或 false。最后在注册提交页面中根据返回值显示"注册成功"或"注册失败"的提示信息,完成用户注册。

6.3 JavaBean 技术

6.3.1 JavaBean 的编写和使用

1. JavaBean 概述

JavaBean 是使用 Java 语言开发的一种可重用的组件,在 JSP 页面中使用 JavaBean 可以减少重复代码,使 JSP 代码更简洁。通常可以将 JSP 页面中的实体信息和数据处理过程抽取出来,封装到 JavaBean 中。在 JSP 页面中使用 JavaBean 来传递参数和实现数据处理,达到简化 JSP 页面代码、分离数据表示和处理以及实现代码复用的目的。

根据 JavaBean 的用途不同,可以分为实体 Bean 和业务 Bean 两种。实体 Bean 用于封装数据,例如程序 6.4 实现的 User 类;业务 Bean 用于封装业务逻辑,实现一组功能,如实现各种数据库操作,例如程序 6.5 实现的 UserDAO 类。实体 Bean 方便在各个程序模块之间一次传递多个参数,业务 Bean 则实现了业务逻辑与前台显示页面的分离,提高了代码的可读性和易维护性。

2. 编写 JavaBean

可以把 JavaBean 理解为一个符合特定规范的 Java 类。编写 JavaBean 就是创建一个 Java 类,但是需要满足一定的规范,具体包括以下要求:

- 是一个公共类。
- 具有无参数的公共构造方法。
- 具有公共的 setter()方法和 getter()方法来供外部存取其私有属性。

setter()方法和 getter()方法的命名规则是将相应属性名的第一个字母大写后,与 set 和 get 连写。例如,属性 username 的 setter()方法和 getter()方法应当是 setUsername()和 getUsername()。

另外,JavaBean 需要放在命名包里,不能放在默认包中。

【**程序 6.7**】　编写一个 JavaBean 类文件 Counter.java。

```java
package bean;
public class Counter {
    private int counter=0;
    public String getCounter() {
        counter++;
        return ""+counter;
    }
}
```

Counter 类放在 bean 包中,是公共类,而且有一个默认的无参构造方法。对于私有属性 counter,提供了公共的 getter()方法,因为不需要为 counter 属性赋值,所以没有提供 setter()方法。

按照 JavaBean 规范的要求,Counter 类是一个标准的 JavaBean。

3. 使用 JavaBean

JSP 中提供了 3 个使用 JavaBean 的标记。＜jsp:useBean＞标记用于初始化一个 JavaBean,使其在一定范围内有效,或者将本地变量与已有的 Bean 绑定;＜jsp:setProperty＞标记用于为 JavaBean 的一个或多个属性赋值;＜jsp:getProperty＞标记用于从某个范围内获取指定属性的值。

（1）＜jsp：useBean＞标记

＜jsp：useBean＞标记的基本语法如下：

```
<jsp:useBean id="id" class="package.class" scope="page|request|session|
application"/>
```

功能：在指定 scope 范围内查找该 JavaBean 的对象，如果存在则返回给 id 变量，否则实例化该对象并将引用赋给 id 变量。

说明：id 属性表示创建的对象的名字，class 属性指定 JavaBean 的完整类名，scope 属性指定所创建的对象的作用范围，默认值是 page。

（2）JavaBean 的作用范围

JavaBean 的作用范围也称为 JavaBean 的生命周期，由＜jsp：useBean＞标记中的 scope 属性值设定，有 page、request、session 和 application 等 4 个取值，分别对应了从小到大的 4 种不同生命周期。

- page 范围：page 表示当前页面，实际上是当前 JSP 文件对应的 Java 类的对象范围。如果客户请求的 JSP 页面执行完毕并向客户端返回了响应或者当前页面通过＜jsp：forward＞标记转向另一个页面，page 范围结束，相应的 JavaBean 生命周期结束。

- request 范围：request 表示一次请求，从客户端发送请求开始到收到服务器端的响应，这之间就是一次请求。如果一次请求只涉及一个 JSP 页面，那么 page 和 request 的范围相同。如果一次请求的页面中使用了＜jsp：include＞标记或＜jsp：forward＞标记，则其作用范围会延伸到被包含进来的页面或转向出去的页面。当 request 范围结束时，相应的 JavaBean 生命周期结束。

- session 范围：session 表示一次会话，从客户端发送请求开始，可以访问 Web 应用的不同页面，直到关闭浏览器结束本次会话，这之间就是一次会话。如果 JavaBean 对象的作用范围设置为 session，实际上相当于把这个 JavaBean 对象保存在了 session 对象中，只有当前会话结束时，session 范围才结束，相应的 JavaBean 生命周期结束。

- application 范围：application 表示一个应用。从服务器启动当前 Web 应用，直到 Web 应用被停止运行，这之间就是一个应用。若 JavaBean 对象的作用范围设置为 application，实际上相当于把 JavaBean 对象保存在 application 对象中了，只有当前 Web 应用停止运行，例如关闭服务器，application 范围才结束，相应的 JavaBean 生命周期结束。

下面实现一个示例应用，模拟统计网页的被访问次数，说明 JavaBean 的 4 种不同作用范围。

在"Tomcat 安装目录\webapps"文件夹中创建文件夹 demo06，并按照图 6.2 所示创建相应的目录结构。把程序 6.7 的 Counter.java 保存到 bean 文件夹下。在使用 JavaBean 之前，需要先把 Java 源文件编译成 class 字节码文件才能在 JSP 页面中使用。

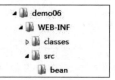

图 6.2 demo06 应用的目录结构

可以使用 JDK 自带的编译工具 javac 手动编译。打开命令行窗口，进入 demo06 文件夹中的 src 文件夹，使用下面的命令进行编译：

```
javac -d ..\classes bean\Counter.java
```

javac 的 -d 参数用于设定编译生成的字节码文件输出到哪个文件夹下。..\classes 表示编译结果输出到当前文件夹的父目录下的 classes 文件夹中。同时，-d 参数会自动在指定的输出文件夹中创建与包层次相对应的目录结构。

编译成功后可以看到在 demo06\WEB-INF\classes 文件夹下创建了 beans 文件夹，其中是刚刚编译得到的 Counter.class 文件。

根据 Java Web 应用目录结构规范的要求，只有存放在当前应用所在文件夹下 WEB-INF\classes 中的字节码文件，才能被该应用使用。使用上面的编译命令正好把编译得到的字节码文件输出到了所需要的位置。本书中其他的 Java 类都会使用这种编译方法。

【程序 6.8】 在 demo06 文件夹中编写一个使用 Counter 类的 JSP 页面文件 pageDemo.jsp，代码如下：

```
<%@page contentType="text/html;charset=utf-8"%>
<html>
<head>
    <title>page</title>
</head>
<body>
    <jsp:useBean id="obj" class="bean.Counter" scope="page" />
    page 中的当前计数是:<jsp:getProperty name="obj" property="counter" />
    <br>
</body>
</html>
```

pageDemo.jsp 中使用了一个 id 为 obj 的 JavaBean，class 是程序 6.7 实现的 Counter 类，scope 属性设置为 page。

然后获取并显示 obj 对象的 counter 属性值。

启动 Tomcat，打开浏览器，在地址栏输入 http://localhost:8080/demo06/pageDemo.jsp，出现如图 6.3 所示的运行结果。刷新当前页面，页面中的计数值一直保持为 1，不会增加。

page中的当前计数是:1

图 6.3　page 作用范围示例运行结果

【程序 6.9】　在 demo06 文件夹中再编写一个使用 Counter 类的 JSP 页面文件 requestDemo.jsp,代码如下:

```
<%@page contentType="text/html;charset=utf-8"%>
<html>
<head>
    <title>request</title>
</head>
<body>
    <jsp:useBean id="obj" class="bean.Counter" scope="request" />
    页面 1: request 中的当前计数是:<jsp:getProperty name="obj" property=
    "counter"/><br>
    <jsp:forward page="requestDemo1.jsp" />
</body>
</html>
```

requestDemo.jsp 中的代码与程序 6.8 基本相同,但 JavaBean 的 scope 属性设置为 request。而且,最后使用<jsp:forward>标记将请求转向 requestDemo1.jsp。

【程序 6.10】　在 demo06 文件夹中编写示例页面文件 requestDemo1.jsp,代码如下:

```
<%@page contentType="text/html;charset=utf-8"%>
<html>
<head>
    <title>request</title>
</head>
<body>
    <jsp:useBean id="obj" class="bean.Counter" scope="request" />
    页面 2: request 中的当前计数是:
    <jsp:getProperty name="obj" property="counter" />
</body>
</html>
```

requestDemo1.jsp 中的代码与程序 6.9 完全相同。

打开浏览器,在地址栏输入 http://localhost:8080/demo06/requestDemo.jsp,出现如图 6.4 所示的运行效果。刷新当前页面,页面中的计数值一直保持为 2,同样不会增加。

图 6.4　request 作用范围示例运行结果

这里简单分析一下程序的运行过程。

程序 6.8 中的 JavaBean 设定的作用范围是 page，所以第一次访问 pageDemo.jsp 页面时，会创建一个 Counter 对象 obj。之后的<jsp：getProperty>标记会使用 Counter 类中的 getCounter()方法读取 counter 属性的值并显示在页面中。因为 counter 属性初始值为 0，当调用其 getter()方法时会加为 1 并返回以供显示。然后 page 范围结束，obj 对象被销毁。第二次再访问 pageDemo.jsp 页面时，会重复刚才的处理过程，重新创建一个新的 obj 对象，所以页面中的计数值仍然是 1。

而程序 6.9 和程序 6.10 中的 JavaBean 设定的作用范围是 request，所以第一次访问 requestDemo.jsp 页面时，会创建一个 Counter 对象 obj。之后的<jsp：getProperty>标记会使用 Counter 类中的 getCounter()方法读取 counter 属性的值并显示在页面中。因为 counter 属性初始值为 0，当调用其 getter()方法时会加为 1 并返回以供显示。但是接下来的<jsp：forward>标记将请求转向 requestDemo1.jsp。

requestDemo1.jsp 页面中的<jsp：useBean>标记会在 request 作用范围内找到对象 obj，因此这里的<jsp：getProperty>标记会使用 getCounter()方法读取同一个 obj 对象的 counter 属性值并显示在页面中。因为刚才 counter 值已经是 1，所以调用其 getter()方法时会再次加 1 变成 2 并返回以供显示。然后 request 范围结束，obj 对象被销毁。第二次再访问 requestDemo.jsp 页面时，会重复刚才的处理过程，所以页面中的计数值仍然是 2。

【程序 6.11】　在 demo06 文件夹中编写示例页面文件 sessionDemo.jsp，代码如下：

```
<%@page contentType="text/html;charset=utf-8"%>
<html>
<head>
    <title>session</title>
</head>
<body>
    <jsp:useBean id="obj" class="bean.Counter" scope="session" />
    session 中的当前计数是：
    <jsp:getProperty name="obj" property="counter" />
</body>
</html>
```

在浏览器中访问 sessionDemo.jsp 页面，会发现随着不断刷新页面，计数值也会不断地增加。当关闭后重新打开一个新的浏览器窗口再次访问该页面，计数值又会从 1 开始累加计数。

【**程序 6.12**】　在 demo06 文件夹中编写示例页面文件 applicationDemo.jsp，代码如下：

```
<%@page contentType="text/html;charset=utf-8"%>
<html>
<head>
    <title>session</title>
</head>
<body>
    <jsp:useBean id="obj" class="bean.Counter" scope="application" />
    application 中的当前计数是：
    <jsp:getProperty name="obj" property="counter" />
</body>
</html>
```

在浏览器中访问 applicationDemo.jsp 页面，会发现随着不断刷新页面，计数值也会不断地增加。当关闭后重新打开一个新的浏览器窗口再次访问该页面，计数值仍然会继续在刚才的计数值基础上累加。

程序 6.11 和程序 6.12 的程序运行过程读者可以自己分析，并考虑一下什么情况下程序 6.12 中的计数值才能清零。

在实际使用 JavaBean 时，scope 属性值如何设定需要结合实际需求来确定。

如果作用范围小，JavaBean 的生命周期短，所占用的内存很快就被释放，所以对内存空间的占用较少，但如果使用频繁，则需要反复地创建销毁，会消耗较多的 CPU 处理器时间。反之，如果作用范围大，不需要反复地创建，节省了 CPU 处理器时间，但 JavaBean 的生命周期长，所创建的对象会长期占用内存空间。所以在实际应用中设定 JavaBean 的 scope 属性值需要综合考虑，寻找时间和空间需求之间的平衡。

（3）＜jsp:setProperty＞标记

＜jsp:setProperty＞标记用于设置 JavaBean 的属性值，实际是调用 JavaBean 对象的 setter() 方法来实现赋值。在使用该标记之前，需要先用＜jsp:useBean＞标记获得一个对象。＜jsp:setProperty＞标记有 4 种用法。

- 自动匹配赋值。基本语法：

```
<jsp:setProperty name="beanName" property="*" />
```

功能：将 request 对象中的参数名与 JavaBean 类中的属性名自动匹配，若两者名字相同，则将 request 对象中的参数值赋值给 JavaBean 对象的属性名。

说明：name 指出 JavaBean 对象的名字，其值应与 useBean 标签的 id 值相同。property 指出 JavaBean 对象的属性名，"＊"表示匹配所有属性。

- 自动匹配指定属性。基本语法：

```
<jsp:setProperty name=" beanName" property="beanPropertyName"/>
```

功能：获得 request 对象中名称为 property 指定的属性名的那个参数的参数值并赋值，即仅匹配 property 指定的那个属性。

* 手动设置属性。基本语法：

```
<jsp:setProperty name="beanName" property="beanPropertyName"
value="Value"/>
```

功能：按 value 指定的值对属性名进行赋值，Value 表示要赋的值。

* 手动指定 request 参数名赋值。基本语法：

```
<jsp:setProperty name="beanName" property="beanPropertyName"
    param="requestParamName"/>
```

功能：param 指定用哪个 request 对象的参数作为 JavaBean 属性的值，适用于 JavaBean 属性名和 request 参数名不同的情况。

例如，程序 6.6 中的代码：

```
<jsp:setProperty name="user" property=" * "/>
```

表示将与表单中提交的参数名相同的 user 对象属性全部赋值，与下面的代码功能是等效的。

```
String uname =request.getParameter("username");
user.setUsername(username);
String pwd =request.getParameter("password");
user.setPassword (password);
String gender =request.getParameter("gender");
user.setGender (gender);
String resume =request.getParameter("resume");
user.setResume (resume);
```

（4）＜jsp:getProperty＞标记

＜jsp:getProperty＞标记用于获得对象的属性值并显示在 JSP 页面中，实际是调用 JavaBean 对象的 getter()方法来读取属性值。在使用该标记之前，需要先用＜jsp:useBean＞标记获得一个对象。

getProperty 基本语法如下：

```
<jsp:getProperty name=" beanName" property="beanPropertyName"/>
```

功能：获得对象的属性值并输出到 JSP 页面中。

说明：name 指出 JavaBean 对象的名字，其值应与 useBean 标签的 id 值相同。property 指出 JavaBean 对象的属性名。

使用 getProperty 标签获得对象的属性值，等效于使用 JSP 表达式。例如，下面代码获得 user 对象的 username，使用 getProperty 标签的写法是：

```
<jsp:getProperty name="user" property="username"/>
```

其功能等效于下面的代码：

```
<%=user.getUsername()%>
```

6.3.2 基于 JavaBean 的开发

这里使用 JavaBean 来重新实现 4.3.3 节中使用多个 JSP 页面实现的猜数游戏。

【程序 6.13】 在 demo06\WEB-INF\src\bean 文件夹中编写类文件 GuessGame.java，实现猜数游戏中的处理逻辑和数据封装。

```java
package bean;
import java.util.*;
public class GuessGame{
    private int answer;
    private int guessAnswer;
    private int guessCounter;
    private int guessResult;
    private String guessPrompt;
    public GuessGame(){
        answer =Math.abs(new Random().nextInt() %100) +1;
        guessCounter =0;
        guessResult=9;            //大于 1,小于－1,等于 0,初值 9
    }

    //setter()方法、getter()方法略

    public void doGuess(){
        guessCounter++;
        if (guessCounter==0){
            guessPrompt="欢迎参加猜数游戏!<p>随机分给了你一个 1 到 100 之间
            的数!";
        }else if (guessAnswer>answer){
```

```
            guessPrompt="所猜的数比实际的数大。";
            guessResult=1;
        }else if (guessAnswer<answer){
            guessPrompt="所猜的数比实际的数小。";
            guessResult=-1;
        }else{
            guessPrompt="恭喜你,答对了!<br>你猜了"+guessCounter+
                "次。<br>所猜的数是"+answer;
            guessResult=0;
        }
    }
}
```

构造方法中生成一个随机数,作为本次猜数游戏的答案,并将次数和结果变量进行初始化。

doGuess()方法中实现了对所猜数字的判断,并根据判断结果设置结果变量。

各私有变量的 setter()方法和 getter()方法因为篇幅原因,此处略去,读者可自行补充完整。

【程序 6.14】 在 demo06 文件夹中编写页面文件 guessNumber.jsp,实现猜数游戏的界面。

```
<%@page contentType="text/html;charset=UTF-8"%>
<HTML>
<BODY>
    <jsp:useBean id="gg" class="bean.GuessGame" scope="session" >
    </jsp:useBean>
    <jsp:setProperty name="gg" property=" * "></jsp:setProperty>
    <%gg.doGuess();%>
    <jsp:getProperty name="gg" property="guessPrompt"></jsp:getProperty>
    <hr>
    <%if (gg.getGuessResult()==0) session.invalidate();%>
    <BR>
    <P>输入你所猜的数
    <FORM action="guessNumber.jsp" method="post">
        <INPUT type="text" name="guessAnswer" >
        <INPUT TYPE="submit" value="送出" name="submit">
    </FORM>
</BODY>
</HTML>
```

guessNumber.jsp 使用 JavaBean 实现了猜数游戏。与 4.3.3 节的实现方式相比,这里的实现方式显然有更好的代码可读性和易维护性。

在浏览器中访问 guessNumber.jsp 页面即可运行猜数游戏,程序的运行过程请读者自己进行分析。

6.4　新闻模块开发

6.4.1　新闻模块开发任务

根据第 1 章的功能介绍,新闻模块包括以下功能:

- 新闻列表:所有用户都可以通过列表形式查看全部新闻,每条新闻显示类别、标题和发布时间。新闻列表页面作为新闻发布系统的默认主页。
- 新闻阅读:所有用户可以通过单击新闻列表中的新闻标题进入阅读新闻页面,查看新闻的标题、发布时间、单击次数、新闻内容以及相关新闻。
- 新闻管理:管理员用户可以查看所有新闻的标题列表,并通过相应链接使用发布新闻、修改新闻和删除新闻等功能。
- 新闻发布:管理员用户可以输入新闻标题、关键字和新闻内容,选择新闻类别,发布新闻。
- 新闻修改:管理员用户可以修改指定新闻的标题、类别、关键字和新闻内容。
- 新闻删除:管理员用户可以删除指定新闻。
- 新闻搜索:所有用户可以按关键字搜索相关新闻。

相关的功能界面可以参见第 1 章的示例应用程序介绍。

本节先实现新闻模块中新闻管理、新闻阅读和新闻发布功能,其他功能的开发留待后续章节完成。

6.4.2　新闻模块设计与实现

1. 新闻模块设计

这里基于本章学习的 JavaBean 技术,设计新闻管理、新闻阅读和新闻发布功能的实现方式。

首先设计新闻模块功能涉及的页面及相关的流程控制和数据传递。

新闻管理功能只涉及一个新闻管理页面,需要以表格形式显示新闻数据表中所有新闻的标题,以及操作功能链接。新闻标题显示可以使用 HTML 表格实现。这里不需要数据输入,只要查询数据库取出所有的新闻标题供显示使用即可。

新闻阅读功能涉及两个页面。在新闻管理页面中,单击新闻标题链接进入新闻阅读页面,然后在新闻阅读页面中显示新闻的具体内容。这里的流程控制使用超链接实现,同时需要将新闻 ID 值传递作为输入,可以使用 URL 传参方式来实现。

新闻发布功能涉及三个页面。首先在新闻管理页面中,单击"新闻发布"链接进入新闻发布页面。在新闻发布页面中输入要发布的新闻内容后,单击"发布"按钮发布新闻,并显示发布成功提示。这里的流程控制分别使用超链接和表单提交来实现,并且在提交表单时实现数据传递。

　　然后设计上述功能需要使用的 JavaBean。这里需要用到一个封装新闻相关信息的实体 Bean 和一个实现新闻数据表访问功能的业务 Bean。

　　实体 Bean 按照 news 数据表结构实现相应的私有属性及 setter()方法和 getter()方法。业务 Bean 中需要实现查询全部新闻方法、添加新闻方法和按 ID 查询新闻方法，分别用于新闻管理、新闻阅读和新闻发布功能。

　　这里所用到的新闻数据表和新闻类别数据表已经在 1.3 节中给出了表结构，可以参考 5.1.1 节中用户数据表的创建步骤，分别使用以下语句完成。

```
create table news(
    id int(11) NOT NULL AUTO_INCREMENT,
    title varchar(100) DEFAULT NULL,
    content text,
    author varchar(11) DEFAULT NULL,
    pubtime varchar(20) DEFAULT NULL,
    keyword varchar(60) DEFAULT NULL,
    note varchar(100) DEFAULT NULL,
    newstype int(11) DEFAULT NULL,
    acnumber int(11) DEFAULT '0',
    PRIMARY KEY (id)
);
```

```
create table newstype(
    id int(11) NOT NULL,
    newstype varchar(20) DEFAULT NULL,
    PRIMARY KEY (id)
);
```

　　并使用以下两条语句依次为 newstype 数据表添加两条记录。

```
insert into newstype values ('1','校内')
```

```
insert into newstype values ('2','社会')
```

2. 新闻模块实现

【程序 6.15】　在 newsPub 文件夹下的 beans 文件夹中编写新闻实体类文件 News.java，用于封装新闻数据。

```
package news.beans;
public class News implements java.io.Serializable {
    private Integer id;
```

```java
    private String title;
    private String content;
    private String author;
    private String pubtime;
    private String keyword;
    private String note;
    private Integer newstype;
    private Integer acnumber;
    public News() {   }
    public News(String title, String content, String author, String pubtime,
            String keyword, String note) {
        this.title = title;
        this.content = content;
        this.author = author;
        this.pubtime = pubtime;
        this.keyword = keyword;
        this.note = note;
    }
    public Integer getId() {
        return this.id;
    }
    public void setId(Integer id) {
        this.id = id;
    }
    public String getTitle() {
        return this.title;
    }
    public void setTitle(String title) {
        this.title = title;
    }
    public String getContent() {
        return this.content;
    }
    public void setContent(String content) {
        this.content = content;
    }
    public String getAuthor() {
        return this.author;
    }
    public void setAuthor(String author) {
        this.author = author;
    }
```

```
public String getPubtime() {
    return this.pubtime;
}
public void setPubtime(String pubtime) {
    this.pubtime =pubtime;
}
public String getKeyword() {
    return this.keyword;
}
public void setKeyword(String keyword) {
    this.keyword =keyword;
}
public String getNote() {
    return this.note;
}
public void setNote(String note) {
    this.note =note;
}
public Integer getAcnumber() {
    return acnumber;
}
public void setAcnumber(Integer acnumber) {
    this.acnumber =acnumber;
}
public Integer getNewstype() {
    return newstype;
}
public void setNewstype(Integer newstype) {
    this.newstype =newstype;
}
}
```

News 类是一个实体 Bean，根据 news 数据表的表结构定义相应的私有属性，并为每个属性实现 setter()方法和 getter()方法。

编写完成后打开命令行窗口，进入 newsPub 文件夹中的 src 文件夹，使用下面的命令进行编译：

```
javac -d ..\classes news\beans\News.java
```

编译成功后可以看到在 newsPub 文件夹中的 classes\news\beans\文件夹，增加了刚刚编译得到的 News.class 文件。

【程序 6.16】　在 newsPub 文件夹下的 beans 文件夹中编写新闻数据表访问类文件

NewsDAO.java，实现新闻模块需要的业务处理逻辑。

```java
package news.beans;
import java.util.ArrayList;
import java.sql.*;
import java.text.SimpleDateFormat;
import java.util.Date;
public class NewsDAO {
    /*
     * 查询所有新闻
     */
    public ArrayList<News>getAllNews(){
        News news=null;
        ArrayList<News>newsList =new ArrayList<News>();

        Connection conn =null;
        ResultSet rs =null;
        Statement stmt =null;
        try{
        conn =DBGet.getConnection();
        stmt =conn.createStatement();
        String sql="SELECT * from news";
        rs =stmt.executeQuery(sql);

        while(rs.next()){
            news=new News();
            news.setId(rs.getInt("id"));
            news.setTitle(rs.getString("title"));
            news.setContent(rs.getString("content"));
            news.setAuthor(rs.getString("author"));
            news.setPubtime(rs.getString("pubtime"));
            news.setKeyword(rs.getString("keyword"));
            news.setAcnumber(rs.getInt("acnumber"));

            newsList.add(news);
        }
        }catch(SQLException e1) { System.out.println(e1+"dao");}
        finally
        {
            DBGet.closeConnection(conn);
        }
        return newsList;
    }
```

```java
/*
 * 插入一条新闻
 */
public boolean insert(News news) {
    boolean result = false;
    int n = 0;
    news.setPubtime(getNowStr());
    Connection conn = null;
    Statement stmt = null;
    try {
        conn = DBGet.getConnection();
        stmt = conn.createStatement();
        String sql = "insert into news (title, content, author,pubtime,
            keyword, newstype) "
                + "values ('"
                + news.getTitle()
                + "','"
                + news.getContent()
                + "','"
                + news.getAuthor()
                + "','"
                + news.getPubtime()
                + "','"
                + news.getKeyword()
                + "',"
                + news.getNewstype()
                + ")";
        n = stmt.executeUpdate(sql);
    } catch (SQLException e1) {
        System.out.println(e1 +"dao");
    } finally {
        DBGet.closeConnection(conn);
    }
    if (n > 0)
        result = true;
    return result;
}
/*
 * 以 yyyy-MM-dd HH:mm:SS 格式返回当前时间字符串
 */
static public String getNowStr(){
    String resultStr = null;
    String pattern = "yyyy-MM-dd HH:mm:ss";
```

```
        Date date = new Date();
            SimpleDateFormat sdf = new SimpleDateFormat(pattern)
            try{
                resultStr = sdf.format(date);
            }catch (Exception e){e.printStackTrace();}
            return resultStr;
        }


        /*
         * 根据 ID 查询指定新闻
         */
        public News getByID(String id) {
            News news = null;
            Connection conn = null;
            ResultSet rs = null;
            Statement stmt = null;
            try {
                conn = DBGet.getConnection();
                stmt = conn.createStatement();
                String sql = "SELECT * from news where id = " + id;
                rs = stmt.executeQuery(sql);
                if (rs.next()) {
                    news = new News();
                    news.setId(rs.getInt("id"));
                    news.setTitle(rs.getString("title"));
                    news.setContent(rs.getString("content"));
                    news.setAuthor(rs.getString("author"));
                    news.setPubtime(rs.getString("pubtime"));
                    news.setKeyword(rs.getString("keyword"));
                    news.setAcnumber(rs.getInt("acnumber"));
                    news.setNewstype(rs.getInt("newstype"));
                }
            } catch (SQLException e1) {
                System.out.println(e1 + "dao");
            } finally {
                DBGet.closeConnection(conn);
            }
            return news;
        }
    }
```

NewsDAO 类是封装新闻数据表的数据库访问操作的业务 Bean。

getAllNews()方法查询新闻数据表中的所有记录,并把查询结果中的每条记录封装为一个实体 Bean 的 News 对象。执行如下 SQL 语句：

```
String sql="SELECT * from news";
```

处理查询结果的方法是对每一条记录，取出其各字段值，并分别设置为一个 News 对象的属性，最后把所有的 News 对象放入 ArrayList 对象 newsList 中并返回。

insert()方法向新闻数据表中插入一条记录，其参数是一个 News 对象。所插入的各个字段值是 News 对象的属性值。其中发表时间使用程序执行时的当前系统时间。这里调用下面实现的 getNowStr()方法来获取特定格式的时间字符串。最后返回一个逻辑值代表插入操作成功或失败。

getByID()方法在新闻数据表中查询指定 ID 的新闻，其参数是 ID 值。查询到指定 ID 的记录后，取出各个字段值，封装到一个实体 Bean 的 News 对象。最后返回该对象。

编写完成后打开命令行窗口，进入 newsPub 文件夹中的 src 文件夹，使用下面的命令进行编译：

```
javac -d ..\classes news\beans\NewsDAO.java
```

编译成功后可以看到在 newsPub 文件夹中的 classes\news\beans\ 文件夹，增加了刚刚编译得到的 NewsDAO.class 文件。

【程序 6.17】　在 newsPub 文件夹中编写新闻管理页面文件 manageNews.jsp，实现新闻标题列表和其他功能链接。

```jsp
<%@page language="java" contentType="text/html;charset=utf-8"%>
<%@page import="java.util.*"%>
<%@page import="news.beans.News"%>
    ...
    <!--main begin -->
    <jsp:useBean id="newsDAO" class="news.beans.NewsDAO" scope="page" />
    <%
        ArrayList<News>newsList =newsDAO.getAllNews();
    %>
    <section class="news_list">
        <div class="top-bar">
            <h1>新闻管理</h1>
            <span style="margin-left:450px;">
                <a href="addNews.jsp">发布新闻</a>
            </span>
        </div>
        <div class="table">
            <table class="listing" cellpadding="0" cellspacing="0">
                <tr>
```

```
                <th class="first" width="40">序号</th>
                <th>新闻标题</th>
                <th>发布时间</th>
                <th>修改</th>
                <th>删除</th>
            </tr>
            <%
                News news =null;
                for (int i =0; i <newsList.size(); i++) {
                    news =newsList.get(i);
            %>
            <tr>
                <td><%=i +1%></td>
                <td class="title">
                    <a href="dispNews.jsp?id=<%=news.getId()%>">
                        <%=news.getTitle()%>
                </a></td>
                <td class="ntime"><%=news.getPubtime()%></td>
                <td><a href="modiNews.jsp?id=<%=news.getId()%>">
                    <img src="image/edit-icon.gif" width="16"
                            height="16" alt="修改" />
                </a></td>
                <td><a href="deleteNews.jsp?id=<%=news.getId()%>">
                        <img src="image/hr.gif"
                        width="16" height="16" alt="删除" />
                </a></td>
            </tr>
            <%  }%>
        </table>
    </div>
</section >
<!--main end -->
...
```

manageNews.jsp 页面负责以表格形式显示所有新闻的标题以及其他功能链接。

首先需要查询新闻数据表,取出所有的新闻。因为之前已经把新闻数据表相关的查询功能封装在业务 Bean 中,所以这里不需要再按照 JDBC 代码模板去编写访问数据库的代码。使用 useBean 标记创建 UserDAO 对象,然后调用其 getAllNews()方法即可取得新闻数据表中的所有记录,而且数据是 ArrayList 形式给出。接下来只要遍历其中的所有对象,依次取出其中的每个 News 对象的标题和时间,并显示在表格中即可。

另外,在表格前实现了"新闻发布"超链接,作为新闻发布功能的入口,链接目标是新闻发布页面 addNews.jsp。

把表格中的每一个新闻标题,都设置为超链接,作为新闻阅读功能的入口,链接目标是新闻阅读页面 dispNews.jsp。同时,还使用 URL 传参的方式提供了当前新闻的 ID 值。而且,还为新闻修改和新闻删除提供了功能链接,这两个功能的实现留给读者自行完成。

【程序 6.18】 在 newsPub 文件夹中编写新闻发布页面文件 addNews.jsp,添加输入新闻信息的表单。

```
...
<!--main begin -->
    <jsp:useBean id="newstypeDAO" class="news.beans.NewstypeDAO" scope=
    "page"/>
    <%
        ArrayList<Newstype>newstypeList =newstypeDAO.getAllNewstype();
    %>
    <section class="inputform">
        <div class="top-bar">
            <h1>新闻发布</h1>
        </div>
        <form action="doAddNews.jsp" method="post">
            <input type="hidden" name="author"
                value="<%=session.getAttribute("username")%>"></input><br/>
            标题: <input type="text" name="title" id="title">
            <br/><br/>
            类别:
            <select name="newstype">
            <%
                for (Newstype newstype : newstypeList) {
            %>
                <option value="<%=newstype.getId()%>">
                    <%=newstype.getNewstype()%>
                </option>
             <%}%>
            </select>       
            关键字: <input type="text"
                name="keyword" id="keyword"><br/><br/>
            内容:
            <textarea name="content" cols="25" rows="5">
            </textarea><br/><br/>
            <input type="submit" value="发布"></input>
        </form>
    </section>
<!--main end -->
...
```

addNews.jsp 负责提供新闻发布的输入表单。表单的 action 属性取值为 doAddNews. jsp,实现到新闻发布提交页面的流程控制。表单中分别提供了用于输入新闻标题、类别、内容和关键字的输入元素以及提交表单的"发布"按钮。

  需要说明的是,在数据库中专门建立了新闻类别数据表,用于存放新闻类别名称和新闻类别 ID,在新闻表的类别字段中存放的是新闻类别 ID 值。因此,在输入表单中用下拉列表形式显示新闻类别时,需要查询新闻类别数据表,分别取出各个新闻类别的 ID 值和名称用于构建下拉选项。这个对新闻类别数据表的查询功能也是采用了基于实体 Bean 和业务 Bean 的实现方式。涉及的两个类分别是 Newstype.java 和 NewstypeDAO.java。

  【程序 6.19】　在 newsPub 文件夹下的 beans 文件夹中编写新闻类别实体类文件 Newstype.java,用于封装新闻类别数据。

```java
package news.beans;
public class Newstype implements java.io.Serializable {
    private Integer id;
    private String newstype;
    public Newstype() { }
    public Integer getId() {
        return this.id;
    }
    public void setId(Integer id) {
        this.id = id;
    }
    public String getNewstype() {
        return newstype;
    }
    public void setNewstype(String newstype) {
        this.newstype = newstype;
    }
}
```

  【程序 6.20】　在 newsPub 文件夹下的 beans 文件夹中编写新闻类别数据表访问类文件 NewstypeDAO.java,实现新闻类别数据表访问功能。

```java
package news.beans;
import java.util.ArrayList;
import java.util.List;
import java.sql.*;
public class NewstypeDAO {
    public ArrayList<Newstype>getAllNewstype(){
        Newstype newstype=null;
        ArrayList<Newstype>newstypeList =new ArrayList<Newstype>();
```

```
        Connection conn =null;
        ResultSet rs =null;
        Statement stmt =null;
        try{
            conn =DBGet.getConnection();
            stmt =conn.createStatement();
              String sql="SELECT * from newstype";
            rs =stmt.executeQuery(sql);

            while(rs.next()){
                newstype=new Newstype();
                newstype.setId(rs.getInt("id"));
                newstype.setNewstype(rs.getString("newstype"));
                newstypeList.add(newstype);
            }
        }catch(SQLException e1) { System.out.println(e1+"dao");}
        finally{
            DBGet.closeConnection(conn);
        }
        return newstypeList;
    }
}
```

　　Newstype.java 和 NewstypeDAO.java 的编写方法与之前的实体 Bean 和业务 Bean 完全相同，这里不再详述。编写完成后也要使用前面讲过的方法进行编译。

　　【程序 6.21】　在 newsPub 文件夹中编写新闻发布提交页面文件 doAddNews.jsp，将新闻信息写入数据库。

```
    ...
    <!--main begin -->
    <section class="inputform">
        <div class="top-bar">
            <h1>操作提示</h1>
        </div>
        <br/>
        <%
            request.setCharacterEncoding("utf-8");
        %>
        <jsp:useBean id="newsDAO" class="news.beans.NewsDAO" scope="page" />
        <jsp:useBean id="news" class="news.beans.News" scope="page" />
        <jsp:setProperty name="news" property="*" />
        <%
```

```
            if (newsDAO.insert(news)) {
                out.println("新闻发布成功,单击返回<a href='manageNews.jsp'>
                    新闻管理页面</a>");
            } else {
                out.println("新闻发布失败,请联系管理员!");
            }
        %>
    </section>
    <!--main end -->
    ...
```

doAddNews.jsp 负责获取表单数据并写入数据库。

首先使用＜jsp：useBean＞标记创建两个 JavaBean 实例,分别是 NewsDAO 类的实例 newsDAO 和 News 类的实例 news。

然后使用＜jsp：setProperty＞标记取出表单中提交的参数值并赋值给 News 对象中同名的属性。

最后调用 JavaBean 实例的方法,实现新闻发布功能。若 insert()方法返回值为 true,表示发布成功;否则发布失败。

【程序 6.22】 在 newsPub 文件夹中编写新闻阅读页面文件 dispNews.jsp,显示新闻详情。

```
    ...
    <!--main begin -->
    <jsp:useBean id="newsDAO" class="news.beans.NewsDAO" scope="page"/>
    <%
        String id =request.getParameter("id");
        newsDAO.increaseAc(id);
        News news=newsDAO.getByID(id);
    %>
    <article>
        <h1><%=news.getTitle()%></h1>
        <div class="news_time">
            <span class="left-t"><%=news.getPubtime() %></span>
            <span class="right-t">(单击: <%=news.getAcnumber() %>)
                <img src="image/1.png"/>
                <a href="#">查看评论</a>
            </span>
            <div class="clear"></div>
        </div>
        <!--正文 start-->
        <div class="left_zw" style="position:relative">
```

```
        <%=news.getContent() %>
    </div>
    <!--相关新闻-->
    <div class="div624 border-top-darshd">
        <h4 class="padding-left20" style="margin-top:0px;
          color: rgb(30, 80, 162);">
            <img src="image/titlebg2.gif"/>   相关新闻:
        </h4>
        <ul class="padding-left20" style="margin-top:-20px;">
        <%
            request.setAttribute("relateNews",newsDAO.getRelate(id));
        %>
        <c:forEach items="${requestScope.relateNews}" var="rnews">
            <li>.<a href="dispNews.jsp?id=${rnews.id}">${rnews.title}
            </a></li>
         </c:forEach>
         </ul>
    </div>
    <!--相关新闻结束-->
</article>
<!--main end -->
...
```

dispNews.jsp 负责显示指定新闻的具体内容。

首先使用＜jsp：useBean＞标记创建 JavaBean 实例 NewsDAO 对象。

接下来获取 request 对象中的新闻 id 值，然后调用 newsDAO 对象的 getByID()方法，得到要查看的新闻对象 news。

最后得到 news 对象后，调用该对象的方法取得各个属性值，并显示在页面上的相应位置。

另外，在新闻阅读页面中还有一个显示相关新闻的功能，是在新闻内容底部列表显示与当前新闻关键字相同的新闻标题。这里的实现方式是通过调用 newsDAO 对象的 getRelate()方法取得当前新闻的相关新闻，读者可以考虑这个方法如何实现。而相关新闻标题的列表显示则使用了 JSTL 和 EL 的知识，具体用法可以查看第 7 章的相关内容。

至此就完成了新闻模块中新闻管理、新闻阅读和新闻发布等功能的开发。

6.4.3 新闻模块运行过程

新闻模块部分功能的运行过程详述如下。

启动 Tomcat，打开浏览器，在地址栏输入 http://localhost:8080/newsPub/manageNews.jsp，出现新闻管理主页面，单击"发布新闻"超链接，进入新闻发布页面。输入新闻信息后，单击

"发布"按钮,进入新闻发布提交页面。在新闻发布提交页面单击"新闻管理"超链接返回新闻管理主页面。

在新闻管理页面中单击新闻标题,进入新闻阅读页面,可以查看新闻内容。

本 章 小 结

本章主要介绍了 JavaBean 的作用,如何编写 JavaBean,以及如何使用<jsp：useBean>、<jsp：setProperty>、<jsp：getProperty>三个标记在 JSP 页面中创建 JavaBean 的实例、设置 JavaBean 的属性值和获取 JavaBean 的属性值。围绕对 JavaBean 的应用,重构了新闻发布系统的用户登录功能和用户注册功能,设计和开发了新闻发布系统的新闻管理、新闻阅读和新闻发布功能。

本章演示程序共有 8 个代码文件,相关目录结构如图 6.5 所示。本章完成的示例应用程序是用户注册和用户登录功能的重构和新闻模块的部分功能实现,相关源代码文件及目录结构如图 6.6 所示。

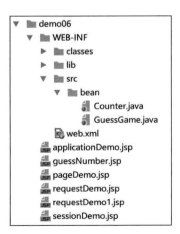

图 6.5 演示程序代码目录结构

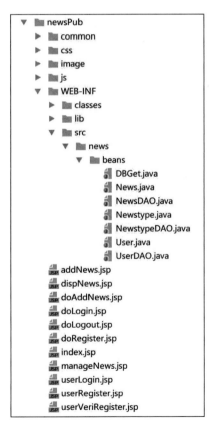

图 6.6 示例应用代码目录结构

习　　题

1. 单选题

（1）在 JSP 页面中使用 JavaBean 需要先取得相应的对象，可以用（　　）标记来实现。

  A. ＜jsp：forward＞   B. ＜jsp：getProperty＞

  C. ＜jsp：setProperty＞   D. ＜jsp：useBean＞

（2）在 Java Web 应用中使用 JavaBean，需要先编译相应的 Java 类，然后把得到的 .class 文件放到当前 Web 应用的（　　）文件夹中。

  A. classes   B. lib   C. src   D. WEB-INF

2. 简答题

（1）编写 JavaBean 需要遵循哪些规范？

（2）简述创建 JavaBean 实例的 4 种作用范围及其含义。

3. 上机练习

（1）使用 JavaBean 完成新闻发布系统中用户登录和用户注册功能的重构。

（2）编程实现程序 6.22 中所用到的 NewsDAO 类的 getRelate（String id）方法，实现查询并返回与指定 id 的新闻具有相同关键字的新闻列表。

（3）基于 JavaBean 实现新闻发布系统的新闻列表、新闻删除和新闻修改功能。

第 7 章

重构程序界面

学习目标

➤ 理解和掌握 EL 表达式的语法及使用

➤ 掌握常用 JSTL 标记的用法

第 6 章通过对程序功能的重构,将实现具体业务逻辑的脚本代码从 JSP 页面中提取出来封装到 Java 类中。通过重构,使得 JSP 页面中的脚本代码大大减少,且页面中不同类型的代码相互混杂的状况得到了改善。但是,页面中仍然留有一些与显示控制相关的代码。本章将引入新的技术对实现程序界面的 JSP 页面进行重构,彻底消除页面中的脚本代码。

7.1 重构 JSP 页面

7.1.1 重构循环控制

在第 6 章实现的新闻管理页面中,以列表形式显示所有新闻标题时,通过在脚本代码中编写循环处理语句逐一处理每条新闻记录,并使用 JSP 表达式进行输出。这里使用一种新的实现方式来重构这个页面。

【程序 7.1】 修改程序 6.17,实现新的新闻管理页面文件 manageNews.jsp。

```
...
<%@taglib uri="http://java.sun.com/jsp/jstl/core" prefix="c"%>
...
<!--main begin -->
<jsp:useBean id="newsDAO" class="news.beans.NewsDAO" scope="page" />
<%
    ArrayList<News>newsList =newsDAO.getAllNews();
    request.setAttribute("newsList",newsList);
%>
<section class="news_list">
    <div class="top-bar">
        <h1>新闻管理</h1>
        <span style="margin-left:450px;">
```

```
                    <a href="addNews.jsp">发布新闻</a>
                </span>
            </div>
            <div class="table">
                <table class="listing" cellpadding="0" cellspacing="0">
                    <tr>
                        <th class="first" width="40">序号</th>
                        <th>新闻标题</th>
                        <th>发布时间</th>
                        <th>修改</th>
                        <th>删除</th>
                    </tr>
                    <tr>
                    <c:forEach var="news" items="${newsList}"
                        varStatus="status">
                        <td>${status.count}</td>
                        <td class="title">
                            <a href="dispNews.jsp?id=${news.id}">
                                ${news.title}
                            </a>
                        </td>
                        <td class="ntime">${news.pubtime}</td>
                        <td><a href="modiNews.jsp?id=${news.id}">
                            <img src="image/edit-icon.gif" width="16"
                                height="16" alt="修改" />
                        </a></td>
                        <td><a href="deleteNews.jsp?id=${news.id}">
                            <img src="image/hr.gif" width="16"
                                height="16" alt="删除" />
                        </a></td>
                    </c:forEach>
                    </tr>
                </table>
            </div>
        </section>
        <!--main end -->
    ...
```

新的 manageNews.jsp 页面使用 EL 表达式语言和 JSTL 标记库进行了重构。
首先需要使用＜taglib＞指令引入了 JSTL 核心标记库，代码如下：

```
<%@taglib uri="http://java.sun.com/jsp/jstl/core" prefix="c"%>
```

其中,uri 用于表示标记库的位置,是标记库的唯一标识;prefix 用于表示标记库的前缀,以区分不同标记库中的同名标记。

然后将查询得到的 newsList 存放到 request 作用域中,代码如下:

```
request.setAttribute("newsList",newsList);
```

这是因为后面使用 JSTL 实现循环处理时,需要事先将数据放到 session 或 request 中才能取到。

最后用 JSTL 中的<c:forEach>标记结合 EL 表达式取代了原来需要使用脚本代码来实现的循环处理,关键代码如下:

```
<c:forEach var="news" items="${newsList}" varStatus="status">
    …
</c:forEach>
```

使用<c:forEach>标记对 newsList 进行循环处理,其中 var 用于定义一个变量,接收集合对象中每个元素的值,这里定义的变量名为 news,即由 news 接收 newsList 集合中每个元素的值。items 用于表示要循环的集合对象,这里是用一个 EL 表达式 ${newsList} 表示要对 newsList 进行循环处理。varStatus 用于定义一个状态对象 status,可以通过调用该对象的属性和方法得到循环过程中的一些状态信息,如使用 EL 表达式 ${status.count} 获得当前迭代的元素个数。

另外,在循环体中,还用 ${news.title}、${news.id} 和 ${news.pubtime} 等 EL 表达式取代了之前使用的 JSP 表达式,使页面中的代码形式更加统一。关于 JSTL 和 EL 的具体内容,会在后续章节中详细介绍。

用修改后得到的新闻管理页面文件 manageNews.jsp 代替之前实现的文件,并部署到运行环境中,启动 Tomcat,然后通过浏览器访问,可以看到所实现的显示效果与之前的页面效果完全相同。

7.1.2　重构功能菜单

前面实现动态功能菜单时,因为需要根据用户身份来显示不同的功能菜单,所以使用了脚本代码的分支语句来实现。这里也使用 JSTL 和 EL 对该页面进行重构。

【程序 7.2】　修改程序 4.21,实现新的动态功能菜单实现页面文件 top.jsp。

```
<%@page language="java" contentType="text/html;charset=utf-8"%>
<%@taglib uri="http://java.sun.com/jstl/core_rt" prefix="c"%>
<header>
    <div id="logo_main"></div>
</header>
<div id="menu">
```

```
            <div id="user">
                <c:choose>
                    <c:when test="${empty sessionScope.username}">
                        <a href="userLogin.jsp">用户登录</a>
                    </c:when>
                    <c:otherwise>
                        当前用户: <c:out value="${sessionScope.username}"></c:out>
                        |<a href="doLogout.jsp">退出登录</a>
                    </c:otherwise>
                </c:choose>
            </div>
            <nav>
                <ul>
                    <c:if test="${!empty sessionScope.username}">
                        <c:choose>
                            <c:when test="${sessionScope.username =='admin'}">
                                <li><a href="manageNews.jsp">新闻管理</a></li>|
                                <li><a href="#">评论管理</a></li>|
                                <li><a href="#">用户管理</a></li>|
                            </c:when>
                            <c:otherwise>
                                <li><a href="#">评论管理</a></li>|
                                <li><a href="#">用户管理</a></li>|
                            </c:otherwise>
                        </c:choose>
                    </c:if>
                            <li><a href="index.jsp">首 页</a></li>
                </ul>
            </nav>
        </div>
```

新的 top.jsp 页面使用 EL 表达式语言和 JSTL 标记库进行了重构。

首先也需要使用＜taglib＞指令引入了 JSTL 核心标记库，用法与程序 7.1 相同。

然后使用＜c:choose＞、＜c:when＞、＜c:otherwise＞和＜c:if＞等标记代替原来的 if-else 语句等脚本代码。

＜c:choose＞标记用于实现多分支的条件判断，相当于 Java 的 switch 语句。＜c:when＞和＜c:otherwise＞标记是＜c:choose＞标记的子标记。＜c:when＞标记相当于 switch 语句中的 case 关键字，＜c:otherwise＞标记相当于 switch 语句中的 default 关键字。

＜c:when＞标记的 test 属性用于指明分支的条件。下面的语句设定条件是判断 session 作用域中的 username 属性是否为空值，如果条件成立，则执行标记体中的内容。

```
<c:when test="${empty sessionScope.username}">
```

<c:otherwise>标记,表示当前面的所有<c:when>标记条件都不成立时,会执行该标记体中的内容。

<c:out>标记用于输出 value 属性中的数据,与 out.println()功能等效。

<c:if>标记用于实现单分支的条件判断。利用<c:if>标记和<c:choose>标记的嵌套,可以实现更复杂的多重判断。

```
<c:if test="${!empty sessionScope.username}">
    <c:choose>
        <c:when test="${sessionScope.username =='admin'}">
            内容 1
        </c:when>
        <c:otherwise>
            内容 2
        </c:otherwise>
    </c:choose>
</c:if>
```

上述语句实现的处理逻辑是,若 username 不为空而且 username 的值是"admin",则执行内容 1;若 username 不为空且 username 的值不是"admin",则执行内容 2;若 username 为空则内容 1 与内容 2 均不执行。

启动 Tomcat,然后通过浏览器访问相关页面,可以看到所实现的显示效果与之前的页面效果完全相同。

7.2　EL 和 JSTL

7.2.1　EL

EL(Expression Language,表达式语言)是 JSP 2.0 规范中增加的用于简化 JSP 页面开发的一种技术。

EL 主要用于查找作用域中的数据,并能对这些数据执行简单操作。它不是一种独立的编程语言,通常与 JSTL 一起使用,能够以简单方便的符号来表示比较复杂的行为。通过使用 EL 可以减少 JSP 页面中的 Java 脚本代码,进一步实现页面显示和处理逻辑的分离,为不熟悉 Java 语言的页面开发人员提供了便利,也更加有利于页面开发人员与后台开发人员的合作。

1. EL 的语法

EL 的语法结构非常简单,格式如下:

```
${ EL 表达式 }
```

所有的 EL 元素都是以"${"开始,以"}"结束,表示获取或显示"{}"中的表达式的值。这里的表达式可以是普通的合法 Java 表达式，也可以是某个作用域中的属性。

【程序 7.3】 在"Tomcat 安装目录\webapps"文件夹下创建 demo07 文件夹，在其中编写示例页面文件 ELDemo1.jsp。

```
<%@page language="java" contentType="text/html;charset=utf-8"%>
<html>
    <body>
        ${ 5+6 }              <!--表示得到表达式 5+6 的值 11。-->
        ${ "Hello" }          <!--表示得到字符串"Hello"。-->

        <%session.setAttribute("username","tom");%>
        ${sessionScope.username}
        <!--表示得到 sessioi 作用域中的 username 属性值 -->
    </body>
</html>
```

程序运行结果如图 7.1 所示。

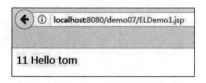

图 7.1 ELDemo1.jsp 运行结果

从上面的例子中可以看到，使用 EL 的写法要比 Java 脚本代码更简洁。

需要说明的是，在上述语法中，"${"符号是 EL 表达式的起点。如果要在 JSP 页面中显示"${"字符串，则需要在前面加上"\"转义符，即写成"\${"。也可以使用 EL 表达式输出"${"，即写成"${ '${' }"。读者可以自行编写程序验证。

2. EL 的组成

EL 表达式包括常量、运算符、变量和内置对象等组成。

（1）常量

EL 表达式中的常量可以是逻辑值 true 或 false，可以是整数或浮点数的数值，可以是用单引号或双引号限定的字符串，还可以是 null 值。

（2）运算符

EL 提供了存取运算符、算术运算符、关系运算符、逻辑运算符、条件运算符和 empty 运算符。各运算符及相关说明如表 7.1 所示。

表 7.1　EL 的常用运算符

运算符类型	运　算　符	说　　　明
存取运算符	.	存取对象的属性或调用对象的方法
	[]	存取数组、列表或其他集合对象的元素
算术运算符	+	加法运算
	—	减法运算

续表

运算符类型	运 算 符	说 明
算术运算符	*	乘法运算
	/或 div	除法运算
	%或 mod	求余运算
关系运算符	==或 eq	相等运算
	!=或 ne	不等运算
	<或 lt	小于运算
	>或 gt	大于运算
	<=或 le	小于或等于运算
	>=或 ge	大于或等于运算
逻辑运算符	&&或 and	与运算
	||或 or	或运算
	!或 not	非运算
条件运算符	a? b:c	若 a 成立,则执行 b,否则执行 c
empty	empty	空值判断

说明:

- 存取运算符"."和"[]"是通用的,如 ${user.username} 和 ${user["username"]} 都是表示取出对象 user 中的 username 属性值。
- 算术运算符只能用在整数和浮点数上。
- empty 用来判断指定的值是否为 null 或是空值,格式为 ${empty A},其中 A 是要判断的值。若 A 为 null 或为空的字符串、数组、集合对象,都会返回 true,否则返回 false。

(3) 变量和对象

EL 中的变量不只是普通的 Java 变量,还可以是存储于 JSP 作用域中的属性名。

例如,${username}表示取出某一作用域中名为 username 的属性值。因为没有指定是哪一个作用域,所以会默认先从 page 范围中找,若找不到,再依次按照 request、session、application 的次序去找。如果在某个作用域中找到了 username 属性,就返回其值,不再继续查找。如果所有的作用域中都没有找到,就会返回 null,但在页面上是显示空白而非 null。

所以在程序 7.1 中,得到 newsList 对象后,需要把它设置到 request 作用域中,然后才能通过 EL 表达式取到其中的数据。

如果在不同的作用域中存在同名的属性,为了避免混淆,需要指定是要使用哪个作用域中的变量。例如,在程序 7.2 中,为了取出 session 作用域中的 username 属性值,EL 表达式的写法是 ${sessionScope.username}。

EL 中提供了 4 个内置对象分别代表 4 种不同的作用域，还有两个内置对象用于代表请求参数，具体如表 7.2 所示。

表 7.2 EL 常用内置对象

内 置 对 象	描　　述
pageScope	对应于 JSP 内置对象 pageContext，可以用 ${pageScope.username} 取出 page 作用域中的 username 属性值
requestScope	对应于 JSP 内置对象 request，可以用 ${requestScope.username} 取出 request 作用域中的 username 属性值
sessionScope	对应于 JSP 内置对象 session，可以用 ${sessionScope.username} 取出 session 作用域中的 username 属性值
applicationScope	对应于 JSP 内置对象 application，可以用 ${applicationScope.username} 取出 application 作用域中的 username 属性值
param	对应于 request 对象的 getParameter() 方法，可以用 ${param.username} 取出名为 username 的请求参数值
paramValues	对应于 request 对象的 getParameterValues() 方法，可以用 ${paramValues.hobby} 取出名为 hobby 的请求参数值数组

【程序 7.4】 在 demo07 文件夹中编写示例页面文件 ELDemo2.jsp。

```
<%@ page language="java" contentType="text/html;charset=utf-8"%>
<html>
    <body>
        <h3>加法计算器</h3>
        <form action="">
            <input type="text" name="num1" value="${param.num1}"/>+
            <input type="text" name="num2" value="${param.num2}"/>=
            <input type="text" name="num3" value="${param.num1 +
                param.num2}"/>
            <input type="submit" value="计算"/>
        </form>
    </body>
</html>
```

ELDemo2.jsp 实现了一个简单的加法计算器，不但要对输入的数字进行加法运算和结果显示，而且要保留参加运算的两个加数。这里使用 EL 表达式来实现这个功能，可以完全不用任何脚本代码。程序的运行结果如图 7.2 所示。

从上面的两个示例程序可以看到，EL 表达式的形式非常简单，也非常实用，但它的功能相对单一。在实际使用时，常常与特定的标记相结合，比如接下来要介绍的 JSTL。

7.2.2 JSTL

1. JSTL 概述

JSTL(JSP Standard Tag Library) 是一个开源的 JSP 标准标记库。JSTL 是形如

图 7.2　ELDemo2.jsp 的运行结果

HTML 的标签,使得 Java Web 页面开发人员即使不熟悉 Java 语言,也可以编写动态 Web 页。JSTL 具有良好的可读性,简化了 JSP 页面的开发,进一步实现页面和代码分离,特别适用于 Java 脚本代码和 HTML 标记混用的情况。

在 JSP 中使用 JSTL 的步骤如下:

首先从 http://tomcat.apache.org/taglibs/standard/下载 JSTL 标记库的 jar 包。

然后将获取到的 JSTL 标记库的 jstl.jar 和 standard.jar 两个 jar 包文件复制到 Web 应用中的 WEB-INF\lib 文件夹下。

最后在 JSP 页面中用 taglib 指令设置标记前缀,即可使用 JSTL 标记。

JSTL 包括 5 个实现不同功能的标记库组成。JSTL 规范为这 5 个标记库分别指定了不同的 URI,并对标记库的前缀做出了约定,具体如表 7.3 所示。

表 7.3　JSTL 标记库

标　记　库	URI	前　　缀
核心标记库	http://java.sun.com/jsp/jstl/core	c
II8N 标记库	http://java.sun.com/jsp/jstl/fmt	fmt
XML 标记库	http://java.sun.com/jsp/jstl/xml	x
SQL 标记库	http://java.sun.com/jsp/jstl/sql	sql
函数标记库	http://java.sun.com/jsp/jstl/functions	fn

本书只对 JSTL 中最常用的核心标记库进行介绍,其他标记库的用法读者可自行查阅相关资料。

在 JSP 页面中使用核心标记库,需要先用<taglib>指令导入,语法格式如下:

```
<%@taglib uri="http://java.sun.com/jsp/jstl/core" prefix="前缀名"%>
```

uri 属性用于指定核心标记库的 URI,从而定位标记库描述文件(TLD 文件)。prefix 属性用于定义标记库的前缀,可以为任意字符串。核心标记库的前缀通常设置为“c”,需要注意的是,应避免使用保留的关键字作为前缀,如 jsp、jspx、java、servlet、sun 等。

按照功能可以把核心标记库中的标记分为以下 4 类,分别是用于操作变量的通用标记、用于流程控制的条件标记、用于遍历集合的迭代标记和针对 URL 相关的操作的 URL 标记。

2. 通用标记

JSTL 的通用标记有 4 个,分别是<c:out>标记、<c:set>标记、<c:remove>标记和<c:catch>标记,负责 JSP 页面中变量的输出、赋值、删除以及异常捕获等操作。

（1）＜c：out＞标记

＜c：out＞标记用于输出数据，等同于＜%＝表达式%＞，语法格式如下：

```
<c:out value="value" [default="defaultVaule"][escapeXml="true|false"]/>
```

说明：
- value 属性表示输出到页面的数据，可以是 EL 表达式或常量，该属性不能省略。
- default 属性表示当 value 属性为 null 时显示的数据，该属性可选。
- escapeXml 属性表示是否对特殊字符进行转换，比如将"＜"转换为"<"。默认值为 true，该属性可选。

【程序 7.5】　在 demo07 文件夹下编写示例页面文件 outDemo.jsp 文件，程序运行结果如图 7.3 所示。

```
<%@ page language="java" import="java.util.* " pageEncoding="utf-8"%>
<%@ taglib uri="http://java.sun.com/jsp/jstl/core" prefix="c"%>
<jsp:useBean id="news" class="news.beans.News" scope="page"/>
<html>
    <body>
        <c:out value="example"/><br/>
        <c:out value="${1+ 2}"/><br/>
        <c:out value="${news.id}" default ="no data"/><br/>
        <c:out value="<b>加粗文字<b>"/><br/>
        <c:out value="<b>加粗文字<b>" escapeXml="false"/><br/>
    </body>
</html>
```

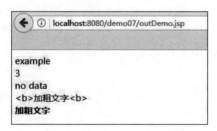

图 7.3　outDemo.jsp 的运行结果

在 demo07 文件夹下创建 WEB-INF\classes 目录结构，使用程序 6.4 User.java 作为实体 Bean，把编译得到的 news\beans\User.class 复制到此处。

（2）＜c：set＞标记

＜c：set＞标记用于将变量存储到 JSP 范围中或为 JavaBean 属性赋值。

将变量存储 JSP 范围中的语法格式如下：

```
<c:set var="varName" value="value"
    [scope="page|request|session|application"]/>
```

说明：

- var 属性指定被赋值的变量名。
- value 属性指定 var 属性的属性值，可以是 EL 表达式或常量。
- scope 属性指定变量的作用范围，若没有指定，默认为 page。

为 JavaBean 属性赋值的语法格式如下：

```
<c:set var="varName" value="value"
    [scope="page|request|session|application"]/>
```

说明：

- target 属性表示被赋值的 JavaBean 对象的名称，若存在该属性则必须存在 property 属性。
- property 属性指定 JavaBean 对象的属性名称。

【程序 7.6】　在 demo07 文件夹下编写示例页面文件 setDemo.jsp，程序运行结果如图 7.4 所示。

```
<%@page language="java" import="java.util.*" pageEncoding="utf-8"%>
<%@taglib uri="http://java.sun.com/jsp/jstl/core" prefix="c"%>
<jsp:useBean id="news" class="news.beans.News" scope="page"/>
<html>
    <body>
        <c:set var="i" value="1" scope="page"/>
        <c:set target="${news}" property="title" value="test" />
        <c:out value="${i}"/><br/>
        <c:out value="${news.title}" default="no data"/><br/>
    </body>
</html>
```

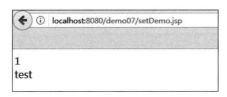

图 7.4　setDemo.jsp 的运行结果

需要注意的是，使用 set 为 target 对象的属性赋值时，不能写成 target＝"news"。

（3）＜c:remove＞标记

＜c:remove＞标记用于从指定的 JSP 作用域中删除指定的变量，语法格式如下：

```
<c:remove var="varName" [scope="page|request|session|application"]/>
```

说明：

- var 属性指定要删除的变量名。

- scope 属性表示要删除变量的作用范围。如果没有指定，默认为全部查找，所有找到的变量名都删除。

（4）＜c:catch＞标记

＜c:catch＞标记用于捕获嵌套在标记体中的内容抛出的异常，语法格式如下：

```
<c:catch [var="varName">
    存在异常的代码
</c:catch>
```

说明：

var 属性用于指定存储异常信息的变量，这是一个可选项。若省略，则表示不需要保存异常信息。

3. 条件标记

JSTL 的条件标记用来支持在 JSP 页面中实现各种条件判断，类似于 Java 语法中的 if 语句或 switch 语句。条件标记共有 4 个，分别是＜c:if＞标记、＜c:choose＞标记、＜c:when＞标记和＜c:otherwise＞标记。

（1）＜c:if＞标记

＜c:if＞标记用于单分支的条件判断，语法格式如下：

```
<c:if test="condition" [var="varName"]
[scope="page|request|session|application"]>
        condition 为 true 时执行的代码
</c:if>
```

当 condition 为 true 时，则执行标记体中的内容。

说明：

- test 属性用于指定需要判断的条件。
- var 属性用于保存判断结果 true 或 false 的变量名，该变量可供之后的工作使用。
- scope 属性表示变量的作用范围，若没有指定，默认为保存于 page 范围。

（2）＜c:choose＞、＜c:when＞和＜c:otherwise＞标记

这 3 个标记用于复杂的条件判断，与 Java 中的 switch-case-default 条件语句类似。＜c:choose＞标记相当于 switch，＜c:when＞标记相当于 switch 语句中的 case 关键字，＜c:otherwise＞标记相当于 switch 语句中的 default 关键字。在＜c:choose＞标记中可以有任意多个＜c:when＞标记和一个＜c:otherwise＞标记。

三个标记的语法格式如下：

```
<c:choose>
    <c:when test="condition">
            when 标记体
    </c:when>
    … <!--可以有多个<c:when>标记 -->
    <c:otherwise>
```

```
            otherwise 标记体
        </c:otherwise>
    </c:choose>
```

说明:

- 在<c:choose>标记中可以没有<c:otherwise>子标记,但至少要有一个<c:when>子标记。
- <c:when>和<c:otherwise>必须是<c:choose>的子标记,不能单独使用。
- <c:when>必须在<c:otherwise>前出现。
- 如果包含<c:otherwise>,<c:otherwise>必须是<c:choose>的最后一个子标记。

前面在程序 7.2 已经使用过这几个条件标记。

4. 迭代标记

JSTL 中的迭代标记可以替代 JSP 页面中用 Java 语句实现的循环处理。迭代标记有<c:forEach>和<c:forTokens>。

(1) <c:forEach>标记

<c:forEach>标记用于遍历处理一个集合对象中的元素,或者循环指定的次数。

用于遍历处理集合对象的语法格式如下:

```
<c:forEach [var="varName"] items="collection" [varStatus="varStatusName"]
    [begin="begin"] [end="end"] [step="step"]>
    forEach 标记体
</c:forEach>
```

用于循环指定次数的语法格式如下:

```
<c:forEach [var="varName"] [varStatus="varStatusName"] begin="begin"
    end="end" [step="step"]>
    forEach 标记体
</c:forEach>
```

说明:

- var 属性用来指定循环的变量名。循环过程中,存放集合对象中每个元素的值或存放 begin 和 end 之间的一个数。
- items 属性表示要遍历的集合对象。若对象为 null,则不进行遍历。
- varStatus 属性用来指定一个状态对象,调用该对象的方法可以得到循环过程中的一些状态信息,如 getIndex()方法获得当前迭代的对象元素的索引,getCount()方法获得当前迭代了多少个元素。
- begin 和 end 属性:如果存在 items 属性,则表示从集合对象的 begin 位置开始遍历，直至 end 位置结束遍历。若不存在 items 属性，begin 表示循环的起始值，end 表示循环的结束值。begin 的取值要大于等于 0。

- step 属性用来指定循环的步长，默认值是 1。

【程序 7.7】 在 demo07 文件夹中编写示例页面文件 forEachDemo.jsp 文件，实现简单的迭代处理。程序运行结果如图 7.5 所示。

```
<%@page language="java" contentType="text/html;charset=utf-8"%>
<%@taglib uri="http://java.sun.com/jsp/jstl/core" prefix="c"%>
<html>
    <body>
        <%! String [] numbers = { "1", "2", "3", "4" }; %>
        输出集合全部：
        <c:forEach var="numbering" items="<%=numbers%>">
            <c:out value="${numbering}" />
        </c:forEach>
        <br/>输出集合部分：
        <c:forEach var="numbering" items="<%=numbers%>" begin="2">
            <c:out value="${numbering}" />
        </c:forEach>
        <br/>输出 begin 和 end 范围：
        <c:forEach var="numbering" begin="2" end="10" step="2">
            <c:out value="${numbering}" />
        </c:forEach>
    </body>
</html>
```

```
localhost:8080/demo07/forEachDemo.jsp

输出集合全部：1 2 3 4
输出集合部分：3 4
输出begin和end范围：2 4 6 8 10
```

图 7.5 forEachDemo.jsp 的运行结果

在 forEachDemo.jsp 中，首先声明了一个字符串数组，然后使用<c:forEach>标记的不同用法分别实现各种形式的迭代输出。

（2）<c:forTokens>标记

<c:forTokens>标记按照指定的分隔符对字符串进行迭代处理，语法格式如下：

```
<c:forTokens items="stringOfTokens" delims="delimiters" [var="varName"]
    [varStatus="varStatusName"] [begin="begin"] [end="end"] [step="step"]>
    forTokens 标记体
</c:forTokens>
```

说明：

- items 属性表示要迭代的字符串。
- delims 属性用来指定一个或多个分隔符，如"，；"表示使用分隔符"，"和"；"来分割字符串。
- 其他属性的意义和作用和＜c：forEach＞标记类似。

【程序 7.8】　在 demo07 文件夹中编写示例页面文件 forTokensDemo.jsp 文件，实现按照指定分隔符迭代处理字符串。程序运行结果如图 7.6 所示。

```
<%@page language="java" contentType="text/html;charset=utf-8"%>
<%@taglib uri="http://java.sun.com/jsp/jstl/core" prefix="c"%>
<html>
    <body>
        <c:set var="member" value="Tom:Petter;Mary|John" scope="page" />
        <c:forTokens items="${member}" delims=":;|" var="membername">
            <c:out value="${membername}"/><br/>
        </c:forTokens>
    </body>
</html>
```

图 7.6　forTokensDemo.jsp 的运行结果

在 forTokensDemo.jsp 中，首先用＜c：set＞标记向 page 作用域中保存了一个字符串，然后使用＜c：forTokens＞标记，迭代输出使用指定分隔符得到的各个子字符串。

5. URL 标记

JSTL 有 3 个 URL 标记，分别是＜c：import＞、＜c：redirect＞和＜c：url＞，用于实现与 URL 操作相关的功能。它们分别用于实现导入其他页面、重定向和产生 URL 的功能。

（1）＜c：import＞标记

＜c：import＞标记可以把本站内或其他网站的静态和动态文件导入到本 JSP 页面。与此相比，＜jsp：include＞只能导入和自己属于同一个应用的文件。＜c：import＞除了可以导入同一个应用中的文件，还可以导入其他 Web 应用下的文件，以及网络上的各种资源。语法格式如下：

```
<c:import url="url" [context="context"] [var="varName"]
    [scope="page|request|session|application"]
    [charEncoding="charEncoding"] >
    import 标记体
</c:import>
```

说明：

- url 表示要导入资源的 URL 路径。
- context 表示上下文路径，用于访问同一服务器的其他 Web 应用。其值必须以 "/"开头，如果指定了该属性，那么 url 属性值也必须以"/"开头。
- var 指定存储资源的变量名。
- scope 表示变量的作用范围。
- charEncoding 表示被导入文件的编码格式。

下面的示例代码演示了使用<c:import>标记实现不同文件的导入。第一种是导入同一个 Web 应用中的文件；第二种是导入同一服务器上不同 Web 应用中的文件；第三种是导入任意 URL。

```
<c:import url="/top.jsp" var="topV"/>
<c:import url="/top.jsp" context="/newsPub2" var="topV"/>
<c:import url="www.newsPub.com/top.jsp" var="topV" />
```

（2）<c:redirect>标记

<c:redirect>标记可以将客户端请求从一个页面重定向到其他文件，其功能作用相当于 response.sendRedirect()方法。在重定向时，还可以对 request 请求中的属性进行修改或添加，然后再把所有属性传递到目标路径。语法格式如下：

```
<c:redirect url="url" [context="context"] >
    <c:param name="name" value="value">
</c:redirect>
```

其中 url、context 属性的含义与<c:import>标记的相同。标记体中的<c:param>表示向目标路径传递的参数信息

（3）<c:url>标记

<c:url>标记可以生成一个 URL 路径的字符串，该 URL 路径还可以带参数。语法格式如下：

```
<c:url value="url" [var="varName"]
    [scope="page|request|session|application"] [context="context"] >
    <c:param>
</c:url>
```

该语法参数的含义与＜c：redirect＞标记的相同。

该语法将输出产生的 URL 字符串信息。如果指定了 var 和 scope 属性,所产生的
URL 字符串信息就不再输出,而是存储在变量中以备后用。

例如下面的代码：

```
<a href="<c:url value="http://www.newsPub.com" >
            <c:param name="username" value="admin"/>
        </c:url>">
    练习使用 URL 标记
</a>
```

所产生的链接目录 URL 是 http：// www.newsPub.com？ username＝"admin",读
者可以自行编程验证。

7.3　新闻修改功能开发

Java 的发明者 SUN 公司(已被 Oracle 公司收购)在最初引入 JSP 技术时,定义了两
种开发模型来建立基于 JSP 的 Web 应用程序。这两种开发模型分别被称为 JSP Model1
和 JSP Model2。JSP Model1 开发模式的实现比较简单,适用于快速开发小型应用。

JSP Model1 开发模式把 Web 应用定义为三部分构成,分别是浏览器、服务器和数据
库。服务器上运行负责页面显示的 JSP 和实现业务逻辑的 JavaBean,使用 JSP 页面和
JavaBean 共同协作完成应用功能。JSP Model1 开发模式的整体架构如图 7.7 所示。

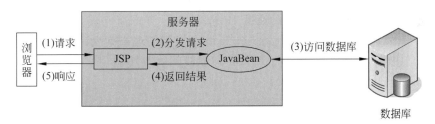

图 7.7　JSP Model1 的架构

在基于 JSP Model1 的 Web 应用中,一次用户请求的处理过程如下：

(1) 浏览器发出请求。

(2) 指定的 JSP 页面接收请求,并将请求以适当的方式分发给对应的 JavaBean 来
处理。

(3) 如果该业务需要与数据库交互,由 JavaBean 来访问数据库。

(4) JavaBean 将处理结果返回给显示结果的 JSP 页面。

(5) 应用服务器将 JSP 页面产生的响应信息返回给浏览器。

7.3.1 新闻修改功能开发任务

本节实现新闻修改功能的开发。

管理员用户登录成功后，进入新闻管理页面。单击新闻管理表格中的"修改"超链接进入相应新闻的修改页面，可以对该条新闻的标题、类别、内容和关键字等信息进行修改。完成所需修改后，单击"修改"按钮进入新闻修改提交页面，显示修改操作提示。然后单击"新闻管理页面"超链接返回新闻管理页面。

相关的功能界面可以参见第 1 章的示例应用介绍。接下来按照 JSP Model1 开发模式，完成新闻修改功能的设计和实现。

7.3.2 新闻修改功能设计与实现

1. 新闻修改功能设计

新闻修改功能是要对指定新闻的标题、类别、内容和关键字等信息进行修改。

首先设计新闻模块功能涉及的页面及相关的流程控制和数据传递。

新闻修改功能的流程控制涉及 3 个页面：从新闻管理页面到新闻修改页面使用超链接实现；从新闻修改页面到新闻修改提交页面使用 HTML 表单中的"提交"按钮实现；从新闻修改提交页面到新闻管理页面使用超链接实现。

在新闻修改功能中有两次数据传递。第一次是单击"修改"超链接进入新闻修改页面时，需要同步传递要修改的新闻 id 值，可以使用 URL 传参方式实现，然后根据 id 值取出新闻数据表中对应的新闻数据，显示在修改表单中。第二次是单击"修改"按钮进入新闻修改提交页面时，需要同步传递修改之后的新闻内容，可以使用 HTML 表单元素实现。

然后设计上述功能需要使用的 JavaBean。这里需要用到封装新闻相关信息的实体 Bean 和实现新闻数据表访问功能的业务 Bean。

实体 Bean 已经在第 6 章实现。业务 Bean 中需要实现查询全部新闻方法、按 id 查询新闻方法和修改新闻方法，分别用于新闻管理和新闻修改功能，其中前两个方法也已经在第 6 章实现。

2. 新闻修改功能实现

【**程序 7.9**】 修改程序 6.16 实现新的新闻数据表访问类文件 NewsDAO.java，增加修改新闻的 modify()方法。

```
package news.beans;
import java.util.ArrayList;
import java.sql.*;
import news.util.*;

public class NewsDAO {
...
    /*
     * 修改新闻
     */
```

```
public boolean modify(News news) {
    boolean result =false;
    int n =0;
    Connection conn =null;
    Statement stmt =null;
    String sql =null;
    try {
        conn =DBGet.getConnection();
        stmt =conn.createStatement();
        sql ="update news set title='" +news.getTitle() +"',content='"
                +news.getContent() +"' ,author='" +news.getAuthor()
                +"',pubtime='" +news.getPubtime() +"',keyword='"
                +news.getKeyword() +"',acnumber='" +news.getAcnumber()
                +"',newstype=" +news.getNewstype() +" where id="
                +news.getId();
        n =stmt.executeUpdate(sql);
    } catch (SQLException e1) {
        System.out.println(e1 +"dao: " +sql);
    } finally {
        DBGet.closeConnection(conn);
    }
    if (n >0)
        result =true;
    return result;
}
```

　　modify()方法更新新闻数据表中的一条记录,其参数是一个 News 对象。所用到的各个字段值是 News 对象的属性值。最后返回一个逻辑值代表插入操作成功或失败。

　　编写完成后,需要重新编译 NewsDAO 类。

　　【程序 7.10】　在 newsPub 文件夹下编写新闻修改页面文件 modiNews.jsp。

```
...
<%@taglib uri="http://java.sun.com/jsp/jstl/core" prefix="c"%>
    ...
    <!--main begin -->
    <jsp:useBean id="newsDAO" class="news.beans.NewsDAO" scope="page" />
    <jsp:useBean id="newstypeDAO" class="news.beans.NewstypeDAO"
        scope="page" />
    <%
        ArrayList<Newstype>newstypeList =newstypeDAO.getAllNewstype();
        String id =request.getParameter("id");
```

```jsp
        News news =newsDAO.getByID(id);
        request.setAttribute("newstypeList", newstypeList);
        request.setAttribute("news", news);
%>
<section class="inputform">
    <div class="top-bar">
        <h1>新闻修改</h1>
    </div><br/>
    <form action="doModiNews.jsp" method="post">
        <input type="hidden" name="author"
            value="${sessionScope.username}"></input>
        <input type="hidden" name="id" value="${news.id}"></input><
        br/>
        <input type="hidden" name="acnumber"
            value="${news.acnumber}"></input>
        <input type="hidden" name="pubtime"
            value="${news.pubtime}"></input>
        标题:
        <input type="text" name="title" id="title" value="${news.
        title}">
        </input><br/><br/>
        类别: <select name="newstype">
        <c:forEach var="newstype" items="${newstypeList}">
            <c:choose>
                <c:when test="${newstype.id ==news.newstype }">
                <option value="${newstype.id}" selected="selected">
                    ${newstype.newstype}
                </option>
                </c:when>
                <c:otherwise>
                <option value="${newstype.id}">${newstype.newstype}
                </option>
                </c:otherwise>
            </c:choose>
        </c:forEach>
        </select>       
        关键字:
        <input type="text" name="keyword" id="keyword"
            value="${news.keyword}">
        </input><br/><br/>
        内容:
        <textarea name="content" cols="25" rows="5">
            ${news.content}
```

```
            </textarea><br/><br/>      
                       
            <input type="submit" value="修改"></input>
        </form>
    </section>
    <!--main end -->
    ...
```

modiNews.jsp 负责提供修改新闻的表单。表单的 action 属性取值为 doModiNews. jsp,实现从新闻修改到提交页面的流程控制。表单中分别提供了用于输入新闻标题、类别、内容和关键字的输入元素以及提交表单的"发布"按钮。

因为是对原有新闻内容的修改,所以需要取出要修改的新闻标题、内容、类别和关键字,并显示在修改表单的各个输入元素中。这里使用 JavaBean 和 JSTL 来实现 JSP 页面,尽可能减少脚本代码。

首先用<taglib>指令引入 JSTL,然后使用<useBean>标记创建 newsDAO 对象和 newstypeDAO 对象两个业务 Bean。

接下来编写脚本代码,调用 newstypeDAO 对象的 getAllNewstype()方法得到新闻类型集合对象 newstypeList;调用 newsDAO 对象的 getByID 方法得到要修改的新闻对象 news。为了能够通过 EL 来使用这些对象,需要把它们添加到 request 作用域中。

最后使用 EL 取出要修改的新闻内容并设置为 input 标记的 value 属性值,显示在页面上供修改。

另外,需要注意其中显示新闻类别的实现方法,用到了 forEach、choose、when 和 otherwise 标记进行迭代和条件判断。特别要注意在条件判断中 EL 表达式的写法。关键代码如下:

```
<c:forEach var="newstype" items="${newstypeList}">
    <c:choose>
        <c:when test="${newstype.id ==news.newstype }">
        <%--注意: test 条件不能写成${newstype.id} ==${news.newstype } --%>
        <option value="${newstype.id}" selected="selected">
            ${newstype.newstype}
        </option>
        </c:when>
        <c:otherwise>
        <option value="${newstype.id}">${newstype.newstype}
        </option>
            </c:otherwise>
    </c:choose>
</c:forEach>
```

还有一个需要注意的地方是,对于新闻 id 值不允许修改,但也要作为表单提交的内容，所以，使用了 hidden 类型的 input 元素。

【**程序 7.11**】　在 newsPub 文件夹下编写新闻修改提交页面文件 doModiNews.jsp。

```
...
<%@taglib uri="http://java.sun.com/jsp/jstl/core" prefix="c"%>
...
<!--main begin -->
    <section class="inputform">
        <div class="top-bar">
            <h1>操作提示</h1>
            <div class="breadcrumbs"></div>
        </div><br/>

        <%request.setCharacterEncoding("utf-8");%>
        <jsp:useBean id="newsDAO" class="news.beans.NewsDAO" scope="page"/>
        <jsp:useBean id="news" class="news.beans.News" scope="page"/>
        <jsp:setProperty name="news" property="*"/>
        <%
            boolean success =newsDAO.modify(news);
            session.setAttribute("success", success);
        %>
        <c:choose>
            <c:when test="${success}">
                新闻修改成功,单击返回<a href='manageNews.jsp'>新闻管理页面</a>
            </c:when>
            <c:otherwise>
                新闻修改失败,请联系管理员!
            </c:otherwise>
        </c:choose>
    </section>
    <!--main end -->
```

doModiNews.jsp 负责获取表单数据并更新数据库。

首先使用＜jsp:useBean＞标记创建两个 JavaBean 实例,分别是 NewsDAO 类的实例 newsDAO 和 News 类的实例 news。

然后使用＜jsp:setProperty＞标记取出表单中提交的参数值并赋值给 News 对象中同名的属性。

接下来调用 JavaBean 实例的方法,实现新闻修改功能,并将返回值放入 request 作用域中。

最后使用＜c:choose＞标记对修改结果进行选择判断,并显示相应的操作提示信息。

至此,完成新闻修改功能的开发。

7.3.3　新闻修改功能运行过程

新闻修改功能的程序运行过程详述如下。

启动 Tomcat，打开浏览器，在地址栏输入 http://localhost：8080/newsPub/manageNews.jsp，进入新闻管理页面，在新闻列表中，单击某条新闻后的"修改"超链接，进入新闻修改页面。对新闻内容进行必要的修改之后，单击"修改"按钮，进入新闻修改提交页面。在新闻修改提交页面单击"新闻管理页面"超链接返回新闻管理页面。

本 章 小 结

本章主要介绍了 EL 和 JSTL 的功能和使用。EL 使用"${ EL 表达式 }"的简洁形式表示常量、变量和对象等元素。JSTL 以类似 HTML 标记的形式取代 JSP 页面中的 Java 脚本，对 JSTL 中常用的标记用法进行了介绍。围绕对 EL 和 JSTL 的应用，本章重构了新闻发布系统的新闻管理页面和动态功能菜单页面，并实现新闻修改功能。

本章演示程序共有 6 个代码文件，相关目录结构如图 7.8 所示。本章完成的示例应用程序是新闻管理页面和功能菜单的重构以及新闻修改功能的实现，相关源代码文件及目录结构如图 7.9 所示。

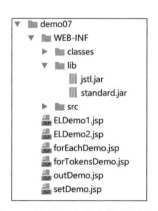

图 7.8　演示程序的代码目录结构

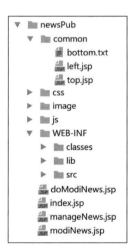

图 7.9　示例应用程序的代码目录结构

习　　题

1. 单选题

（1）在 JSP 页面中获取客户端提交的名为 password 的请求参数值，可以使用 EL 表达式（　　）。

　　A. ${pageScope.passowrd}　　　　B. ${sessionScope.passowrd}

C. ${param.passowrd}　　　　　　D. ${applicationScope.passowrd}

（2）在 JSP 页面中使用 JSTL，需要使用如下语句导入（　　　）。

A. <%@taglib uri="http://java.sun.com/jsp/jstl/core" prefix="c"%>

B. <%@taglib uri="http://java.sun.com/jsp/jstl/fmt" prefix="fmt"%>

C. <%@taglib uri="http://java.sun.com/jsp/jstl/x" prefix="x"%>

D. <%@taglib uri="http://java.sun.com/jsp/jstl/sql" prefix="sql"%>

（3）能够实现循环功能的 JSTL 标记是（　　　）。

A. <c:set>　　　　B. <c:out>　　　　C. <c:forEach>　　　D. <c:if>

2. 简答题

（1）简述 JSTL 的主要用途及使用步骤。

（2）简述 JSP Model1 的概念。

3. 上机练习

（1）使用 EL 和 JSTL 重构新闻发布系统中已经完成的 JSP 页面。

（2）基于 JSP Model1 开发模式，完成新闻修改功能的开发。

（3）基于 JSP Model1 开发模式，完成热点新闻功能的开发。

提示：需要在查看新闻页面中记录该条新闻的单击次数，并在页面侧栏热点新闻处显示单击次数最高的前 5 条新闻标题。具体做法如下：

- 在 NewsDAO.java 中添加 increaseAc(String id)方法，为指定 id 值的新闻单击次数加 1，并在 dispNews.jsp 页面中调用该方法。

- 在 NewsDAO.java 中添加 getTop5( )方法，查询并返回单击次数最高的前 5 条新闻的列表，并在 left.jsp 页面中热点新闻位置循环显示新闻标题。

第8章
重构程序结构

学习目标

➤ 理解 Servlet 的基本概念和编程方法

➤ 了解过滤器的基本概念和编程方法

➤ 理解 MVC 架构模式和基于 MVC 的开发

8.1 新闻搜索功能开发

8.1.1 新闻搜索功能开发任务

新闻搜索功能是所有页面共用的一个功能。在所有页面的侧栏上部都有一个"站内检索"区域,用户在文本框中输入想要查询的关键词后,单击"搜索"按钮,会在页面右侧显示关键词与用户输入一致的所有新闻标题。之后单击新闻即可进入新闻的阅读页面。

新闻搜索页面如图 8.1 所示。

图 8.1 新闻搜索页面

8.1.2 新闻搜索功能设计与实现

1. 新闻搜索功能设计

新闻搜索功能的处理逻辑比较简单,本质上就是一个简单的数据库查询。使用在前面的章节中已经学过的相关知识,就可以完成这个开发任务。本章采用一种新的开发模式来实现这个功能。

首先分析新闻搜索功能中的流程控制。这里涉及两个页面。侧边栏中的"站内检索"会出现在所有页面中,前面已经利用结构化网页设计方法把它单独放在 left.jsp 中,当单击其中的"搜索"按钮时进入到搜索结果页面。显然,这里的流程控制可以用 HTML 的提交表单方式来实现。

然后再分析新闻搜索功能中的数据传递。这里的数据传递也很简单。用户在 left.jsp 页面的表单中输入搜索关键字,当单击"搜索"按钮时,这个关键字需要同步传递给实现新闻查询功能的程序模块，当进入搜索结果页面时还需要传递查询结果用以显示。前者正好使用 HTML 的提交表单方式来实现，而后者则采用本章介绍的一种新的数据传递方式来实现。

如果按照在之前的开发模式来实现新闻搜索功能，只需要再编写一个搜索结果页面，并把搜索表单的提交对象设置为这个页面。然后在此页面中获取表单输入，再访问数据库中的新闻数据表查询相关新闻，最后在搜索结果页面中显示查询结果即可。但是对比这个搜索结果页面和之前已经实现过的新闻列表页面可以发现，这两个页面的显示逻辑完全相同，都是把从数据库中查询到的一组新闻标题以列表的形式显示在页面上。

第 6 章在介绍 JavaBean 的概念时已经提到，应该让 JSP 页面关注于内容显示，把数据的处理逻辑封装到 JavaBean 里，这样便于实现页面功能的动静分离。既然新闻列表功能的页面显示逻辑与新闻搜索功能相同，那么可以考虑采用一种新的实现方式，让这两个功能能够共用同一个结果显示页面。下面给出具体的实现。

2. 新闻搜索功能实现

在 newsPub\WEB-INF\src 文件夹下创建图 8.2 所示的目录结构，用于存放 Java 类源文件。

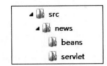

图 8.2 src 的目录结构

【**程序 8.1**】 修改 newsPub\common 文件夹中的新闻搜索表单所在页面文件 left.jsp，设置表单的提交目标地址，并增加一个 hidden 类型的 input 标记。

```
<%@page language="java" contentType="text/html;charset=utf-8"%>
<section>
    <h1>站内检索</h1>
    <hr/>
    <form action="news" method="get">
        <input type="hidden" name="action" value="query"/>
        <input type="text" placeholder="请输入关键字" name="keyword"/>
        <img id="submitBtn" style="cursor: pointer;"
            onclick="submitFun()" name="submitBtn" src="image/ss.jpg"/>
    </form>
</section>
...
```

left.jsp 是在第 3 章学习结构化网页设计时编写的页面。站内检索区的表单用于输入搜索关键字并向服务器端提交，使用 HTML 的 form 标记和 input 标记实现。

form 标记中的 action 属性取值为 news。这里的取值不再是一个具体的 JSP 页面，而是一个普通的字符串,它的具体含义后面再做详细解释。表单中有一个 input 标记设置为 hidden 类型,其 name 属性值为 action,其 value 属性值为 query。它是用来区分搜索新闻功能和新闻列表功能,具体用法也会在后面说明。另一个实现文本框的 input 标记用于输入关键字,其 name 属性设置为 keyword。

【程序 8.2】　修改程序 7.9 的 NewsDAO.java 实现新的新闻数据表访问类,增加按关键字查询的 getByKeyword()方法。

```java
package news.beans;
import java.util.ArrayList;
import java.util.List;
import java.sql.*;

public class NewsDAO {

...

    /*
     * 根据关键字查询相关新闻
     */
    public ArrayList<News>getByKeyword(String keyword){
        News news=null;
        ArrayList<News>newsList =new ArrayList<News>();
        Connection conn =null;
        ResultSet rs =null;
        Statement stmt =null;
        try{
            conn =DBGet.getConnection();
            stmt =conn.createStatement();
            String sql="SELECT * from news where keyword ='"+keyword+"'";
            rs =stmt.executeQuery(sql);

            while(rs.next()){
              news=new News();
              news.setId(rs.getInt("id"));
              news.setTitle(rs.getString("title"));
              news.setContent(rs.getString("content"));
              news.setAuthor(rs.getString("author"));
              news.setPubtime(rs.getString("pubtime"));
              news.setKeyword(rs.getString("keyword"));
```

```
                newsList.add(news);
            }
        }catch(SQLException e1) { System.out.println(e1+"dao"); }
        finally{
            DBGet.closeConnection(conn);
        }
        return newsList;
    }
}
```

NewsDAO 类的 getByKeyword()方法根据关键字查询新闻表中的指定记录。执行如下 SQL 语句，其中的 keyword 为方法参数：

```
String sql="SELECT * from news where keyword ='"+keyword+"'";
```

处理查询结果的方法是对每一条记录，取出其各字段值，并分别设置为一个 News 对象的属性，最后把所有的 News 对象放入 ArrayList 对象 newsList 并返回。

编写完成后打开命令行窗口，进入 newsPub 文件夹中的 src 文件夹，使用下面的命令进行编译：

```
javac -d ..\classes news\beans\NewsDAO.java
```

编译成功后可以看到在 newsPub 文件夹中的 classes 文件夹下自动创建了 news\beans\文件夹，其中是刚刚编译得到的 NewsDAO.class 文件。

这里用到的 DBGet 类和 News 类是第 6 章实现的程序 6.1 和程序 6.15 中的类。

【程序 8.3】 在 servlet 文件夹下编写新闻请求处理类文件 NewsServlet.java，专门用于处理新闻模块的用户请求。

```
package news.servlet;
import java.io.IOException;
import java.util.ArrayList;
import javax.servlet.ServletException;
import javax.servlet.http.HttpServlet;
import javax.servlet.http.HttpServletRequest;
import javax.servlet.http.HttpServletResponse;
import news.beans.News;
import news.beans.NewsDAO;

public class NewsServlet extends HttpServlet {
    public void doGet(HttpServletRequest request,
            HttpServletResponse response)
```

```
            throws ServletException,IOException{
        ArrayList<News>newsList =new ArrayList<News>();
        NewsDAO newsDAO =new NewsDAO();

        String func=request.getParameter("action");
        if (func==null){
            func="";
        }
        if (func.equals("query")){            //按关键字查询
            String keyword=request.getParameter("keyword");
            newsList =newsDAO.getByKeyword(keyword);
            request.setAttribute("newsList", newsList);
              request.getRequestDispatcher
                    ("listNews.jsp").forward(request, response);
        }else{                                //所有新闻
            newsList =newsDAO.getAllNews();
            request.setAttribute("newsList", newsList);
            request.getRequestDispatcher("listNews.jsp").forward(request,
                response);
        }
    }
    public void doPost(HttpServletRequest request,
            HttpServletResponse response) throws
            ServletException, IOException {
        doGet(request, response);
    }
}
```

NewsServlet.java 负责处理客户端发出的 HTTP 请求。

doGet()方法用于处理客户端的 GET 请求。这里只要知道当收到客户端使用 get()方法提交的表单时这个方法被自动调用就可以了,详细的处理流程参见 8.2 节。这个方法头的格式是固定的,方法的两个参数 request 和 response 暂时可以理解为 JSP 中的同名内置对象。

首先创建一个 ArrayList 对象 newsList 用于保存查询结果,再创建一个新闻数据表访问类对象 newsDAO。

然后利用 request 对象取得用户提交的表单数据中的 action 变量的值。如果未取得则使用空字符串作为默认值。

接下来根据 action 的值来判断用户请求的类型。如果是 query,说明用户是通过提交搜索新闻表单发出的请求,那么就继续取出表单数据中的 keyword 变量的值,并作为参数,调用 newsDAO 对象的 getByKeyword()方法。根据前面的说明,可以知道这个方法会把根据 keyword 值作为关键字查询到的相关新闻返回给 newsList。之后调用

request 对象的 setAttribute（）方法将 newsList 放入 request 作用域,再调用 getRequestDispatcher()方法获得请求转发对象并调用其 forward()方法将该请求转发到 listNews.jsp 页面。

如果 action 值不是 query,就按照新闻列表功能来处理,直接调用 newsDAO 对象的 getAllNews()方法,把所有新闻返回给 newsList,后续处理与上面相同。

编写完成后打开命令行窗口,进入 newsPub 文件夹中的 src 文件夹,使用下面的命令进行编译:

```
javac -d ..\classes news\servlet\NewsServlet.java
```

编译成功后可以看到在 newsPub 文件夹中的 classes 文件夹下自动创建了 news\ serlvet\文件夹,其中是刚刚编译得到的 NewsServlet.class 文件。

如果出现编译错误,可以参考 8.2.2 节中的做法将 Servlet API 库文件添加到环境变量 CLASSPATH 中,再次编译。

【程序 8.4】 在 newsPub 文件夹下编写新闻列表页面文件 listNews.jsp,该文件只关注页面显示功能。

```
...
<!--main begin -->
<!--使用 taglib 指令设置标记前缀 -->
<%@taglib uri="http://java.sun.com/jstl/core_rt" prefix="c"%>
<section class="news_list">
    <h1>新闻列表</h1>
    <ul>
    <c:forEach items="${requestScope.newsList}" var="news">
        <li><div class="dd_lm">[${news.newstype}]</div>
            <div class="dd_bt">
                <a href="dispNews.jsp?id=${news.id} ">${news.title} </a>
            </div>
            <div class="dd_time">${news.pubtime} </div>
        </li>
    </c:forEach>
    </ul>
</section>
<!--main end -->
...
```

listNews.jsp 是新闻搜索和新闻列表两个功能共用的结果页面。前面已经看到,无论是处理哪个功能请求,最终都是将查询结果以 ArrayList 对象的形式存放在 request 作用域中。因此,在实现新闻列表页面时,不需要考虑是作为哪个功能的结果页面,只要从 request 作用域中取出 newsList,再将其中的内容显示在页面中即可。

这里使用 JSTL 中的 forEach 标记实现迭代处理,将每个 News 对象的信息显示在结果页面中。

【程序 8.5】　在 newsPub 文件夹下编写应用的入口页面文件 index.jsp,替代原来的系统页面 index.jsp,把请求直接转发给 Servlet。

```
<%@page language="java" contentType="text/html;charset=utf-8"%>
<%
    response.sendRedirect("news");
%>
```

index.jsp 作为整个应用的入口页面,利用页面重定向功能将访问首页的请求转发给 news,进而交由 NewsServlet 类来处理。

【程序 8.6】　在 WEB-INF 文件夹下编写应用配置文件 web.xml,对应用的默认首页和 Servlet 进行配置。

```
<?xml version="1.0" encoding="UTF-8"?>
<web-app version="2.5"
    xmlns="http://java.sun.com/xml/ns/javaee"
    xmlns:xsi="http://www.w3.org/2001/XMLSchema-instance"
    xsi:schemaLocation="http://java.sun.com/xml/ns/javaee
    http://java.sun.com/xml/ns/javaee/web-app_2_5.xsd">
<welcome-file-list>
    <welcome-file>index.jsp</welcome-file>
</welcome-file-list>
<servlet>
    <servlet-name>newsServlet</servlet-name>
    <servlet-class>news.servlet.NewsServlet</servlet-class>
</servlet>
<servlet-mapping>
    <servlet-name>newsServlet</servlet-name>
    <url-pattern>/news</url-pattern>
</servlet-mapping>
</web-app>
```

welcome-file-list 标记定义 Web 应用的默认首页。

servlet 标记和 servlet-mapping 标记分别实现 NewsServlet 的定义和映射,具体含义参见 8.2 节。

至此,完成新闻搜索功能的开发。

8.1.3　新闻搜索功能运行过程

新闻搜索功能的程序运行过程详述如下。

启动 Tomcat,打开浏览器,在地址栏输入 http://localhost:8080/newsPub/。因为在 web.xml 文件中已经配置了 newsPub 应用的默认首页,所以 Tomcat 会运行 index.jsp 来处理此请求。index.jsp 中实现页面重定向功能的代码被执行,浏览器会自动发出对 http://localhost:8080/newsPub/news 的请求。

因为在 web.xml 中把 news 配置为映射到 newsServlet,而 newsServlet 对应的是 news.servlet.NewsServlet 类,所以 Tomcat 会调用 NewsServlet 类中的 doGet()方法来处理此请求。

doGet()方法中获取请求参数 action,得到 null 值,因此执行查看所有新闻的代码段,调用 newsDAO 对象的 getAllNews()方法。

getAllNews()方法中访问 news 数据库中的 news 数据表,查询出全部记录。然后为查询结果中的每条记录创建一个 News 类对象,封装该记录的各字段值,再把此 news 对象存放到 ArrayList 对象 newsList 中。最后返回 newsList。

接下来在 doGet()方法中把这个 newsList 存放到 request 作用域中,并将请求在服务器端转发给 listNews.jsp 页面。

在 listNews.jsp 页面中使用 JSTL 的 forEach 标记,迭代处理保存在 request 作用域中的 newsList,将其中每个 News 对象的 id、title、pubtime 等属性值显示在页面中。这是第一次使用 listNews.jsp,被作为查看所有新闻标题功能的结果显示页面。

再在侧栏"站内检索"区的文本框中输入要查询的新闻关键字,单击"搜索"图标,表单被提交给 form 标记的 action 属性定义的 news。前面已经解释过,这个请求会由 NewsServlet 类中的 doGet()方法来处理。

doGet()方法中获取请求参数 action,得到 query 值,因此执行按关键字查询的代码段,会再获取请求参数 keyword,然后调用 newsDAO 对象的 getByKeyword()方法。

getByKeyword()方法中按照访问 news 数据库中的 news 数据表,查询 keyword 字段与参数值相同的记录。然后同样为查询结果中的每条记录创建一个 News 类对象,封装该记录的各字段值,再把此 news 对象放入 ArrayList 对象 newsList 中。最后返回 newsList。

接下来在 doGet()方法中也同样把这个 newsList 存入 request 作用域中,并将请求在服务器端转发到 listNews.jsp 页面。listNews.jsp 页面使用与上面相同的显示处理逻辑,将查询结果显示在页面中。这是第二次使用 listNews.jsp,被作为按关键字查看新闻标题功能的结果显示页面。

8.2　Servlet 开发

Servlet 是一种在服务器端运行的 Java 程序,可以对任何类型的网络请求产生响应,但最常见的是用于处理 HTTP 请求。与传统的通过命令行启动的 Java 程序不同,Servlet 程序是由 Web 服务器进行加载并运行。前面程序 8.3 中的 NewsServlet.java 就是一个 Servlet 程序。本节介绍 Servlet 开发的相关内容。

8.2.1　Servlet 基础

1. Servlet 简介

Servlet 是用 Java 语言编写的一个类，用于扩展服务器的功能，实现驻留在服务器上的通过请求/响应模型来访问的应用程序。但 Servlet 并不是一个独立的应用程序，它需要被其他的应用程序（Servlet 容器）调用才能执行。

Servlet 容器负责接收用户请求，并将请求传送给 Servlet。在 Servlet 执行完成后，再由容器将执行结果作为响应返回给用户。不同的 Servlet 容器具体实现可能会有所区别，但容器与 Servlet 之间的接口是由 Servlet API 统一定义的。这个接口定义了 Servlet 容器在 Servlet 上要调用的方法和传递的对象类。

前面在介绍 JSP 的运行机制时提到过，JSP 页面需要首先被 JSP 引擎转译为一个 Java 类，然后再编译运行。事实上，转译得到的那个 Java 类就是一个 Servlet 程序。换句话说，JSP 实质上还是 Servlet。由于使用 Servlet 来编写服务器端程序直接输出响应信息比较烦琐，才出现了能够使用客户端开发技术和服务器端脚本混合编码的 JSP 技术。因此使用 JSP 来开发 Web 应用的效率要比 Servlet 更高。目前的 Java Web 应用开发中仍然在使用 Servlet，但多是将 Servlet 用在 MVC 模型中作为控制器组件。

2. Servlet 接口

Servlet API 主要包括 javax.servlet 和 javax.servlet.http 两个包。其中，javax.servlet 包中定义的接口和类是与协议无关的，javax.servlet.http 包则继承和扩展了 javax.servlet 包，定义了一组专门针对 HTTP 协议的接口和类。

javax.servlet 包中的 javax.servlet.Servlet 接口定义了所有 Servlet 的生命周期，是 Servlet 的基础接口。表 8.1 是 Servlet 接口的主要方法。

表 8.1　Servlet 接口的主要方法

方 法 声 明	功 能 简 介
public void destroy()	当 Servlet 被销毁时，Servlet 容器会调用此方法
public void init(ServletConfig config)	当 Servlet 被初始化时，Servlet 容器会调用此方法
public void service(ServletRequest request, ServletResponse response)	用于提供服务，处理 request 对象描述的请求，并使用 response 对象返回响应

表 8.1 中的这三个方法定义了 Sevrlet 的生命周期。Servlet 运行在 Servlet 容器中，其生命周期由容器管理，主要包括以下几个阶段：

- Servlet 容器在首次调用 Servlet 时为它创建一个实例。
- 容器调用该实例的 init() 方法进行初始化。如果初始化失败则直接卸载该实例。
- 如果容器对该 Servlet 有请求，就调用该实例的 service() 方法提供服务，如果服务出错则抛出 Unavailable 异常。
- 在销毁此实例之前，容器会调用它的 destroy() 方法。
- 销毁实例，结束生命周期。

init() 方法和 destroy() 方法只是分别在创建实例之后和销毁实例之前被容器调用一

次,而 service()方法在每次发生对 Servlet 的请求时,都会被调用一次。在 service()方法中,可以通过 ServletRequest 对象得到请求信息,在对请求进行处理之后,再通过 ServletResponse 对象设置响应信息。

编写 Servlet 的基本方法就是实现 javax.servlet.Servlet 接口。另外,javax.servlet 包中的 javax.servlet.GeniricServlet 类是 Servlet 接口的一个实现。它提供了除 service()方法以外其他方法的默认实现。因此,也可以直接继承 GeniricServlet 类来编写 Servlet,然后再根据需要重写 service()方法的实现。

3. HttpServlet 类

对于 Web 应用而言,Servlet 主要是用于处理 HTTP 请求,所以编写 Servlet 更一般的方法是继承 javax.servlet.http.HttpServlet 类。

HttpServlet 类是 GeniricServle 类的子类,通过调用指定到 HTTP 请求的方法来实现 service()方法。对于 HTTP 中定义的 DELETE、HEAD、GET、POST、PUT 等方法,分别调用 doDelete()、doHead()、doGet()、doPost()、doPut()等方法来处理相应的请求,如表 8.2 所示。

表 8.2　HttpServlet 类的主要方法

方 法 声 明	功 能 简 介
void doGet（HttpServletRequest request, HttpServletResponse response)	用来处理 HTTP GET 请求
void doPost（HttpServletRequest request, HttpServletResponse response)	用来处理 HTTP POST 请求
void service（HttpServletRequest request, HttpServletResponse response)	根据请求的类型,将请求导向 doGet()、doPost()等方法

这样,编写 Servlet 时只需继承 HttpServlet 类,根据请求类型是 GET 还是 POST,重写 doGet()或 doPost()方法即可。这两个方法的参数 request 和 response 分别是 HttpServletRequest 类和 HttpServletResponse 类的对象。其中,request 对象提供访问请求信息的方法,例如表单数据,response 对象提供了设置响应信息的方法。

使用 Servlet 需要在 Web 应用描述文件 web.xml 中配置它的定义和映射,需要用到的各个元素及其含义如表 8.3 所示。

表 8.3　Servlet 配置元素

元　素	含　义
servlet	定义一个 Servlet
servlet-name	指定 Servlet 的名称
servlet-class	指定 Servlet 类名
servlet-mapping	关联 Servlet 和 URL
url-pattern	指定访问 Servlet 使用的 URL

8.2.2　Servlet 应用

1. 编写 Servlet

编写 Servlet 的一般步骤如下。

第一步，导入 javax.servlet 包、javax.servlet.http 包及其他必要的包。

第二步，继承 HttpServlet 类，并重写 doPost()方法和 doGet()方法。

第三步，在 doPost()方法和 doGet()方法中依次实现获取请求参数、创建输出对象、设置响应类型、输出响应内容等功能。

下面给出一个使用 Servlet 实现获取表单输入并实现简单输出的例子。

【程序 8.7】 在"Tomcat 安装目录\webapps\"文件夹是创建 demo08 文件夹，并在其中建立如图 8.3 所示的目录结构。在 servlet 文件夹下编写 Servlet 示例类文件 HelloServlet.java。

```java
package servlet;
import java.io.*;
import javax.servlet.*;
import javax.servlet.http.*;
public class HelloServlet extends HttpServlet {
    public void doGet(HttpServletRequest request, HttpServletResponse
            response) throws ServletException, IOException {
        String param1 = request.getParameter("username");
        PrintWriter out = response.getWriter();
        response.setContentType("text/html");
        out.println("<html><head><title>ServletDemo</title></head>");
        out.println("<body><h1>");
        out.println("Hello,"+param1);
        out.println("</h1></body></html>");
    }

    public void doPost(HttpServletRequest request, HttpServletResponse
            response) throws ServletException, IOException {
        doGet(request, response);
    }
}
```

HelloServlet 类继承 HttpServlet 类并实现了 doGet()方法和 doPost()方法，分别用于处理 GET 请求和 POST 请求。

doGet()方法处理客户端发送的 GET 请求。首先获取请求参数 username 的值，然后使用 out 对象进行输出。这里所输出的字符串内容组合起来正好构成一个标准的网页文档，最后被 Tomcat 作为对此次请求的响应信息返回给浏览器。

doPost()方法直接调用 doGet()方法，对 POST 请求进行相同的处理。

图 8.3　demo08 应用的目录结构

2. 编译和配置 Servlet

Servlet 类编写完成之后，需要进行编译和部署。

编译 Servlet 之前，需要先把 Servlet API 库文件添加到环境变量 CLASSPATH 中。可以直接使用 Tomcat 发行版中包含的 servlet-api.jar，往系统的 CLASSPATH 环境变量中增加下面的值（假定 Tomcat 安装目录为 d:\tomcat）

```
d:\tomcat\lib\servlet-api.jar
```

然后打开命令行窗口，进入 demo08 应用中的 src 目录，使用下面的命令进行编译：

```
javac -d ..\classes servlet\HelloServlet.java
```

编译结束之后可以看到在 demo08 应用中的 classes 目录下自动创建了 servlet 目录，其中是刚刚编译得到的 HelloServlet.class 文件。

【程序 8.8】　在 demo08\WEB-INF 文件夹下创建示例应用配置文件 web.xml，进行 Servlet 定义和映射，代码如下：

```
<?xml version="1.0" encoding="UTF-8"?>
<web-app>
    <welcome-file-list>
        <welcome-file>index.jsp</welcome-file>
    </welcome-file-list>
    <servlet>
        <servlet-name>helloServlet</servlet-name>
        <servlet-class>servlet.HelloServlet</servlet-class>
    </servlet>
    <servlet-mapping>
        <servlet-name>helloServlet</servlet-name>
        <url-pattern>/hello</url-pattern>
    </servlet-mapping>
</web-app>
```

servlet-class 标记中定义了完整的 Servlet 类名。

url-pattern 标记中定义了调用 Servlet 时应该使用的 URL。

3. 调用 Servlet

【程序 8.9】　在 demo08 文件夹下编写表单提交页面文件 index.jsp,通过表单提交访问 Servlet。

```
<%@page language="java" pageEncoding="GBK"%>
<html>
    <head>
        <title>ServletDemo</title>
    </head>
    <body>
        <form action="hello" method="post">
            请输入用户名: <input type="text" name="username"/>
            <input type="submit" value="提交"/>
        </form>
    </body>
</html>
```

form 标记的 action 属性值 hello 指明了调用 Servlet 的 URL。

至此就完成了 demo08 示例应用程序的开发。

4. 程序运行过程

启动 Tomcat,打开浏览器,在地址栏输入 http://localhost:8080/demo08/,打开默认首页 index.jsp,如图 8.4 所示。

在首页的文本框中输入用户名,单击"提交"按钮,表单被提交给 form 标记的 action 属性定义的 hello。根据 web.xml 中对 Servlet 所做的相关配置可知,这个用 POST 请求提交的表单会由 HelloServlet 类中的 doPost()方法来处理。因为 doPost()方法是直接调用 doGet()方法,因此实际执行的仍然是 doGet()方法。

doGet()方法中获取请求参数 username,得到在首页中输入的用户名,然后作为输出的网页文档中的一部分被 out 对象输出,并返回给浏览器。浏览器显示得到的响应信息,最终的运行结果如图 8.5 所示。

图 8.4　默认首页

图 8.5　Servlet 运行结果

这个例子演示了 Servlet 的基本用法。事实上,现在已经很少用 Servlet 来实现示例应用的功能了,因为用 JSP 编程实现会更加简捷和方便。目前,在 Web 应用中的 Servlet 更多用于实现 8.1 节中的类似功能,即接收用户请求和进行流程控制,这种用法涉及 MVC 架构模式的概念,将会在 8.3 节做详细的介绍。

8.2.3 Servlet 过滤器

1. Servlet 过滤器简介

Servlet 过滤器是在请求一个资源或从一个资源返回响应时执行过滤操作的一种插件。其基本功能是对 Servlet 容器调用 Servlet 的过程进行拦截，能够在 Servlet 被调用之前检查 request 对象，修改请求信息，在 Servlet 被调用之后检查 response 对象，修改响应信息。一般可以把 Servlet 过滤器用于身份认证、数据压缩、数据加密、乱码处理等非核心业务场景。

Servlet 过滤器的拦截过程如图 8.6 所示。浏览器发出的请求到达服务器之后，在要访问的 Web 资源被调用之前，会被过滤器拦截进行预处理。之后再把请求转发给目标资源。服务器处理完之后返回的响应也会被过滤器拦截进行处理，之后再发送给浏览器。

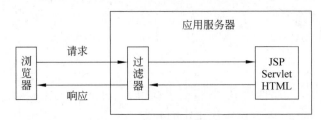

图 8.6　过滤器拦截过程

2. Filter 接口

与 Servlet 的开发方法类似，Servlet 过滤器是一个实现了 javax.servlet.Filter 接口的类。表 8.4 是 Filter 接口的主要方法。

表 8.4　Filter 接口的主要方法

方 法 声 明	功 能 简 介
public voidinit(ServletConfig config)	当 Filter 被初始化时，Servlet 容器会调用此方法
public void doFilter（ServletRequest request，ServletResponse response，FilterChain chain）	当有客户端请求被过滤时，Servlet 容器会调用此方法
public void destroy()	当 Filter 被销毁时，Servlet 容器会调用此方法

doFilter()方法的 3 个参数分别是被过滤的请求对象和响应对象以及过滤器链对象。所谓过滤器链，是指当有多个过滤器时，这些过滤器会按顺序依次进行拦截，并用 FilterChain 对象来表示。

FilterChain 类也定义了一个 doFilter()方法：

```
public void doFilter(ServletRequest request, ServletResponse response)
```

该方法的功能是调用过滤器链中的下一个过滤器，如果当前过滤器已经是最后一个，则会将请求转发给目标资源。当 Web 服务器向浏览器返回响应时，会被以相反的顺序再次通过过滤器链。

使用过滤器也需要在 Web 应用描述文件 web.xml 中配置其定义和映射,用到的各个元素及其含义如表 8.5 所示。

表 8.5　Filter 配置元素

元　　素	含　　义
filter	定义一个过滤器
filter-name	指定过滤器的名称
filter-class	指定过滤器类名
filter-mapping	关联过滤器和 URL
url-pattern	指定和过滤器关联的 URL,"/＊"表示所有 URL

3. 过滤器的使用

过滤器的使用方法也与 Servlet 基本相同。首先要实现过滤器接口,然后进行编译和配置,最后是部署和运行应用。

在前面的 servletDemo 中,如果在默认首页中输入的用户名是汉字,那么在 Servlet 输出结果中就会出现乱码。在 4.3.1 节中已经分析过,这是由于浏览器端编码与服务器端解码使用的字符集不一致导致的。对于 POST 方法提交的表单数据,出现中文乱码的解决办法就是在服务器端获取请求信息之前,先设置一下字符编码方式。只要在获取请求参数之前添加一行代码即可。

```
request.setCharacterEncoding("GBK");        //设置字符编码方式
String param1 = request.getParameter("username");
```

但是这种解决方式需要在每个获取表单数据的地方都增加这样一行代码,出现大量的重复代码。这里通过为 Web 应用添加一个实现中文乱码统一处理的过滤器来讲解一下它的用法。

【程序 8.10】　在 demo08 文件夹中的 servlet 文件夹下编写过滤器示例类文件 CharacterFilter.java,代码如下:

```
package servlet;
import java.io.＊;
import javax.servlet.＊;
import javax.servlet.http.＊;
public class CharacterFilter implements Filter {
    public void destroy() {    }

    public void doFilter(ServletRequest request,
            ServletResponse response,FilterChain chain)
    throws IOException, ServletException {
```

```
        HttpServletRequest req=(HttpServletRequest)request;
        HttpServletResponse res=(HttpServletResponse)response;
        req.setCharacterEncoding("GBK");
        res.setContentType("text/html;charset=GBK");
        chain.doFilter(req, res);
    }

    public void init(FilterConfig arg0) throws ServletException { }
}
```

在 doFilter()方法中，为请求对象和响应对象都设置了字符编码方式 GBK。然后再调用 chain 对象的 doFilter()方法，将请求转发给目标资源。

打开命令行窗口，进入 demo08 应用中的 src 目录，使用下面的命令进行编译：

```
javac -d ..\classes servlet\CharacterFilter.java
```

编译结束之后可以看到在 demo08 应用中 classes\servlet 目录中有刚刚编译得到的 CharacterFilter.class 文件。

【程序 8.11】 修改 demo08\WEB-INF 文件夹下的配置文件 web.xml，添加过滤器定义和映射，代码如下：

```
<?xml version="1.0" encoding="UTF-8"?>
<web-app>
        ...
    <filter>
        <filter-name>charFilter</filter-name>
        <filter-class>servlet.CharacterFilter</filter-class>
    </filter>
    <filter-mapping>
        <filter-name>charFilter</filter-name>
        <url-pattern>/*</url-pattern>
    </filter-mapping>
</web-app>
```

filter-class 标记中定义了完整的过滤器类名。

url-pattern 标记中定义的是对所有 URL 都应用该过滤器。

重新启动 Tomcat，打开浏览器，在地址栏输入 http://localhost:8080/ demo08/，打开默认首页。

在首页的文本框中输入中文的用户名，单击"提交"按钮，表单被提交给 form 标记的 action 属性定义的"hello"。因为 web.xml 中配置了对所有 URL 的请求都要被过滤器 charFilter 拦截，所以 Tomcat 会先调用 servlet.CharacterFilter 的 doFilter()方法对请求进行预处理。

在 doFilter( )方法中,将请求对象和响应对象字符编码方式都设置为 GBK,然后调用 chain 对象的 doFilter( )方法,再将请求转发给目标资源"hello"。

之后的代码执行过程与 3.2.2 节中完全相同。但是因为请求对象和响应对象的字符编码方式已经被正确设置过,所以 Servlet 程序运行时获取到的中文信息就不会再出现乱码。而且之后在这个应用中,其他的表单在提交中文内容时,请求信息在到达目标资源之前都会先经过这个过滤器的处理,被设置正确的字符编码方式。这样,就实现了对中文乱码的集中统一处理。

理解了 Servlet 过滤器的工作原理后,读者可以考虑把第 4 章的程序 4.23 所实现的用户权限控制功能基于过滤器机制来实现,本书限于篇幅不再提供实现代码。

8.3 MVC 架构模式

8.3.1 程序架构设计

1. 服务器端功能实现

最初的 Web 页面都是直接使用 HTML 实现的静态网页,主要用于信息展示。后来出现的 CGI 技术能够在服务器端生成动态网页,很好地满足了不断发展的新需求。但是它的开发难度比较大,同时在资源消耗、响应时间以及运行效率、平台无关性等方面都存在严重的不足。而 Java Servlet 很好地解决了这些问题。

Java Servlet 作为一个在服务器端运行的 Java 应用程序,可以处理请求信息并向客户端发送响应信息。对于客户端的请求,只需要创建一次 Servlet 实例,在初始化之后就会保留在内存中,以后再次处理相同请求时无需重新加载,因此更加高效易用,同时也有更好的可移植性。可以把 Servlet 的开发形式理解成 Web in Java,即把构成 Web 页面的 HTML 标记嵌入到 Java 程序中,得到如下形式的代码:

```
...
out.write("<!DOCTYPE html>\r\n");
out.write("<html>\r\n");
out.write("<head>\r\n");
out.write("<title>java web</title>\r\n");
out.write("</head>\r\n");
out.write("<body>\r\n");
out.write("Hello, " +new Date().toLocalString);
out.write("</body>\r\n");
out.write("</html>\r\n");
...
```

但是这种开发 Web 应用的方式非常不便于界面的设计和修改,因此后来又出现了改进的 JSP。JSP 的开发形式是通过在 HTML 页面中嵌入 Java 代码,实现与 Servlet 相同

的功能效果,可以称之为 Java in Web。所得到的代码形式如下:

```
<%@page import="java.util.Date"?%>
<!DOCTYPE html>
<html>
<head>
    <title>java web</title>
</head>
<body>
    hello,
    <%
        out.write(new Date().toLocalString);
    %>
</body>
</html>
```

之后,随着 Web 应用的不断普及,程序规模变得越来越大,开发人员的维护成本也在同步增加。常常只是为了改动页面中的一个简单文本,就需要打开混杂各种脚本代码的源文件来做修改。这不但本身就是一种很大的风险,非常有可能引入新的错误。

这时开发人员发现单纯使用 JSP 页面同时充当程序中的不同角色是一种不恰当的选择,这种程序结构对于后期的维护相当不利,于是开始为 Web 应用设计更加合理的程序结构。

2. MVC 架构模式

所谓模式,是针对典型问题所提供的一套成熟的解决方案。MVC 就是一种流行的软件架构模式,它把程序理解为由模型层(Model)、视图层(View)和控制器层(Controller)三个部分组成。其中,模型层表示程序的业务逻辑和状态,包括业务模型和数据模型;视图层是程序的用户界面,用于显示模型数据;控制器层响应用户请求,根据请求内容来操作模型层并控制程序的流程,决定要向用户显示的视图。

Java Web 应用开发也可以采用 MVC 架构模式,用 JSP 作为视图层,Servlet 作为控制器层,JavaBean 作为模型层。这样的开发形式实现了程序的分层结构,将功能实现、用户界面和流程控制分别由不同的模块来实现,并在各个模块之间实现了良好地解耦。这就是所谓的 JSP Model2,其应用架构如图 8.7 所示。

在基于 MVC 的 Java Web 应用中,一次用户请求的处理过程如下:

① 浏览器发出请求。

② 作为控制器的 Servlet 接收请求,并将请求以适当的方式分发给对应的业务模型 JavaBean 来处理。

③ 如果该业务需要与数据库交互,由 JavaBean 来访问数据库。

④ 模型层 JavaBean 将处理结果返回给控制器 Servlet。

⑤ Servlet 以适当的方式将结果数据传递给视图层 JSP 页面,并将控制流程转到该 JSP 页面。

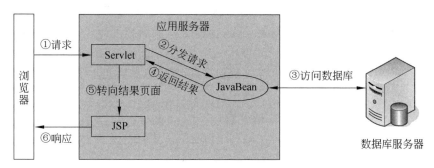

图 8.7　基于 MVC 的 Java Web 应用架构

⑥ 应用服务器将 JSP 生成的 HTML 作为响应返回给浏览器。

这种程序结构的分层也使得团队开发和项目管理更加容易。在这种开发模式下，模型层的业务处理方法由熟悉业务的 Java 开发人员实现，视图层的 JSP 页面由网页设计人员编写，控制器层由其他开发人员负责。同时，这种程序的分层实现使得系统的模块化程度高，便于升级和移植，同时也为组件的重用提供了方便。控制层可以独立成一个通用的组件；视图层也可以实现通用的操作界面，比如前面的新闻列表和新闻搜索功能就可以共用同一个 JSP 页面。另外，统一的处理流程也便于代码的管理和阅读。

采用 MVC 架构模式的 Java Web 应用，在作为控制器的 Servlet 中获取到的数据通常使用 request 作用域中的属性来传递到视图层的 JSP 中。先在 Servlet 中设置属性值，代码片段如下：

```
//在 Servlet 中将结果设置到 request 对象当中
result = "hello MVC";
request.setAttribute("result", result);
```

然后在 JSP 中取出属性值，代码片段如下：

```
//在 JSP 中通过 request 对象来获取
<%
    String result = (String)request.getAttribute("result");
    out.println(result);
%>
```

第 7 章提到，在 JSP 中最好不要用＜％　％＞来嵌入太多的 Java 代码。所以，JSP 中更好的实现方式是使用 JSTL 标记和 EL 表达式来获取和使用属性值，代码片段如下：

```
//在 JSP 中通过 EL 表达式来获取
<c:out value="requestScope.result" />
```

但是，基于 MVC 的开发增加了系统的复杂性，对于一些功能简单、规模较小的应用可以采用简化的 MVC 模型。这种模型把控制器层和视图层合二为一，直接用 JSP 接收请求，调用模型层实现业务逻辑，最后再把处理结果显示在 JSP 页面中。实际上这就是前面已经用过的 JSP Model1 开发模式。

当然，最简单的 Java Web 应用程序结构就是使用纯粹的 JSP 来实现所有的功能，这是本书第 5 章以前的示例程序所采用的开发模式。这种开发模式实现最容易，但只适合用于一些功能简单的小型 Web 应用的开发。

8.3.2　评论模块开发

1. 评论模块开发任务

根据第 1 章的功能介绍，评论模块包括以下功能。

- 查看评论功能：匿名用户和注册用户能够针对某条新闻发表评论和查看其他用户的评论内容。
- 评论管理功能：注册用户可以查看和删除自己所发表的评论，管理员用户可以查看和删除所有评论。
- 最新评论功能：在所有页面的侧栏下方显示最新发表的 5 条评论，单击评论内容可以进入相应的新闻阅读界面。

相关的功能界面可以参见第 1 章的示例应用介绍。

下面基于 MVC 模式来分层设计和实现评论模块的各个功能。

在设计功能时先根据功能需求确定用户界面，即视图层以及实现方式；然后再分析每个界面上的具体功能，并据此设计模型层需要实现的业务逻辑；最后分析各个功能的请求入口、输入参数、调用的业务逻辑、输出参数以及结果视图，并据此设计控制器层。

在实现功能时则是先编写模型层实现业务逻辑所需的实体 Bean 和业务 Bean，然后实现控制器类，再编写视图层页面，最后为控制器类做必要的配置，完成整个开发过程。

这里所用到的评论数据表已经在 1.3 节中给出了表结构，可以参考 5.1.1 节中用户数据表的创建步骤，使用以下语句完成。

```
create table comment(
    id int(11) NOT NULL AUTO_INCREMENT,
    comment text,
    commentauthor varchar(20) DEFAULT NULL,
    commenttime varchar(40) DEFAULT NULL,
    newsid int(11) DEFAULT NULL,
    checkstate int(1) DEFAULT NULL,
    memo varchar(100) DEFAULT NULL,
    PRIMARY KEY (id)
);
```

2. 评论模块功能设计

首先设计视图层。视图层只需要关注数据的显示，无须关注具体的业务逻辑实现。

根据开发任务中的功能描述,对视图层的设计如下:

(1) 在查看评论页面中需要显示所评论的新闻标题、提供发表评论的输入表单并显示针对这条新闻的全部评论内容,分别使用 h2 标记、HTML 表单和 li 标记实现。

(2) 在注册用户评论管理页面需要显示当前用户所发表的评论并提供删除评论功能,分别使用 HTML 表格和超链接实现。

(3) 在管理员用户评论管理页面需要显示所有的评论并提供删除评论功能,实现方式与(2)相同。

(4) 在侧栏页面中需要显示最新的 5 条评论,使用 li 标记实现。

然后设计模型层。评论模块各个具体功能对应的业务处理逻辑需要在模型层实现。根据视图层中所确定的功能及展示需要,可以确定评论模块需要使用的业务逻辑,分别用 JavaBean 中相应的方法来实现。对模型层的评论模块功能设计如表 8.6 所示。

表 8.6　评论模块功能设计

序号	功　能	方　　法	业　务　逻　辑
1	添加评论	boolean insert(Comment comment)	把评论内容添加为评论数据表中的一条新记录,返回添加操作是否成功
2	查询指定新闻的评论	ArrayList＜Comment＞getByNewsID(int newsid)	按新闻 ID 查询针对指定新闻的全部评论,返回查询结果
3	查询指定用户的评论	ArrayList＜Comment＞getByUsername(String username)	按用户名查询指定用户所做的全部评论,返回查询结果
4	查询所有评论	ArrayList＜Comment＞getAll()	查询所有评论,返回查询结果
5	删除指定评论	boolean deleteById(String id)	按评论 id 删除指定评论,返回删除操作是否成功
6	查询最新评论	ArrayList＜Comment＞getTop5()	查询最新的 5 条评论,返回查询结果

最后设计控制器层。控制器层的主要功能是接收用户的功能请求,调用模型层组件进行功能处理,并将程序中的控制流转向相应的结果视图。同时,程序中的数据流也要在控制器中与控制流同步实现。对于用户的每一个功能请求,需要定义请求名、请求入口、输入数据、调用的业务逻辑、输出数据以及结果视图。其中查询最新评论功能因为所有的请求都需要执行,所以不需要设计单独的请求名。对控制器层的评论模块流程设计如表 8.7 所示。

表 8.7　评论模块流程设计

序号	功能(请求名)	请求入口	输入数据	调用业务逻辑	输出数据	结果视图
1	进入查看评论页面(disp)	新闻阅读页面中查看评论超链接	新闻 id	按新闻 id 查询指定新闻以及对它的全部评论	指定新闻及其全部评论	listComment.jsp
2	发表评论(add)	发表评论表单提交	评论内容	把评论内容添加为评论数据表中的一条新记录	无	重新进入查看评论页面

续表

序号	功能（请求名）	请求入口	输入数据	调用业务逻辑	输出数据	结果视图
3	进入注册用户评论管理页面（usermanage）	功能菜单超链接	注册用户名	按用户名查询当前用户所做的全部评论	当前用户的所有评论	manageComment.jsp
4	进入管理员评论管理页面（manage）	功能菜单超链接	无	查询所有评论	所有评论	manageComment.jsp
5	删除评论（del）	评论管理页面删除功能超链接	评论 id	按评论 id 删除指定评论	无	重新进入评论管理页面
6	查询最新评论	所有请求	无	查询最新的 5 条评论	最新评论	所有页面

3. 评论模块功能实现

这里所编写的 Java 类都需要自行编译并将得到的字节码文件放在 newsPub\WEB-INF\classes 文件夹中，具体编译方法与之前相同，此处不再重复说明。

【程序 8.12】 在 newsPub 文件夹下的 beans 文件夹中编写评论实体类文件 Comment.java，用于封装评论数据。

```java
package news.beans;
public class Comment implements java.io.Serializable {
    private Integer id;
    private String comment;
    private String commentauthor;
    private String commenttime;
    private Integer newsid;
    private String note;

    public Comment() {   }
    public Comment(String comment, String commentauthor, String commenttime,
            Integer newsid, String note) {
        this.comment =comment;
        this.commentauthor =commentauthor;
        this.commenttime =commenttime;
        this.newsid =newsid;
        this.note =note;
    }

    public Integer getId() {
        return this.id;
```

```
            }
            public void setId(Integer id) {
                this.id = id;
            }
            public String getComment() {
                return this.comment;
            }
            public void setComment(String comment) {
                this.comment = comment;
            }
            public String getCommentauthor() {
                return this.commentauthor;
            }
            public void setCommentauthor(String commentauthor) {
                this.commentauthor = commentauthor;
            }
            public String getCommenttime() {
                return this.commenttime;
            }
            public void setCommenttime(String commenttime) {
                this.commenttime = commenttime;
            }
            public Integer getNewsid() {
                return this.newsid;
            }
            public void setNewsid(Integer newsid) {
                this.newsid = newsid;
            }
            public String getNote() {
                return this.note;
            }
            public void setNote(String note) {
                this.note = note;
            }
        }
```

Comment 类是模型层的实体 Bean，根据 comment 数据表的表结构定义相应的属性，并为每个属性实现置取方法。

【程序 8.13】 在 newsPub 文件夹下的 beans 文件夹中编写评论数据表访问接口文件 CommentDAO.java，定义评论模块需要的业务处理逻辑。

```
package news.beans;
public interface CommentDAO {
    public boolean insert(Comment comment)
    public ArrayList<Comment> getByNewsID(int newsid)
    public ArrayList<Comment> getByUsername(String username)
    public ArrayList<Comment> getAll()
    public boolean deleteById(String id)
    public ArrayList<Comment> getTop5()
}
```

CommentDAO 接口中定义了 6 个方法，包括添加评论的 insert()方法、按新闻 ID 查询指定新闻全部评论的 getByNewsID()、按用户名查询指定用户全部评论的 getByUsername()方法、按评论 ID 删除指定评论的 deleteById()方法、查询所有评论的 getAll()方法以及查询最新 5 条评论的 getTop5()方法。通过该接口体现了模型层的功能设计意图。

【程序 8.14】　在 newsPub 文件夹下的 beans 文件夹中编写评论数据表访问类文件 CommentDAOImpl.java，实现 CommentDAO 接口。

```
package news.beans;
import java.sql.Connection;
import java.sql.ResultSet;
import java.sql.SQLException;
import java.sql.Statement;
import java.util.ArrayList;
import java.util.List;
import news.util.DateTimeUtil;
public class CommentDAOImpl implements CommentDAO{
    public ArrayList<Comment> getByNewsID(int newsid) {
        Comment comment=null;
        ArrayList<Comment> commentList = new ArrayList<Comment>();

        Connection conn = null;
        ResultSet rs = null;
        Statement stmt = null;
        try{
            conn = DBGet.getConnection();
            stmt = conn.createStatement();
            String sql="SELECT * from comment where newsid="+newsid+
                " order by commenttime desc";
            rs = stmt.executeQuery(sql);

            while(rs.next()){
```

```java
                comment=new Comment();
                comment.setId((rs.getInt("id")));
                comment.setComment(rs.getString("comment"));
                comment.setCommentauthor(rs.getString("commentauthor"));
                comment.setCommenttime(rs.getString("commenttime"));
                comment.setNewsid(rs.getInt("newsid"));
                commentList.add(comment);
            }
        }catch(SQLException e1) {
        System.out.println(e1+"dao");
        }finally{
            DBGet.closeConnection(conn);
        }
        return commentList;
    }

    public boolean insert(Comment comment) {
        boolean result =false;
        int n=0;
        Connection conn =null;
        Statement stmt =null;

        comment.setCommenttime(DateTimeUtil.getNowStr());
        try{
            conn =DBGet.getConnection();
            stmt =conn.createStatement();
            String sql="insert into comment (comment,commentauthor,
                    commenttime,newsid) " +"values
                    ('"+comment.getComment()+"', '"+
                    comment.getCommentauthor()+"', '"
            +comment.getCommenttime()+"', '"+comment.getNewsid()+"') ";
            n =stmt.executeUpdate(sql);
        }catch(SQLException e1) {
            System.out.println(e1+"dao");
        }finally{
            DBGet.closeConnection(conn);
        }
        if (n>0) result =true;
        return result;
    }

    public boolean deleteById(String id) {
        boolean result =false;
```

```
            int n=0;
            Connection conn =null;
            Statement stmt =null;

            try{
                conn =DBGet.getConnection();
                stmt =conn.createStatement();
                String sql="delete from comment where id="+id;
                n =stmt.executeUpdate(sql);
            }catch(SQLException e1) {
                System.out.println(e1+"dao");
            }finally{
                DBGet.closeConnection(conn);
            }
            if (n>0) result =true;
            return result;
        }

    public ArrayList<Comment>getTop5() {
        Comment comment=null;
        ArrayList<Comment>commentList =new ArrayList<Comment>();

        Connection conn =null;
        ResultSet rs =null;
        Statement stmt =null;
        try{
            conn =DBGet.getConnection();
            stmt =conn.createStatement();
            String sql="SELECT * from comment order by commenttime desc
                limit 5";
            rs =stmt.executeQuery(sql);
            while(rs.next()){
                comment=new Comment();
                comment.setId((rs.getInt("id")));
                comment.setComment(rs.getString("comment"));
                comment.setCommentauthor(rs.getString("commentauthor"));
                    comment.setCommenttime(rs.getString("commenttime"));
                    comment.setNewsid(rs.getInt("newsid"));
                commentList.add(comment);
            }
        }catch(SQLException e1) {
            System.out.println(e1+"dao");
        }finally{
```

```
                DBGet.closeConnection(conn);
        }
        return commentList;
}


public ArrayList<Comment>getByUsername(String username) {
    Comment comment=null;
    ArrayList<Comment>commentList =new ArrayList<Comment>();

    Connection conn =null;
    ResultSet rs =null;
    Statement stmt =null;
    try{
        conn =DBGet.getConnection();
        stmt =conn.createStatement();
        String sql="SELECT * from comment where commentauthor=
                '"+username+"' order by commenttime desc";
        rs =stmt.executeQuery(sql);
        while(rs.next()){
            comment=new Comment();
            comment.setId((rs.getInt("id")));
            comment.setComment(rs.getString("comment"));
            comment.setCommentauthor(rs.getString("commentauthor"));
            comment.setCommenttime(rs.getString("commenttime"));
            comment.setNewsid(rs.getInt("newsid"));
            commentList.add(comment);
        }
    }catch(SQLException e1) {
        System.out.println(e1+"dao");
    }finally{
        DBGet.closeConnection(conn);
    }
    return commentList;
}

public ArrayList<Comment>getAll() {
    Comment comment=null;
    ArrayList<Comment>commentList =new ArrayList<Comment>();

    Connection conn =null;
    ResultSet rs =null;
    Statement stmt =null;
    try{
```

```
                conn =DBGet.getConnection();
                stmt =conn.createStatement();
                String sql="SELECT * from comment order by commenttime desc";
                rs =stmt.executeQuery(sql);
                while(rs.next()){
                    comment=new Comment();
                    comment.setId((rs.getInt("id")));
                    comment.setComment(rs.getString("comment"));
                    comment.setCommentauthor(rs.getString("commentauthor"));
                    comment.setCommenttime(rs.getString("commenttime"));
                    comment.setNewsid(rs.getInt("newsid"));
                    commentList.add(comment);
                }
            }catch(SQLException e1) {
                System.out.println(e1+"dao");
            }finally{
                DBGet.closeConnection(conn);
            }
            return commentList;
        }
    }
```

CommentDAOImpl 类是模型层的业务 Bean，实现 CommentDAO 接口中定义的 6 个方法，这些方法都是对数据库进行查询或增删操作，其代码结构与第 6 章中的示例完全相同，此处不再赘述。

【程序 8.15】 在 newsPub 文件夹下的 servlet 文件夹中编写评论控制器类文件 CommentServlet.java，用于处理评论模块的用户请求和实现程序流程控制。

```
    package news.servlet;
    import java.io.IOException;
    import java.util.ArrayList;
    import javax.servlet.ServletException;
    import javax.servlet.http.HttpServlet;
    import javax.servlet.http.HttpServletRequest;
    import javax.servlet.http.HttpServletResponse;
    import news.beans.Comment;
    import news.beans.CommentDAO;
    import news.beans.News;
    import news.beans.NewsDAO;

    public class CommentServlet extends HttpServlet {
        public void doGet(HttpServletRequest request,
```

```
            HttpServletResponse response)
        throws ServletException,IOException{
    request.setCharacterEncoding("utf-8");
    ArrayList<Comment>commentList =new ArrayList<Comment>();
    CommentDAO commentDAO =new CommentDAO();
    ArrayList<Comment>newComment =new ArrayList<Comment>();
    newComment =commentDAO.getTop5();
    request.setAttribute("newComment", newComment);

    String func=request.getParameter("action");
    if (func==null){
        func="";
    }
    if (func.equals("disp")){            //按 newsid 查询评论
        NewsDAO newsDAO =new NewsDAO();
        String newsid=request.getParameter("newsid");
        commentList=commentDAO.getByNewsID(Integer.parseInt(newsid));
        request.setAttribute("commentList", commentList);

        News news =newsDAO.getByID(newsid);
        request.setAttribute("news", news);
        request.getRequestDispatcher("listComment.jsp").forward
            (request,response);
    }else if (func.equals("add")){    //发表评论
        Comment comm =new Comment();
        String newsid =request.getParameter("newsid");
        String comment =request.getParameter("comment");
        String commentauthor =request.getParameter("commentauthor");
        comm.setComment(comment);
        comm.setCommentauthor(commentauthor);
        comm.setNewsid(Integer.parseInt(newsid));

        if (commentDAO.insert(comm)){
            request.getRequestDispatcher("comment?action=disp&
                newsid="+newsid).forward(request, response);
        }else{
            response.getWriter().print("评论失败,请联系管理员!
                <a href='allNews.jsp'>返回首页</a>");
        }
    }else if (func.equals("del")){    //删除评论
        String id =request.getParameter("id");
        String username =request.getParameter("username");
        if (commentDAO.deleteById(id)){
```

```
                if ("admin".equals(username)){
                    request.getRequestDispatcher("comment?action=
                        manage").forward(request, response);
                }else{
                    request.getRequestDispatcher("comment?action=
                        usermanage&username="+username).forward(
                        request, response);
                }
            }else{
                response.getWriter().print("评论删除失败,请联系管理员!
                    <a href='allNews.jsp'>返回首页</a>");
            }
        }else if (func.equals("manage")){//管理员评论管理
            commentList =commentDAO.getAll();
            request.setAttribute("commentList", commentList);
            request.getRequestDispatcher("manageComment.jsp").
                forward(request, response);
        }else if (func.equals("usermanage")){//用户评论管理
            String username =request.getParameter("username");
            commentList =commentDAO.getByUsername(username);
            request.setAttribute("commentList", commentList);
            request.getRequestDispatcher("manageComment.jsp").
                forward(request, response);
        }else{//返回首页
            request.getRequestDispatcher("index.jsp").
                forward(request, response);
        }
    }
    public void doPost(HttpServletRequest request,
                    HttpServletResponse response)
                    throws ServletException, IOException{
        doGet(request, response);
    }
}
```

CommentServlet 类实现控制器层功能,需要在 doGet()方法中实现在流程设计时得到的数据流和控制流需求。

前面在进行流程设计时已经为每个功能都定义了请求名,在 doGet()方法中首先获取请求数据中包含的请求名,判断用户需要执行的是哪个功能,然后调用业务 Bean 的相应方法实现业务逻辑并实现结果数据传递。这里只对"进入查看评论页面"功能对应的控制器代码进行分析,其他功能的实现机制与之类似。

从 request 对象中取出请求数据中名为 action 的参数值,如果是 disp 代表用户请求执行的是进入查看评论页面功能。接下来取出请求数据中的 newsid 值,调用 NewsDAO 类的 getByID()方法和 CommentDAO 类的 getByNewsID()方法查询要评论的新闻及其全部评论,并将存放查询结果的 news 对象和 commentList 列表对象放入 request 作用域中。最后,将该请求转发到结果视图页面 listComment.jsp。

【程序 8.16】　修改程序 6.22 得到新的新闻阅读页面文件 dispNews.jsp,将页面中查看评论的链接目标地址作为进入查看评论页面功能的请求入口,相关代码如下:

```
...
<a href="comment?action=disp&newsid=<%=news.getId()%>">查看评论</a>
...
```

这里把新闻阅读页面中的查看评论超链接的目标地址设置为 comment,这是为控制器类 CommentServlet 类配置的 URL。后面评论模块的其他功能也都要把请求资源设置为这个控制器类。这样才能实现对评论相关的请求做统一处理。

另外,还要把 action 和 newsid 两个参数放置在这个 URL 中,其中 action 参数是查看评论请求名,newsid 参数是当前新闻的 ID。

【程序 8.17】　在 newsPub 文件夹下编写查看评论页面文件 listComment.jsp,实现发表评论的表单并显示指定新闻对应的所有评论内容。

```
...
<!--main_L begin -->
<div class="main_top">
    <h2>
        <a href="dispNews.jsp?id=${requestScope.news.id}">
            ${requestScope.news.title }
        </a>
    </h2>
    <span class="jjs">
        网友评论仅供网友表达个人看法,并不表明本网站同意其观点或证实其描述
    </span>

    <div class="fbpl">
        <span class="fd"><img src="image/zt2.gif"></span>
        <span class="fd">发表评论</span>
        <span class="fdr">
            <img style="cursor: pointer;" id="btnSubmitBottom"
                src="image/an7_1.gif" onclick="form_pl.submit()">
        </span><br><br>
        <form id="form_pl" action="comment" method="post">
            <input type="hidden" name="action" value="add">
```

```
              <input type="hidden" name="newsid"
                  value="${requestScope.news.id}">
              <input type="hidden" name="commentauthor"
                  value="${sessionScope.username }">
              <textarea name="comment" id="commentMessage" name="message">
              </textarea>
          </form>
          <div class="blank10"></div>
      </div>
  </div>


<div class="yc"></div>
<div class="mian">
    <c:forEach items="${requestScope.commentList}" var="comment">
        <div class="nr">
            <img class="fd" src="image/an16.gif">
            <span class="fd">评论人：[ ${comment.commentauthor} ]</span>
              ${comment.commenttime }  
            <div class="clear"></div>
            <div class="blank20"></div>
            <div class="comment_p">${comment.comment }</div>
        </div>
    </c:forEach>
</div>
<!--main_L end -->
...
```

　　listComment.jsp 是进入查看评论页面功能的结果视图页面。视图层页面主要是利用 JSTL 标记和 EL 表达式取出 request 作用域中的处理结果数据，再结合客户端开发技术将结果在页面上进行展示。

　　首先显示要评论的新闻标题，并实现指向新闻阅读页面的超链接。这里是利用 EL 表达式取出保存在 request 作用域中的 news 对象的 id 属性值和 title 属性值，分别作为目标 URL 中的参数 id 值和超链接文本。关键代码如下：

```
<a href="dispNews.jsp?id=${requestScope.news.id}">
    ${requestScope.news.title }
</a>
```

　　然后实现发表评论的输入表单。需要在 form 标记的 action 属性中指定提交目标为 comment，即评论模块的控制器类。在表单中用隐藏的 input 标记定义 action、newsid 和 commentauthor 等表单参数，分别表示发表评论功能的请求名、所评论的新闻 ID 和评论人。这几个参数不需要用户输入，也不用在页面上显示。另外，用 textarea 标记定义名为 comment 的表单参数，供用户输入评论内容。关键代码如下：

```
<form id="form_pl" action="comment" method="post">
    <input type="hidden" name="action" value="add">
    <input type="hidden" name="newsid" value="${requestScope.news.id }">
    <input type="hidden" name="commentauthor"
        value="${sessionScope.username }">
    <textarea name="comment" id="commentMessage" >
    </textarea>
</form>
```

最后显示已有的评论。使用 JSTL 中的 forEach 标记实现循环处理 request 作用域中的 commentList，并在循环体中用 EL 表达式依次取出 comment 对象的评论人、评论时间和评论内容等属性值显示在页面上。关键代码如下：

```
<c:forEach items="${requestScope.commentList}" var="comment">
    …
    评论人:[ ${comment.commentauthor} ]
        ${comment.commenttime }
    …
        ${comment.comment }
    …
</c:forEach>
```

【程序 8.18】　修改 newsPub\common 文件夹中的 top.jsp 文件里与功能菜单相关的代码，设置评论管理功能的链接目标地址。

```
…
<nav>
    <ul>
        <c:if test="${!empty sessionScope.username}">
            <c:choose>
                <c:when test="${sessionScope.username =='admin'}">
                    <li><a href="manageNews.jsp">新闻管理</a></li>|
                    <li><a href="comment?action=manage">评论管理</a></li>|
                    <li><a href="manageUser.jsp">用户管理</a></li>|
                </c:when>
                <c:otherwise>
                    <li><a href="comment?action=usermanage&
                        username=${sessionScope.username}">
                        评论管理
                    </a></li>|
                    <li><a href="modiUser.jsp?username=${sessionScope.
                    username}
                        用户管理
```

```
                    </a></li>|
                </c:otherwise>
            </c:choose>
        </c:if>
            <li><a href="index.jsp">首 页</a></li>
    </ul>
</nav>
...
```

在 top.jsp 页面中分别为管理员用户和普通用户的评论管理链接设置不同的链接目标，作为进入注册用户评论管理页面和进入管理员评论管理页面功能的请求入口。

两个链接的目标资源都是评论控制器 commont，但 URL 中的请求参数不同。action 的取值分别是两个功能的请求名。另外，普通用户的链接中还需要带上名为 username 的请求参数，值就是当前用户名。

【程序 8.19】 在 newsPub 文件夹下编写评论管理页面文件 manageComment.jsp，实现评论的管理表格。

```
...
<!--main begin -->
<%@taglib uri="http://java.sun.com/jsp/jstl/core" prefix="c"%>

<section class="news_list">
    <div class="top-bar">
        <h1>评论管理</h1>
        <div class="breadcrumbs"></div>
    </div><br/>

    <table class="listing" cellpadding="0" cellspacing="0" width="600"
        border="1">
    <tbody>
        <c:forEach items="${requestScope.commentList}" var="comt">
        <tr>
            <td>
                to:<a href="dispNews.jsp?id=${comt.newsid}">
                    ${comt.newsid}
                </a>
            </td>
            <td style="text-align:left">${comt.comment}</a></td>
            <td>[by:${comt.commentauthor}]</td>
            <td>in:${comt.commenttime}</td>
            <td width="50">
```

```
                    <a href="comment?action=del&
                        username=${sessionScope.username}&id=${comt.id}"
                        onclick="return confirm('确定删除吗?')">
                        <img src="image/hr.gif" width="16" height="16"/>
                    </a>
                </td>
            </tr>
        </c:forEach>
    </tbody>
    </table>
</section>
<!--main end -->
...
```

这里的处理逻辑与之前实现的用户管理页面和新闻管理页面完全相同,这里不再重复。

【**程序 8.20**】 修改 newsPub\common 文件夹中 left.jsp 文件里与最新评论相关的代码,显示最新的 5 条评论。

```
...
<section>
    <h1>最新评论</h1>
    <hr/>
    <ul>
        <c:forEach items="${requestScope.newComment}" var="comment">
        <li>
            .<a href="dispNews.jsp?id=${comment.newsid}">
                ${comment.comment}
            </a>
        </li>
        </c:forEach>
    </ul>
</section>
...
```

这里也是使用 JSTL 中的 forEach 标记来循环处理 request 作用域中的 newComment,并把从循环体中用 EL 表达式依次取出的 comment 对象的评论内容等属性值显示在页面上。

【**程序 8.21**】 修改 newsPub\WEB-INF 文件夹中的应用配置文件 web.xml,对评论控制器类的 Servlet 进行配置。

```
...
  <servlet>
      <servlet-name>commentServlet</servlet-name>
      <servlet-class>news.servlet.CommentServlet</servlet-class>
  </servlet>
  <servlet-mapping>
      <servlet-name>commentServlet</servlet-name>
      <url-pattern>/comment</url-pattern>
  </servlet-mapping>
</web-app>
```

至此就完成了评论模块的开发。

4. 评论模块功能运行

启动 Tomcat，打开浏览器，在地址栏输入 http：//localhost：8080/ newsPub，进入系统主页，以不同的用户身份登录新闻发布系统，即可使用评论模块的相关功能。

本 章 小 结

本章介绍使用 Servlet 和过滤器的编程方法，并按照 MVC 架构模式实现了新闻搜索功能和评论模块各功能的开发。Servlet 的应用包括编写、编译、配置、调用等步骤。

MVC 架构模式把程序理解为由模型层（Model）、视图层（View）和控制器层（Controller）三个部分组成，通过将程序进行分层，把功能实现、用户界面和流程控制分别由不同的模块来实现，各模块之间实现了良好地解耦。基于 MVC 的开发易于实现团队合作，也便于系统的升级和移植，并为组件的重用提供了方便。

本章演示程序共有4个代码文件，相关代码及目录结构如图8.8所示。本章完成的示例应用是评论模块的实现，相关源代码文件及目录结构如图8.9所示。

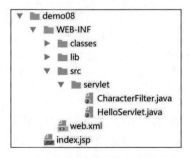

图 8.8　演示程序的代码目录结构

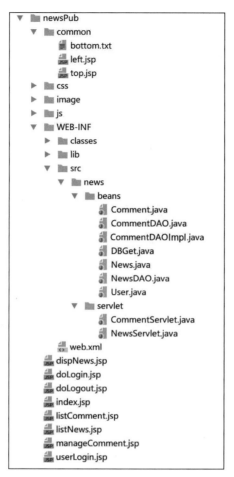

图 8.9　示例应用程序的代码目录结构

习　题

1. 单选题

（1）在 Java Web 应用中使用 Servlet，需要先编译相应的 Java 类，然后把得到的 .class 文件放到当前 Web 应用的（　　）文件夹中。

A. classes　　　　　B. lib　　　　　C. src　　　　　D. WEB-INF

（2）在 web.xml 中配置 Servlet 时，用（　　）标记来指定访问 Servlet 时使用的 URL。

A. <servlet-class>　　　　　　　B. <servlet-name>

C. <url-pattern>　　　　　　　　D. <servlet-mapping>

（3）编译 Servlet 类需要依赖 Servlet API 库，需要把（　　）添加到 CLASSPATH 环境变量中。

A. servlet-api.jar　　B. jstl.jar　　　C. rt.jar　　　D. standard.jar

2. 简答题

（1）什么是 MVC 架构模式？有什么优点？

（2）基于 MVC 模式开发 Java Web 应用时应该如何进行功能设计？

3. 上机练习

（1）为新闻发布系统应用设计统一处理中文乱码的过滤器。

（2）基于 MVC 模式，重构已经完成的注册用户模块和新闻模块功能。

（3）在程序 8.16 中，使用下列代码将最新的 5 条评论从数据库中取出后，存入
request 作用域中：

```
newComment = commentDAO.getTop5();
request.setAttribute("newComment", newComment);
```

然后在程序 8.21 中使用下面的代码取出并显示在页面上。

```
${requestScope.newComment}
```

但是，当进入新闻阅读页面时会发现，侧栏中的最新评论内容是空的。思考一下这是
为什么？如何改正？

提示：需要保证无论访问哪个页面，在 request 作用域中都要存有 newComment。可
以考虑使用过滤器。

（4）基于 MVC 模式，为新闻发布系统增加评论审核功能，具体包括以下要求：

- 用户发表评论后，其默认状态为未审核。
- 管理员用户能够修改指定评论的审核状态（有未审核和已审核两种状态）。
- 未审核评论只有发表者本人可见。
- 已审核评论才能出现在查看评论页面和最新评论列表中。

提示：用评论数据表中的 checkstate 字段记录审核状态，例如，值为 0 表示未审核，
为 1 表示已审核。

第 9 章

实用功能开发

学习目标
- ➢ 了解在线编辑组件的使用方法
- ➢ 了解如何使用 COS 组件完成文件上传下载功能
- ➢ 了解 AJAX 技术的使用过程
- ➢ 了解分页显示功能的实现方法
- ➢ 了解登录验证的实现过程

在 Java Web 应用开发中,有一些常见的实用功能,如富文本编辑、文件上传下载、分页显示、图形验证码等。本章介绍利用实用组件来实现这些常用功能的开发。

9.1　在线编辑组件

前面在实现新闻发布功能时,使用了 HTML 表单中的 textarea 标记来输入新闻内容。这种实现方式只能满足简单文本的输入要求。如果想要对输入的文字设置字体或插入表情符号,就需要借助富文本编辑器来完成。

1. 富文本编辑器简介

富文本编辑器(Rich Text Editor,RTE)提供了格式更加丰富的文本编辑功能。富文本编辑器不但可以设置丰富的文本格式,还可以插入和编辑表格,以及上传图片、音频、视频等多媒体。常用的富文本编辑器有 CKEditor、tinyMCE、kindeditor、UEditor 等,其中使用最多,功能最强大的是 CKEditor。下面以 CKEditor 为例介绍富文本编辑器的用法。

CKEditor 是一个开源组件,可以登录 CKEditor 官网(http://www.ckeditor.com),根据实际需要选择基础版、标准版或完整版下载使用。

2. 示例程序开发

这里通过在新闻发布页面中使用富文本编辑器用于输入格式丰富的新闻内容,来演示 CKEditor 的使用方法。新闻编辑页面如图 9.1 所示。

在"Tomcat 安装目录\webapps"文件夹中创建 editorDemo 文件夹,然后到 CKEditor 官网下载 CKEditor 压缩包,并将下载的 ckeditor_4.6.2_standard.zip 文件解压到 editorDemo 文件夹中。

【程序 9.1】　在 editorDemo 文件夹下编写页面文件 editortest.jsp,实现新闻发布表单。

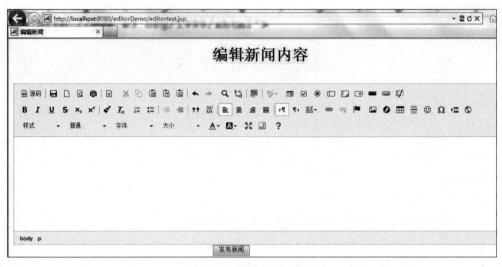

图 9.1　新闻编辑页面

```
<%@page contentType="text/html;charset=utf-8" language="java" %>
<!DOCTYPE html>
<html>
<head>
    <script type="text/JavaScript" src="ckeditor/ckeditor.js"></script>
    <title>编辑新闻</title>
    <meta charset="utf-8">
</head>
<body>
    <div style="margin:0 auto;width:200px;">
        <h1>编辑新闻内容</h1>
    </div>
    <form name="testForm" method="post" action="shownews.jsp">
        <textarea class="ckeditor" cols="80" name="editor1" rows="10" >
        </textarea>
        <div style="margin:0 auto;width:200px;">
            <input type="submit" value="发布新闻"/>
        </div>
    </form>
</body>
</html>
```

editortest.jsp 中首先使用＜script＞标记导入 ckeditor.js 文件，代码如下：

```
<script type="text/JavaScript" src="ckeditor/ckeditor.js"></script>
```

导入之后即可创建 CKEditor。因为富文本编辑器是借助于 textarea 元素发挥作用，所以要创建一个 textarea 元素，将其 class 属性设置为 ckeditor，代码如下：

```
<textarea class="ckeditor" cols="80" name="editor1" rows="10"></textarea>
```

【程序 9.2】　在 editorDemo 文件夹下编写页面文件 shownews.jsp，显示新闻内容。

```
<%@page contentType="text/html;charset=utf-8" language="java" %>
<!DOCTYPE html>
<html>
  <head>
      <title>展示新闻</title>
      <meta charset="utf-8">
  </head>
  <body>
      <div style="margin:0 auto;width:200px;">
          <h1>新闻内容展示</h1>
      </div>
      <%
          String content=request.getParameter("editor1");
          if(content!=null&&!content.equals("")){
              out.println(content);
          }
      %>
  </body>
</html>
```

shownews.jsp 页面通过 request.getParameter("editor1") 获取 CKEditor 的值，其中 editor1 是 editortest.jsp 页面中 textarea 元素的 name 值，然后将内容输出到页面上。

【程序 9.3】　修改 editorDemo\ckeditor 文件夹中的 JavaScript 程序文件 config.js，代码如下：

```
CKEDITOR.editorConfig =function( config ) {
    config.uiColor ='#E6E6E6';
    config.width =100%;
    config.height =400;
    config.skin ='v2';
    config.toolbar ='Full';
    config.toolbar_Full =[
        ['Source','-','Save','NewPage','Preview','-','Templates'],
        ['Cut','Copy','Paste','PasteText','PasteFromWord','-','Print',
        'SpellChecker', 'Scayt'],
```

```
            ['Undo', ' Redo ', ' - ', ' Find ', ' Replace ', ' - ', ' SelectAll ',
            'RemoveFormat'],
            ['Form', 'Checkbox', 'Radio', 'TextField', 'Textarea', 'Select',
            'Button', 'ImageButton', 'HiddenField'],'/',
            ['Bold', ' Italic ', ' Underline ', ' Strike ', ' - ', ' Subscript ',
            'Superscript'],
            ['NumberedList', ' BulletedList ', ' - ', ' Outdent ', ' Indent ',
            'Blockquote'],
            ['JustifyLeft','JustifyCenter','JustifyRight','JustifyBlock'],
            ['Image','Flash','Table','HorizontalRule','Smiley','SpecialChar
            ','PageBreak'],'/',
            ['Styles','Format','Font','FontSize'],
            ['TextColor','BGColor']
        ]; };
```

文件 config.js 是 CKEditor 编辑器的配置信息，可以对编辑器的语言、大小、工具栏等进行设置等。这里配置了编辑器的背景颜色（config.uiColor）、宽度（config.width）、编辑器高度（config.height）、编辑器样式（config.skin）和工具栏（config.toolbar）等信息。

3. 程序运行过程

启动 Tomcat，打开浏览器，在地址栏输入 http://localhost：8080/editorDemo/editortest.jsp，打开新闻编辑界面。可以在新闻内容编辑器中输入新闻内容时，进行字体、字号等显示效果的设置。然后单击"发布新闻"按钮，进入新闻内容显示页面查看效果。

CKEditor 编辑器能够实现"所见即所得"的在线编辑功能，读者可以尝试在已完成的新闻发布系统中使用此组件，完善新闻发布功能。

9.2　文件上传下载组件

1. 文件上传下载组件简介

文件上传下载功能也是 Web 应用中的常见功能，例如，在发布新闻内容时把上传图片或其他作为附件，阅读新闻内容时下载附件等。使用文件上传下载组件可以简单高效地实现这一功能。本节以 Cos 组件为例，介绍文件上传下载组件的用法。

Cos 组件是 OReilly 公司提供的一个 Java HTTP 文件上传组件，简单实用，且性能优秀。

2. 示例应用程序开发

这里通过实现简单的文件上传下载功能演示 Cos 组件的使用方法。所实现的上传下载功能中，上传文件的大小不超过 3MB，上传后文件重命名为"客户端 IP 地址-文件名"的形式，重复上传会将同名文件覆盖。

在"Tomcat 安装目录\webapps"的文件夹中创建 uploadDemo 文件夹，并建立如图 9.2 所示的目录结构。然后到 CKEditorhttp://www.java2s.com/Code/Jar/c/Downloadcosjar.

htm 下载 Cos.jar 包,存放在 lib 文件夹中。

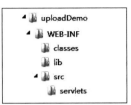

图 9.2 uploadDemo 应用的目录结构

下面编写的所有 Java 类都需要自行编译并将得到的字节码文件放在 uploadDemo\
WEB-INF\classes 文件夹中,具体编译方法与之前相同,此处不再重复说明。

【程序 9.4】 在 uploadDemo 文件夹中编写页面文件 upload.jsp,实现文件上传页面。

```jsp
<%@page contentType="text/html;charset=utf-8" language="java" %>
<!DOCTYPE html>
<html>
<head>
    <title>文件上传下载</title>
    <meta charset="utf-8">
</head>
<body>
    <form action="uploadServlet" method="POST"
            enctype="multipart/form-data">
        <input type="file" name="file1" /><br/>
        <input type="submit" value="上传"/>
    </form>
    <hr>
    <form action="DownloadServlet" method="POST">
        输入下载文件名: <input type="text" name="filename" /><br/>
        <input type="submit" value="下载"/>
    </form>
</body>
</html>
```

upload.jsp 中实现了上传文件的表单。其中表单提交方式必须使用 POST 方法,
enctype 属性设置为 multipart/form-data,action 属性的值 UploadServlet 是处理上传的
Servlet(UploadServlet.java)的地址。上传文件使用 type 为 file 的输入元素。提交表单
后,由 UploadServlet 实现文件上传。

文件下载功能也使用表单来实现,action 属性的值“DownloadServlet”是处理下载的
Servlet(DownloadServlet.java)的地址。

【程序 9.5】 在 uploadDemo 文件夹下的 servlets 文件夹中编写上传 Servlet 类
uploadServlet.java,实现文件上传功能。

```java
package servlets;

import java.io.File;
import java.io.IOException;
import java.io.PrintWriter;
import java.util.*;

import com.oreilly.servlet.MultipartRequest;
import com.oreilly.servlet.multipart.*;

import javax.servlet.ServletException;
import javax.servlet.http.HttpServlet;
import javax.servlet.http.HttpServletRequest;
import javax.servlet.http.HttpServletResponse;

public class uploadServlet extends HttpServlet {
    public void doGet(HttpServletRequest request,
            HttpServletResponse response)
            throws ServletException, IOException {
        doPost(request, response);
    }

    public void doPost(HttpServletRequest request,
            HttpServletResponse response)
            throws ServletException, IOException {
        String requestip=request.getRemoteAddr();
        String saveDirectory=
            this.getServletContext().getRealPath("")+"\\upload";
        File savedir=new File(saveDirectory);
        if(!savedir.exists()){savedir.mkdirs();} //上传目录不存在则新建目录
        int maxPostSize=1*1024*1024;            //上传文件大小限制为 10M
        FileRenamePolicy policy=
            (FileRenamePolicy)new DefaultFileRenamePolicy();
        MultipartRequest multi;
        multi=
            new MultipartRequest(request,saveDirectory,
                maxPostSize,"utf-8",policy);
        Enumeration<String>files=multi.getFileNames();
        String name=files.nextElement();
        File f=multi.getFile(name);
        if(f!=null){
            String fileName=f.getName();
            File sServerFile=
```

```
            new File(saveDirectory+"\\"+requestip+"-"+fileName);
        if(sServerFile.exists()){   //将先前上传文件删除,才能成功重命名
            sServerFile.delete();
        }
        f.renameTo(sServerFile);    //文件重命名
        String message="文件上传成功,文件名为: "+ requestip +"-"+
        fileName;
        request.setAttribute("message",message);
    }
    request.getRequestDispatcher("/upload.jsp").
        forward(request, response);
    }
}
```

uploadServlet.java 的 doPost()方法中首先取到客户端的 IP 地址用于重命名文件,然后设置文件上传命名策略,并读取上传的文件内容。

文件重命名用到 Cos 中的两个类 FileRenamePolicy 和 MultipartRequest,这两个类分别在 com.oreilly.servlet.multipart 和 com.oreilly.servlet 包中定义,因此需要导入。

DefaultFileRenamePolicy 接口默认的文件名冲突解决策略是在新上传文件名后面加 1、2、3 等数字。在 UploadServlet.java 中,使用 FileRenamePolicy 接口重新修改命名策略,将已上传的同名文件删除后,用"客户端 IP 地址-文件名"的形式对文件重命名。

【程序 9.6】　在 uploadDemo 文件夹下的 servlets 文件夹中编写下载类文件 DownloadServlet.java,实现文件下载功能。

```
package servlets;

import java.io.IOException;
import java.io.PrintWriter;
import javax.servlet.ServletException;
import javax.servlet.ServletOutputStream;
import com.oreilly.servlet.ServletUtils;
import javax.servlet.http.HttpServlet;
import javax.servlet.http.HttpServletRequest;
import javax.servlet.http.HttpServletResponse;

public class DownloadServlet extends HttpServlet {
    public void doGet(HttpServletRequest request,
            HttpServletResponse response)
            throws ServletException, IOException {
        doPost(request, response);
```

```
        }

    public void doPost(HttpServletRequest request,
            HttpServletResponse response)
            throws ServletException, IOException {
        String filePath=
            this.getServletContext().getRealPath("")+"\\upload\\";
        request.setCharacterEncoding("UTF-8");
        String fileName =request.getParameter("filename");
        String isofilename =new String(fileName.getBytes("utf-8"),
            "ISO8859-1");
        response.setContentType("application/octet-stream");
        response.setHeader("Content-Disposition", "attachment;
            filename=" +isofilename);
        ServletOutputStream out =null;
        try {
            out =response.getOutputStream();
            ServletUtils.returnFile(filePath +fileName, out);
        } catch (Exception e) {
            e.printStackTrace();
        } finally {
            if (null !=out) {
                out.close();
            }
        }
    }
}
```

DownloadServlet.java 的 doPost()方法中首先设置下载路径、下载文件名和文件编码方式，然后获取 ServletOutputStream 输出流，最后使用 ServletUtils.returnFile()方法实现文件下载。

【程序 9.7】　在 uploadDemo\WEB-INF 文件夹下编写应用配置文件 web.xml，对实现文件上传和下载功能的 Servlet 进行配置。

```
    <?xml version="1.0" encoding="UTF-8"?>
    <web-app>
        <servlet>
            <servlet-name>uploadServlet</servlet-name>
            <servlet-class>servlets.uploadServlet</servlet-class>
        </servlet>
        <servlet>
```

```
        <servlet-name>DownloadServlet</servlet-name>
        <servlet-class>servlets.DownloadServlet</servlet-class>
    </servlet>
    <servlet-mapping>
        <servlet-name>uploadServlet</servlet-name>
        <url-pattern>/uploadServlet</url-pattern>
    </servlet-mapping>
    <servlet-mapping>
        <servlet-name>DownloadServlet</servlet-name>
        <url-pattern>/DownloadServlet</url-pattern>
    </servlet-mapping>
</web-app>
```

web.xml 中配置了上传 Servlet 和下载 Servlet 的相关信息。

3. 程序运行过程

启动 Tomcat，打开浏览器，在地址栏输入 http://localhost：8080/uploadDemo/
upload.jsp，打开文件上传页面。单击"浏览"按钮，在弹出的对话框中选择要上传的文件，确定后再单击"上传"按钮，uploadServlet 会执行文件上传功能。程序运行结果如图 9.3 所示。

上传成功后，在"输出下载文件名"文本框中输入文件名，单击"下载"按钮，DownloadServlet 会执行文件下载功能。程序运行结果如图 9.4 所示。

图 9.3　文件上传运行结果

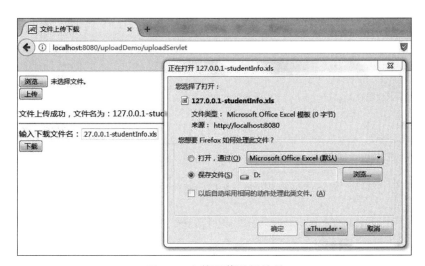

图 9.4　文件下载运行结果

参考这里的示例程序，可以在新闻发布页面中增加文件上传功能，在新闻阅读页面增加文件下载功能，丰富新闻发布系统的功能。

9.3 AJAX 技术

1. AJAX 简介

AJAX（Asynchronous Javascript And XML，异步 JavaScript 和 XML）是指一种创建交互式网页应用的网页开发技术。这里的异步可以理解为网页的异步更新，即在不重新加载整个网页的情况下，对网页的部分内容进行更新。传统的网页如果需要更新内容，必须重载整个页面。AJAX 采用异步交互技术，可以只向服务器发送并取回所需的数据，而不是整个页面。因此，AJAX 缩短了服务器的响应时间，减少了用户的等待时间，成为 Web 应用开发中的一个重要技术。

AJAX 是由 HTML、CSS、JavaScript、XML、DOM 等组成，它并不是一种新技术。AJAX 的关键技术是 JavaScript 的 XMLHttpRequest 对象，通过此对象进行异步数据读取。

2. 示例程序开发

这里通过在用户注册时判断用户名是否已存在来演示 AJAX 的使用方法。为了简化程序的实现，这里假定用户名"test"已存在，如果在注册表单中输入"test"就会给出相应提示。

【程序 9.8】 在"Tomcat 安装目录\webapps"文件夹下创建 ajaxDemo 文件夹，在其中编写用户注册页面文件 register.jsp，实现注册表单。

```jsp
<%@page contentType="text/html;charset=utf-8" language="java" %>
<!DOCTYPE html>
<html>
<head>
    <title>用户注册</title>
    <meta charset="utf-8">
    <script language="javascript">
        var XMLHttpReq;
        //创建 XMLHttpRequest 对象
        function createXMLHttpRequest() {
            if(window.XMLHttpRequest) {          //其他浏览器
                XMLHttpReq =new XMLHttpRequest();
            }
            else if (window.ActiveXObject) {     //IE 浏览器
                try {
                    XMLHttpReq =new ActiveXObject("Msxml2.XMLHTTP");
                } catch (e) {
                    try {
                        XMLHttpReq =new ActiveXObject("Microsoft.XMLHTTP");
```

```
                    } catch (e) {}
                }
            }
        }

            //发送请求函数
            function sendRequest() {
                createXMLHttpRequest();
                var XM=document.getElementById("username").value;
                var url ="ajax.jsp?XM="+XM;
                XMLHttpReq.open("GET", url, true);
                XMLHttpReq.send(null);                         //发送请求
                XMLHttpReq.onreadystatechange =processResponse;  //指定响应函数
            }

            //处理返回信息函数
            function processResponse() {
                if (XMLHttpReq.readyState ==4) {   //判断对象状态
                    if (XMLHttpReq.status ==200) { //信息已经成功返回,开始处理信息
                        document.getElementById("count").innerHTML =
                                        XMLHttpReq.responseText;
                    } else {                              //页面不正常
                        window.alert("您所请求的页面有异常。");
                    }
                }
            }
    </script>
</head>
<body>
    <h3>用户注册</h3>
    <form action="" method="post" >
        用户名: <input type="text" id="username" name="username"
                    onchange="sendRequest();"/>
        <span id="count" style="color:#ff0000;"></span><br><br>
        密    码: <input type="password" name="password"/><br><br>
        性    别: 男<input type="radio" value="male" name="gender"/>
                        女<input type=" radio" value =" female" name ="
                        gender"/>
                        <br>
        个人简介<textarea name="resume" cols="18" rows="6">
                </textarea><br><br>
        <input type="submit" value="提交"></input>
```

```
        </form>
    </body>
    </html>
```

register.jsp 中使用 AJAX 发现异步请求，判断输入的用户名是否已存在。

AJAX 的使用包括实现和触发请求两部分。

首先是 AJAX 的实现，包括 4 步：创建 XMLHttpRequest 对象、发送 HTTP 请求、指定响应处理函数和处理服务器返回信息。

（1）创建 XMLHttpRequest 对象

XMLHttpRequest 对象是 AJAX 技术的核心，它使得页面内的 JavaScript 可以在不刷新整个页面的情况下，向服务器提交并获取数据。在使用 XMLHttpRequest 对象向服务器发送请求和处理响应之前，必须先用 JavaScript 创建一个 XMLHttpRequest 对象，然后通过这个对象来与服务器建立请求并接收服务器返回的数据。目前大部分浏览器都支持 XMLHttpRequest 对象，但不同的浏览器，创建 XMLHttpRequest 对象的方式不同，因此在程序中创建 XMLHttpRequest 对象需要先对浏览器进行判断。

ajaxtest.jsp 文件中首先判断"window.XMLHttpRequest"对象是否可用，也就是判断浏览器是否把 XMLHttpRequest 实现为本地 JavaScript 对象，如果可用，就使用本地 JavaScript 内建对象来创建。如果不可用，则判断浏览器是否支持 ActiveXObject 对象，如果支持，则首先尝试使用高版本的 Msxml2.XMLHTTP 组件创建；如果不支持则使用低版本 Microsoft.XMLHTTP 组件创建。IE 浏览器使用的是 ActiveXObject，IE6 以上版本使用 Msxml2.XMLHTTP 组件。

创建 XMLHttpRequest 对象的代码是 AJAX 的基础代码，使用时，直接复制以下代码即可：

```
    var XMLHttp=null;
    function createXMLHttpRequest() {
        if(window.XMLHttpRequest) {           //除 IE 之外的浏览器
            XMLHttp =new XMLHttpRequest();
        }
        else if (window.ActiveXObject) {       //IE 浏览器
            try {
                XMLHttp =new ActiveXObject("Msxml2.XMLHTTP");
            } catch (e) {
                    XMLHttp =new ActiveXObject("Microsoft.XMLHTTP");
            }
        }
    }
```

（2）发送 HTTP 请求

ajaxtest.jsp 中的 sendRequest()函数实现了发送请求的功能。

先调用 createXMLHttpRequest()函数创建 XMLHttpRequest 对象,然后使用 open ()和 send()方法向服务器发送请求。

open()方法用于建立与服务器之间的连接。ajaxtest.jsp 文件中 open()方法有 3 个参数。其中,GET 是发送请求的 HTTP 方法,常用的方法除了 GET 外还有 POST 方法。

open()方法中的参数 url 指定了请求的目标地址。上述代码中目标地址如下:

```
var XM=document.getElementById("username").value;
var url ="ajax.jsp?XM="+XM;
```

其中 ajax.jsp 是目标文件,请求的同时传递参数 XM。XM 是通过 document. getElementById()方法获取的 ID 为 username 的元素的值。因为使用 GET 方法发送请求,所以 URL 中要包含需要传递的参数。本示例要检测用户名是否已用,就需要将用户名传递给服务器,然后服务器在 ajax.jsp 页面对数据进行处理。

open()方法的参数 true 指定请求为异步请求,发送请求后,在等待服务器响应的时间里可以继续执行页面代码,程序不会中断。如果是 false 则指定请求为同步请求,请求过程中页面程序中断执行,直到请求返回后再继续执行。

send()用于向服务器发送请求。ajaxtest.jsp 文件中因为使用 GET 方法提交请求,所以其参数为 null,表示请求内容为空。

（3）指定响应处理函数

发送请求后,利用 onreadystatechange 属性指定当服务器返回信息时客户端的处理方式,即指定响应处理函数,每当状态改变时都会调用响应处理函数。程序 9.8 中的响应处理函数是 processResponse()函数。指定响应处理函数时,函数不加括号,不指定参数,代码如下:

```
XMLHttp.onreadystatechange =processResponse;
```

（4）处理服务器返回信息

服务器返回信息的处理指响应处理函数中的具体操作。程序 9.8 在响应处理函数 processResponse()中,首先判断获取请求的当前状态即 XMLHttpRequest 对象的 readyState 属性值。XMLHttpRequest 对象共有 5 种状态对应 5 个值:0 表示对象未初始化;1 表示对象已经初始化,但是未调用 send()方法;2 表示已发送数据;3 表示已经开始接收数据;4 表示数据接收完成。

通过访问 readyState 属性,可以判断对象的当前状态,只有当其值为 4（即数据接收完成）时,才能开始处理信息。

处理信息前,还需要通过 status 属性获取当前 HTTP 状态码判断是否正确返回所需数据。如果状态码为 404 表示未找到页面，200 表示返回成功。示例 9-3 中，如果返回失败则弹出警告对话框提示"您所请求的页面有异常。"

processResponse()函数中的 XMLHttp.responseText 表示将返回的数据作为字符串使用，并将此字符串显示在 ID 为 count 的元素内。XMLHttpRequest 对象对返回数据的另外一种处理方式是 responseXML，表示将信息当 XML 文档使用。

接下来是触发 AJAX 请求。

AJAX 实现后，需要触发其请求才能发挥作用。register.jsp 文件中实现了用户注册表单。当用户名文本框中的值发生变化时需要检测用户名是否已存在，所以使用用户名文本框的 Onchange 事件触发 AJAX 请求，同时将用户名文本框的值发送到目标文件ajax.jsp。

【程序 9.9】 在 ajaxDemo 文件夹中编写页面文件 ajax.jsp，判断用户名是否已存在。

```jsp
<%@ page contentType="text/html; charset=UTF-8" %>
<%
    //设置输出信息的格式及字符集
    response.setContentType("text/xml; charset=UTF-8");
    response.setHeader("Cache-Control","no-cache");
    String name=request.getParameter("XM");
    if(name.equals("test")){
        out.println("用户名已存在,请更换");
    }else {
        out.println("用户名不存在,可以使用");
    }
%>
```

ajax.jsp 是服务器端处理 AJAX 请求的页面，首先使用 request.getParameter("XM")获取请求中的用户名信息，判断其值是否是指定的 test。如果是，则输出"用户名已存在"；如果不是则输出"用户名不存在"。

在实际应用时，应该查询数据库中的用户数据表，判断所提交的用户是否已存在。

3. 程序运行过程

启动 Tomcat，打开浏览器，在地址栏输入 http://localhost:8080/ajaxDemo/register.jsp，进入用户注册页面。

在用户名文件框中输入 test，当继续输入密码时，会触发 AJAX 请求，向 ajax.jsp 发送异步请求，并在收到"用户名已存在"的响应信息后显示在页面中。如果输入其他用户名，则会收到"用户名不存在"的响应信息。程序运行结果如图 9.5 和图 9.6 所示。

图 9.5　用户名已存在的运行结果　　　　图 9.6　用户名不存在的运行结果

9.4　分页显示技术

1. 分页显示技术简介

分页显示技术是指将从数据库中查询到的数据以分页的形式显示给用户,当查询结果较多时能够改善显示效果,避免在一个页面中显示的内容太多,也是 Web 应用中常用的一种功能。

实现分页显示的处理思路如下。

- 查询数据库获取记录的总条数。
- 设定每页显示的记录数。
- 通过总记录数和每页显示的记录数计算出总页数。
- 利用以上数据计算当前页显示的数据。
- 查询数据库中的指定数据,在页面中显示。

2. 示例程序开发

这里以新闻列表页面中的分页显示功能为例,介绍分页显示技术的应用。假定每页显示 4 条新闻标题,基于 MVC 开发模式实现分页显示功能。

在 Tomcat 安装目录中的 webapps 文件夹中创建 pageDemo 文件夹,并在其中建立如图 9.7 所示的目录结构。仍然使用前面的实例数据库 newsdb 及其中的 news 数据表作为数据源,因此需要把 MySQL 的 JDBC 驱动 mysql-connector-java-8.0.21.jar 复制到 pageDemo\WEB-INF\lib 中。另外,在 JSP 页面中要使用 JSTL 标记,所以还需要将 JSTL 标记库的 jar 包也复制到 pageDemo\WEB-INF\lib 中。

下面编写的所有 Java 类都需要自行编译,并将得到的字节码文件存放在 pageDemo\WEB-INF\classes

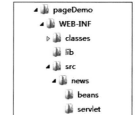

图 9.7　pageDemo 应用的目录结构

文件夹中，具体编译方法与之前相同，此处不再重复说明。

【程序 9.10】 在 pageDemo 文件夹下的 beans 文件夹中编写新闻数据表访问类文件 NewsDAO.java，实现获取记录总条数和获取指定记录的方法。

```java
package news.beans;
import java.util.ArrayList;
import java.sql.*;
public class NewsDAO {
    /*
     * 查询新闻条数
     */
    public int getNewsCount(){
        int recordCount =0;
        Connection conn =null;
        ResultSet rs =null;
        Statement stmt =null;
        try{
            conn =DBGet.getConnection();
            stmt =conn.createStatement();
            String sql="SELECT count(*) from news";
            rs =stmt.executeQuery(sql);
            rs.next();
            recordCount=rs.getInt(1);
        }catch(SQLException e1) { System.out.println(e1+"dao");}
        finally{
            DBGet.closeConnection(conn);
        }
        return recordCount;
    }

    /*
     * 根据起始和条数查询新闻
     */
    public ArrayList<News>getNewsByST(int start,int count){
        News news=null;
        ArrayList<News>newsList =new ArrayList<News>();

        Connection conn =null;
        ResultSet rs =null;
        PreparedStatement ps =null;
```

```
        try{
            conn =DBGet.getConnection();
            String sql="select news. * , newstype.newstype as nt from news "
            +" left join newstype on news.newstype=newstype.id "
            +" order by news.id limit ?,?";
            ps=conn.prepareStatement(sql);
            ps.setInt(1,start);
            ps.setInt(2,count);
            rs=ps.executeQuery();

            while(rs.next()){
                news=new News();
                news.setId(rs.getInt("id"));
                news.setTitle(rs.getString("title"));
                news.setContent(rs.getString("content"));
                news.setAuthor(rs.getString("author"));
                news.setPubtime(rs.getString("pubtime"));
                news.setKeyword(rs.getString("keyword"));
                news.setNewstype(rs.getInt("newstype"));
                news.setNt(rs.getString("nt"));
                news.setAcnumber(rs.getInt("acnumber"));

                newsList.add(news);
            }
        }catch(SQLException e1) { System.out.println(e1+"dao");}
        finally{
            DBGet.closeConnection(conn);
        }
        return newsList;
    }
}
```

NewsDAO.java 中用到的 DBGet 类和 News 类就是程序 6.1 和程序 6.15,这里可以直接把之前编译好的字节码文件复制到 classes 文件夹中使用,不需要重新实现。

getNewsCount()方法查询并返回新闻数据表中的记录总条数。

getNewsByST()方法是根据指定的起始值和记录数查询数据库中的指定数据。

【程序 9.11】 在 pageDemo 文件夹下的 beans 文件夹中编写新闻分页业务类文件 NewsPageBean.java,实现获取总页数和获取指定页需要显示的新闻数据的方法。

```
package news.beans;
import java.util.ArrayList;
public class NewsPageBean {
```

```java
    public int getPageCount(int pageSize){
        NewsDAO newsDAO =new NewsDAO();
        int recordCount=0,t1=0,t2=0;
        recordCount=newsDAO.getNewsCount();
        t1=recordCount%pageSize;
        t2=recordCount/pageSize;
        return t1==0?t2:t2+1;
    }

    public ArrayList<News>getNewsByPage(int pageNo,int pageSize) {
        NewsDAO newsDAO =new NewsDAO();
        ArrayList<News>newsList =new ArrayList<News>();
        int startRecno=(pageNo-1) * pageSize;
        newsList =newsDAO.getNewsByST(startRecno, pageSize);
        return newsList;
    }
}
```

NewsPageBean 类是实现分页功能的业务 Bean，相当于 MVC 结构中的模型层部分。getPageCount() 方法根据记录总条数的每页显示的记录数，计算并返回总页数。

getNewsByPage() 方法根据当前页号和每页显示的记录数，从新闻数据表中查询出指定的新闻数据，并以 ArrayList 形式返回。

【程序 9.12】 在 pageDemo 文件夹下的 servlet 文件夹中编写新闻分页控制器类文件 NewsServlet.java，实现请求处理调用和流程控制。

```java
package news.servlet;
import java.io.IOException;
import java.util.ArrayList;
import javax.servlet.ServletException;
import javax.servlet.http.HttpServlet;
import javax.servlet.http.HttpServletRequest;
import javax.servlet.http.HttpServletResponse;
import news.beans.News;
import news.beans.NewsPageBean;

public class NewsServlet extends HttpServlet {
    public void doGet(HttpServletRequest request,
            HttpServletResponse response)
            throws ServletException,IOException{
        ArrayList<News>newsList =new ArrayList<News>();
        NewsPageBean npb =new NewsPageBean();
```

```
                int pageNo =1;
                int pageSize= 4;
                String strPageNo =request.getParameter("pageNo");
                if(strPageNo !=null){
                    pageNo =Integer.parseInt(strPageNo);
                }
                try{
                    newsList =npb.getNewsByPage(pageNo, pageSize);
                    request.setAttribute("newsList",newsList);
                    Integer pageCount =new Integer(npb.getPageCount(pageSize));
                    request.setAttribute("pageCount",pageCount);
                    request.setAttribute("pageNo",pageNo);
                    request.getRequestDispatcher("allNews.jsp").
                        forward(request,response);
                }catch(Exception e){
                    e.printStackTrace();
                }

        }
        public void doPost(HttpServletRequest request,
            HttpServletResponse response)
            throws ServletException, IOException {
            doGet(request, response);
        }
    }
```

CommentServlet 类实现 MVC 结构中的控制器层部分,在 doGet()方法中实现所需的数据流和控制流。

doGet()方法中首先获取请求数据中包含的当前页号,如果无值则设为 1,显示第 1页;并将每页显示的记录数设置为 4,实际应用中可以根据需要灵活设置。

接下来使用 NewsPageBean 类的 getNewsByPage()方法获取当前页应当显示的新闻数据,使用 getPageCount()方法获取总页数,然后把当前页号、当前页数据、总页数都存入 request 作用域。

最后,将该请求转发到结果视图页面 allNews.jsp。

【程序 9.13】   在 pageDemo 文件夹中编写新闻列表页面文件 allNews.jsp,列表显示新闻标题。

```
<%@ page language="java" contentType="text/html;charset=utf-8"%>
<%@ taglib prefix="c" uri="http://java.sun.com/jsp/jstl/core"%>
<!DOCTYPE html>
<html>
    <head>
        <title>新闻发布系统 V3</title>
```

```html
        <meta charset="utf-8">
        <style>
            td {
                border: 1px solid gray;
                text-align: left;
                padding: 2px 10px;
            }

            table {
                border-collapse: collapse;
                margin:0 auto;
            }

            body {
                text-align: center;
            }

            a {
                text-decoration: none
            }
        </style>
    </head>
<body>
    <h3>
        新闻列表
    </h3>
    <c:if test="${pageCount>0}">
        共有${pageCount}页,这是第${pageNo}页。
        <c:if test="${pageNo>1}">
            <a href=" newsServlet?pageNo=1">第一页</a>
            <a href=" newsServlet?pageNo=${pageNo-1}">上一页</a>
        </c:if>
        <c:if test="${pageNo!=pageCount}">
            <a href=" newsServlet?pageNo=${pageNo+1}">下一页</a>
            <a href=" newsServlet?pageNo=${pageCount}">最后一页</a>
        </c:if>
        <table>
            <c:forEach items="${newsList}" var="news">
                <tr>
                    <td>
                        [${news.nt}]
                    </td>
                    <td>
```

```
                                ${news.title}
                            </td>
                            <td>
                                ${news.pubtime}
                            </td>
                        </tr>
                    </c:forEach>
                </table>
                <br/>
            </c:if>
            <c:if test="${pageCount==0}">
                <p>
                    目前没有新闻
                </p>
            </c:if>
        </body>
    </html>
```

allNews.jsp 实现 MVC 结构中的视图层功能,列表显示新闻标题。这里使用 JSTL 标记循环处理 request 作用域中的新闻数据。

同时提供翻页功能链接。在翻页链接中要注意两个问题:一是目标 URL 应该设置为 Servlet 的地址;二是需要将当前页号使用 URL 传参的方式传递给 Servlet。

【程序 9.14】　在 pageDemo\WEB-INF 文件夹中编写应用配置文件 web.xml,对新闻分页控制器类的 Servlet 进行配置。

```xml
<?xml version="1.0" encoding="UTF-8"?>
<web-app>
    <servlet>
        <servlet-name>newsServlet</servlet-name>
        <servlet-class>news.servlet.NewsServlet</servlet-class>
    </servlet>
    <servlet-mapping>
        <servlet-name>newsServlet</servlet-name>
        <url-pattern>/newsServlet</url-pattern>
    </servlet-mapping>
</web-app>
```

至此,新闻分页显示功能的开发完成。

3. 程序运行过程

启动 Tomcat,打开浏览器,在地址栏输入 http://localhost:8080/pageDemo/newsServlet, 打开新闻列表页面,查看分页效果。程序运行结果如图 9.8 所示。

读者可以尝试将分页显示功能用到已经完成的新闻列表功能和用户管理功能的页面

图 9.8   分页显示的运行结果

显示中，进一步完善新闻发布系统。

9.5   图形验证码

1. 图形验证码简介

图形验证码是网站登录模块中常用的功能。它采用图形的方式显示，通常由字母、数字等组成。因为图形验证码的内容是随机产生的，因此增加了程序识别的难度，可以有效地阻止攻击软件恶意破解和自动登录。

图形验证码的工作原理如图 9.9 所示，由服务器端程序随机生成验证码内容并保存到 session 中，然后在客户端页面显示图形验证码。用户识别并输入验证码后提交到服务器。服务器端对比用户输入的验证码和 session 中保存的验证码，如果相同表示验证成功；如果不同则验证失败。

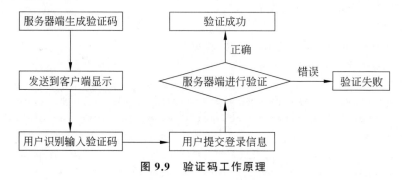

图 9.9   验证码工作原理

2. 示例程序开发

图形验证码可以使用 JSP 或 Servlet 实现。这里使用 Servlet 在用户登录功能中实现简单的图形验证码，演示其实现方法。

在"Tomcat 安装目录\webapps"文件夹中创建 graphDemo 文件夹，并在其中建立如图 9.10 所示的目录结构。

【程序 9.15】   在 graphDemo 文件夹中编写用户登录页面文件 login.jsp，实现登录表单。

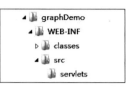

图 9.10 graphDemo 应用的目录结构

```jsp
<%@page contentType="text/html; charset=UTF-8"%>
<!DOCTYPE html>
<html>
<head>
    <title>用户登录</title>
    <meta http-equiv="pragma" content="no-cache">
    <meta http-equiv="cache-control" content="no-cache">
    <meta http-equiv="expires" content="0">
    <meta charset="utf-8">
</head>
<body>
    <h3>用户登录</h3>
    <form method="post" name="formlogin" >
        用户名：<input type="text" name="username"
        value="${param.username}"/><br><br>
         密    码：<input type="password" name="password"
        value="${param.password }"/><br><br>
        验证码：<input type="text" name="yzm"/>
        <span>
            <img border="1" src="image">
            <input type="submit" value="换一张"
                onclick="formlogin.action='refresh'" >
        </span><br><br>         
             
        <input type="submit" value="登录"
        onclick="formlogin.action='checklogin'"></input><br>
        <hr>
        <div id="info">${info}</div>
    </form>
</body>
</html>
```

login.jsp 页面中实现了一个简单的用户登录表单,除了能够输入用户名和密码之外,还有一个输入图形验证码的文本框。

在验证码输入框后面是一个<img>标记,用于显示一个图片,但 src 属性的值并不是图片文件,而是产生图片验证码的 Servlet 地址。

"换一张"按钮用于更新图片验证码的内容，实现方式是将登录表单提交到刷新验证码的 Servlet。

　　"登录"按钮用于将登录表单提交到验证登录的 Servlet，实现用户身份判断。

　　另外，为了让表单能够在刷新页面时保留输入的数据，使用 EL 表达式将 request 作用域中的数据重新显示在了用户名文本框和密码框中。

　　最后，如果当前作用域中有提示信息，则显示在当前页面中。

　　【程序 9.16】 在 graphDemo 文件夹下的 servlets 文件夹中编写产生图形验证码的 Servlet 类文件 image.java。

```java
package servlets;
import java.io.IOException;
import java.io.PrintWriter;
import java.awt.Color;
import java.awt.Font;
import java.awt.Graphics;
import java.awt.image.BufferedImage;
import java.io.IOException;
import java.io.OutputStream;
import java.util.Random;
import javax.imageio.ImageIO;
import javax.servlet.http.HttpSession;
import javax.servlet.ServletException;
import javax.servlet.http.HttpServlet;
import javax.servlet.http.HttpServletRequest;
import javax.servlet.http.HttpServletResponse;

public class image extends HttpServlet {
        Color getRandColor(int fc,int bc) {//给定范围获得随机颜色
        Random random =new Random();
        if(fc>255) fc=255;
        if(bc>255) bc=255;
        int r=fc+random.nextInt(bc-fc);
        int g=fc+random.nextInt(bc-fc);
        int b=fc+random.nextInt(bc-fc);
        return new Color(r,g,b);
    }
    public void doGet(HttpServletRequest request, HttpServletResponse
                    response) throws ServletException, IOException {
        response.setContentType("image/jpeg");
        HttpSession session=request.getSession();
```

```
//设置页面不缓存
response.setHeader("Pragma","No-cache");
response.setHeader("Cache-Control","no-cache");
response.setDateHeader("Expires", 0);
//在内存中创建图像
int width=60, height=20;
BufferedImage image =new BufferedImage(width, height,
        BufferedImage.TYPE_INT_RGB);
//获取图形上下文
Graphics g =image.getGraphics();
//生成随机类
Random random =new Random();
//设定背景色
g.setColor(getRandColor(200,250));
g.fillRect(0, 0, width, height);
//设定字体
g.setFont(new Font("Times New Roman",Font.PLAIN,18));
//画边框
//g.setColor(new Color());
//g.drawRect(0,0,width-1,height-1);
//随机产生155条干扰线,使图像中的认证码不易被其他程序探测到
g.setColor(getRandColor(160,200));
for (int i=0;i<155;i++) {
    int x =random.nextInt(width);
    int y =random.nextInt(height);
    int xl =random.nextInt(12);
    int yl =random.nextInt(12);
    g.drawLine(x,y,x+xl,y+yl);
}
//取随机产生的认证码(4位数字)
String sRand="";
for (int i=0;i<4;i++){
    String rand=String.valueOf(random.nextInt(10));
    sRand+=rand;
    //将认证码显示到图像中
    g.setColor(new Color(20+random.nextInt(110),
            20+random.nextInt(110),20+random.nextInt(110)));
    //调用函数出来的颜色相同,可能是因为种子太接近,所以只能直接生成
    g.drawString(rand,13 * i+6,16);
}
//将认证码存入session
session.setAttribute("rand",sRand);
//图像生效
```

```
            g.dispose();
            //输出图像到页面
            ImageIO.write(image, "JPEG", response.getOutputStream());
        }

        public void doPost(HttpServletRequest request, HttpServletResponse
                response) throws ServletException, IOException {
            doGet(request,response );
        }
    }
```

image 类的 doGet()方法中使用 Java 的画图功能,产生了一个包含 4 个随机数和随机干扰线的图片,作为对请求的响应内容。所产生的图片会显示在用户登录页面中的＜img＞标记处。同时,把所生成的随机数字符串存入 session。

【程序 9.17】　在 graphDemo 文件夹下的 servlets 文件夹中编写刷新图形验证码的 Servlet 类文件 refresh.java。

```
    package servlets;
    import java.io.IOException;
    import java.io.PrintWriter;
    import javax.servlet.ServletException;
    import javax.servlet.http.HttpServlet;
    import javax.servlet.http.HttpServletRequest;
    import javax.servlet.http.HttpServletResponse;

    public class refresh extends HttpServlet {
        public void doGet(HttpServletRequest request, HttpServletResponse
                    response) throws ServletException, IOException {
            doPost(request,response );
        }

        public void doPost(HttpServletRequest request, HttpServletResponse
                    response) throws ServletException, IOException {
            request.getRequestDispatcher("/login.jsp").
                forward(request, response);
        }
    }
```

refresh 类的 doPost()方法中,只是简单地将请求转发到 login.jsp 页面,相当于刷新用户登录页面,其中的图片验证码也会重新产生。

【程序 9.18】　在 graphDemo 文件夹下的 servlets 文件夹中编写验证登录的 Servlet 类文件 checklogin.java。

```
package servlets;

import java.io.IOException;
import java.io.PrintWriter;
import javax.servlet.RequestDispatcher;
import javax.servlet.ServletException;
import javax.servlet.http.HttpServlet;
import javax.servlet.http.HttpServletRequest;
import javax.servlet.http.HttpServletResponse;
import javax.servlet.http.HttpSession;

public class checklogin extends HttpServlet {
    public void doGet(HttpServletRequest request, HttpServletResponse
            response) throws ServletException, IOException {
        doPost(request,response );
    }

    public void doPost(HttpServletRequest request, HttpServletResponse
                    response) throws ServletException, IOException {
        request.setCharacterEncoding("UTF-8");
        String username=request.getParameter("username");
        String password=request.getParameter("password");
        String yzm=request.getParameter("yzm");
        String info="";
        HttpSession session=request.getSession();
        String sessionyzm=(String)session.getAttribute("rand");
        if(!sessionyzm.equalsIgnoreCase(yzm)){
            info="验证码错误,请重新输入";}
            else if("tom".equals(username)&&"123".equals(password))
                    info="登录成功!";
                else
                    info="用户名或者密码不正确";
        request.setAttribute("info",info);
        RequestDispatcher rd=request.getRequestDispatcher("/login.jsp");
        rd.forward(request,response);
    }
}
```

　　checklogin 的 doPost()方法中首先获取表单提交的数据,包括用户名、密码和验证码。然后取出 session 中保存的验证码字符串与用户提交的值进行比对。如果两者不同给出"验证码错误"提示;如果相同再判断用户名密码是否正确。根据判断结果给出"登录成功"或"用户名或密码错误"提示。最后，将提示信息存入 request 作用域，再把请求转发到用户登录页面。

【程序 9.19】　在 graphDemo\WEB-INF 文件夹中编写应用配置文件 web.xml，对所用到的 Servlet 进行配置。

```xml
<?xml version="1.0" encoding="UTF-8"?>
<web-app>
    <servlet>
        <servlet-name>image</servlet-name>
        <servlet-class>servlets.image</servlet-class>
    </servlet>
    <servlet>
        <servlet-name>checklogin</servlet-name>
        <servlet-class>servlets.checklogin</servlet-class>
    </servlet>
    <servlet>
        <servlet-name>refresh</servlet-name>
        <servlet-class>servlets.refresh</servlet-class>
    </servlet>
    <servlet-mapping>
        <servlet-name>image</servlet-name>
        <url-pattern>/image</url-pattern>
    </servlet-mapping>
    <servlet-mapping>
        <servlet-name>checklogin</servlet-name>
        <url-pattern>/checklogin</url-pattern>
    </servlet-mapping>
    <servlet-mapping>
        <servlet-name>refresh</servlet-name>
        <url-pattern>/refresh</url-pattern>
    </servlet-mapping>
</web-app>
```

至此，图形验证码功能的开发完成。

3. 程序运行过程

启动 Tomcat，打开浏览器，在地址栏输入 http://localhost:8080/graphDemo/login.jsp，打开用户登录页面。输入正确的用户名 tom 和密码 123，输入错误的验证码单击"登录"按钮，会显示"验证码错误"提法，如图 9.11 所示。如果输入正确的验证码，会显示"登录成功"提示，如图 9.12 所示。

还可以单击"换一张"按钮更新新的图形验证码。读者可以自行运行验证。

图 9.11　验证码错误的运行结果　　　　　　图 9.12　登录成功的运行结果

本 章 小 结

本章介绍了 Java Web 应用开发中一些常用功能的实现,包括在线编辑组件、文件上传下载组件、AJAX 技术、分页显示技术、图形验证码等。使用这些技术可以使新闻发布系统的功能更加完善。

习　　题

上机练习

(1) 为新闻发布系统中的新闻发布页面增加富文本编辑功能,提供格式多样的新闻内容输入。

(2) 为新闻发布系统中的新闻发布页面增加上传文件功能,允许发布新闻时提交文件作为新闻附件,并在新闻阅读页面中增加下载文件功能,能够下载新闻附件。

(3) 为新闻发布系统的用户登录功能增加图形验证码。

(4) 为新闻发布系统的新闻列表和新闻管理页面增加分布显示功能。

第 10 章

前后端分离的开发

学习目标

➢ 了解前后端分离的开发模式
➢ 了解基于 Spring Boot 的后端项目开发方法
➢ 了解基于 Vue 的前端项目开发方法

在实际的项目开发中，为了提高工作效率，规范开发流程，都会使用集成开发工具并采用基于框架的开发形式。同时，为了适应当前微服务架构、多端化服务等新的需求，常常采用前后端分离模式来进行 Web 应用开发。

框架是一组用于解决特定软件问题的类和接口的集合，为应用程序提供了可复用的公共结构，是一个应用程序的半成品。在开发过程中选用成熟的框架，相当于在他人完成的基础功能之上加以扩展，可以极大地降低开发难度；同时框架还提供了一致且良好的程序结构。

前后端分离已经成为当前 Web 应用开发的主流模式。前后端分离之后，前端项目负责展现和交互，后端项目负责核心业务逻辑。前后端之间通过符合 RESTful 风格的 API 进行交互，后端把数据返回给前端之后不再关心数据的展示形式。相应地，传统的服务器端开发演变为后端开发，客户端开发则发展成为前端开发。

本章使用目前最流行的 Java 集成开发工具 IntelliJ IDEA，采用前后端分离的开发模式，后端项目基于 Spring Boot 及相关框架，前端基于 Vue 框架和相关库，重新开发实现用户管理功能，结合示例介绍当前主流的 Java Web 应用开发方法。

10.1　后端项目开发

本节基于 Spring Boot 及相关框架完成用户管理功能的后端项目开发。

10.1.1　基于 Spring Boot 的后端开发

1. 开发任务

采用前后端分离模式开发实现用户管理功能，主要包括列表查看所有用户和删除指定用户功能。

2. 系统设计

（1）前端项目设计

用户界面如图 1.13 所示，通过 AJAX 请求调用后端项目 API 实现具体功能。

（2）后端项目设计

后端项目需要实现用户管理功能的后端 API 开发，包括查看所有用户和删除指定用户等功能的 RESTful 风格的 API 实现。表 10.1 是相关的设计。

表 10.1 后端 API 接口设计

动 词	接 口 含 义	接 口 地 址
GET	查询用户列表信息	http://127.0.0.1:8080/user/allUser
DELETE	删除用户（id=1）	http://127.0.0.1:8080/user/deleteUser/1

3. 后端功能实现

本章使用集成开发工具 IntelliJ IDEA 完成后端项目开发任务。需要到官方网站（https://www.jetbrains.com/idea/download）下载 IDEA，然后运行安装程序，按照提示安装即可。

IDEA 是当前业界公认为最好的 Java 集成开发工具之一，特别是在智能代码助手、代码自动提示、重构、Java EE 支持、代码审查、创新的 GUI 设计等方面尤为出色。本书使用的是 IDEA2016.3.2 版本。

（1）新建项目

首先通过 Spring Initializr 方式创建 Spring Boot 项目。具体步骤如下。

① 启动 IDEA，单击【File】→【New】→【Project】，在弹出的窗口中选择【Spring Initializr】，单击【Next】按钮继续，如图 10.1 所示。

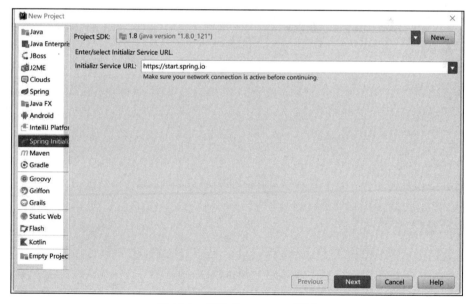

图 10.1 新建 Spring Boot 项目

② 设置机构名称和包名为 news，Java 版本号选择"8"，其他选项保持默认值即可，单击【Next】按钮继续，如图 10.2 所示。

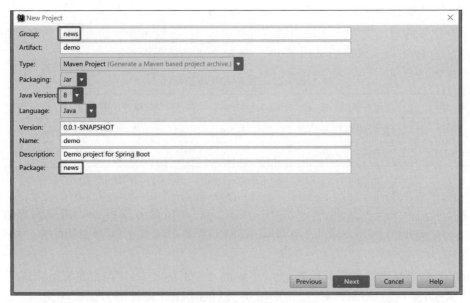

图 10.2   设置机构名称

③ Spring Boot 版本使用默认的 2.5.4，在页面左栏选择【Web】，然后在右栏勾选【Spring Web】，单击【Next】按钮继续，如图 10.3 所示。

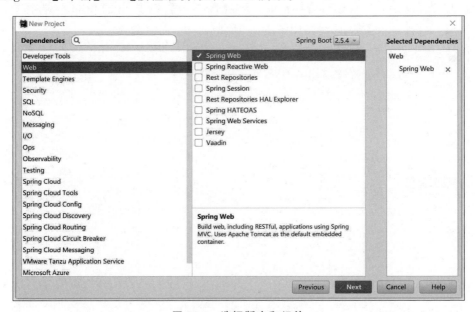

图 10.3   选择版本和组件

④ 填写项目名称【demo10_1】，并选择合适的项目存放位置。最后单击【Finish】按钮，完成 Spring Boot 项目的创建，如图 10.4 所示。

⑤ 找到项目入口类 DemoApplication 中的 main 方法并运行，出现如图 10.5 所示的内容，说明项目启动成功。可以看到项目默认使用的是 8080 端口。

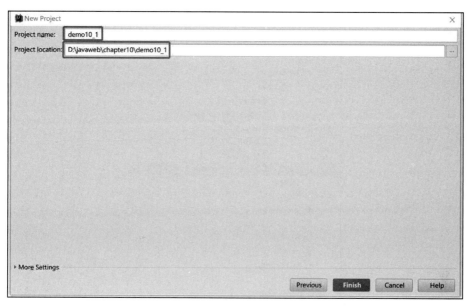

图 10.4　填写项目名称

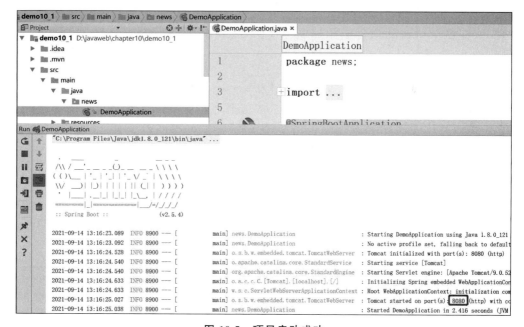

图 10.5　项目启动成功

Spring Boot 项目的目录结构如图 10.6 所示。

- src\main\java：此目录下存放所有的 Java 源代码文件。
- src\main\resources\application.properties：项目配置文件，Spring Boot 会自动找到此文件，使用其中的配置信息。
- pom.xml：项目描述文件，其中配置了当前项目的资源依赖关系。

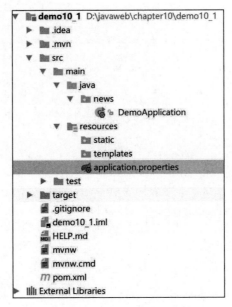

图 10.6　Spring Boot 项目的目录结构

（2）引入依赖并添加配置信息

在项目的 pom.xml 文件中添加以下代码，引入 MySQL 和 MyBatis 所需要的依赖信息。

```xml
<dependency>
    <groupId>mysql</groupId>
    <artifactId>mysql-connector-java</artifactId>
    <scope>runtime</scope>
</dependency>
<dependency>
    <groupId>org.springframework.boot</groupId>
    <artifactId>spring-boot-starter-jdbc</artifactId>
</dependency>
<dependency>
    <groupId>org.mybatis.spring.boot</groupId>
    <artifactId>mybatis-spring-boot-starter</artifactId>
    <version>1.3.1</version>
</dependency>
```

在项目的 application.properties 文件中添加以下代码，写入 MySQL 和 MyBatis 相关的配置信息。

```
###mysql 配置
spring.datasource.url=jdbc:mysql://127.0.0.1:3306/newsdb
```

```
spring.datasource.username=root
spring.datasource.password=mysql
spring.datasource.driver-class-name=com.mysql.cj.jdbc.Driver
###mybatis 配置
mybatis.mapper-locations=classpath:mappers/*Mapper.xml
mybatis.type-aliases-package=news.dao
```

其中，mysql 配置部分是连接 MySQL 数据库所需的相关信息；mybatis 配置部分指定了 Mapper 资源文件存放路径及 DAO 接口文件的所在包。

（3）编写 entity 层代码

【程序 10.1】　在 src\main\java 中新建包 news.entity，并在包中编写用户实体类 User.java。

```
package news.entity;
public class User {
    private int id;
    private String userName;
    private String password;
    public User() {   }
    public User(int id, String userName, String password) {
        this.id =id;
        this.userName =userName;
        this.password =password;
    }
    public int getId() {    return id;   }
    public void setId(int id) {    this.id =id;   }
    public String getUserName() {    return userName;   }
    public void setUserName(String userName) {
        this.userName =userName;
    }
    public String getPassword() {    return password;   }
    public void setPassword(String password) {
        this.password =password;
    }
}
```

【程序 10.2】　在 news.entity 包中新建统一返回信息类 Msg.java。

```
package news.entity;
import java.util.HashMap;
import java.util.Map;
public class Msg {
```

```java
private int code;            //状态码 100-成功,200-失败
private String msg;          //提示信息
private Map<String,Object>extend =new HashMap<String,Object>();

public static Msg success(){
    Msg result =new Msg();
    result.setCode(100);
    result.setMsg("处理成功");
    return result;
}
public static Msg fail(){
    Msg result =new Msg();
    result.setCode(200);
    result.setMsg("处理失败");
    return result;
}

public Msg add(String key, Object value){
    this.getExtend().put(key,value);
    return this;
}
public int getCode() {     return code;   }
public void setCode(int code) {     this.code =code;   }
public String getMsg() {     return msg;   }
public void setMsg(String msg) {     this.msg =msg;   }
public Map<String, Object>getExtend() {  return extend;   }
public void setExtend(Map<String, Object>extend) {
    this.extend =extend;
}
}
```

（4）编写 DAO 层代码

【程序 10.3】　在 src\main\java 中新建包 news.dao，并在包中新建用户 DAO 接口 UserDao.java。

```java
package news.dao;
import news.entity.User;
import org.apache.ibatis.annotations.Mapper;
import java.util.List;

@Mapper
public interface UserDao {
```

```
    List
    void delById(String id);
}
```

- @Mapper 注解：MyBatis 的注解，用来说明这是一个 Mapper，对应的 xxxMapper.
  xml 用来实现这个 Mapper，MyBatis 会根据接口定义与 Mapper 文件中的 SQL 语句
  动态创建接口的实现。
- findAllUser()方法：用于在数据库中查找所有用户。
- delById()方法：用于在数据库中根据 ID 删除指定用户。

【程序 10.4】　在 src\main\resources 中新建目录 mappers，并在其中编写用户
Mapper 文件 UserMapper.xml。

```xml
<?xml version="1.0" encoding="UTF-8" ?>
<!DOCTYPE mapper
    PUBLIC "-//mybatis.org//DTD Mapper 3.0//EN"
    "http://mybatis.org/dtd/mybatis-3-mapper.dtd">

<mapper namespace="news.dao.UserDao">
    <select id="findAllUser" resultType="news.entity.User">
        select * from user
    </select>

    <delete id="deleteById">
        delete from user where id =#{id}
    </delete>
</mapper>
```

- ＜mapper＞标记：该标记的 namespace 属性用于绑定 DAO 接口。
- ＜select＞标记：对应于 SQL 语句中的 select 查询，在其中定义 SQL 查询语句，
  然后在代码中通过对应接口方法来调用。
- resultType 属性：定义 SQL 语句的返回值类型。
- ＜delete＞标记：对应于 SQL 语句中的 delete 删除，用法同＜select＞标记。

（5）编写 service 层代码

【程序 10.5】　在 src\main\java 中新建包 news.service，并在包中编写用户 service 接
口 UserService.java。

```java
package news.service;
import news.entity.User;
import java.util.List;
public interface UserService {
    List<User>findAllUser();
```

```
        void delById(String id);
    }
```

- findAllUser()方法：用于实现查找所有用户的业务逻辑。
- delById()方法：用于实现删除指定用户的业务逻辑。

【程序 10.6】 在 news.service 包中编写用户 service 实现类 UserServcieImpl.java，实现用户 service 接口。

```
package news.service;
import news.dao.UserDao;
import news.entity.User;
import org.springframework.beans.factory.annotation.Autowired;
import org.springframework.stereotype.Service;
import java.util.List;
@Service
public class UserServiceImpl implements UserService {
    @Autowired
    private UserDao userDao;
    @Override
    public List<User> findAllUser() {
        return userDao.findAllUser();
    }
    @Override
    public void delById(String id){
        userDao.deleteById(id);
    }
}
```

- @Service 注解：Spring 的注解，用于定义 service 层的实现类，实现控制反转，由 Spring 容器进行创建和管理。
- @Autowired 注解：Spring 的注解，默认按类型装配。

（6）编写 Controller 层代码

【程序 10.7】 在 src\main\java 中新建包 news.controller，并在包中编写用户 controller 类 UserController.java。

```
package news.controller;
import news.entity.Msg;
import news.entity.User;
import news.service.UserService;
import org.springframework.beans.factory.annotation.Autowired;
import org.springframework.web.bind.annotation.*;
```

```java
import java.util.List;

@RestController
@RequestMapping("/user")
@CrossOrigin

public class UserController {
    @Autowired
    private UserService userService;

    @GetMapping(value ="/allUser")
    public Msg GetAllUser(){
        List<User>userList =userService.findAllUser();
        return Msg.success().add("userList",userList);
    }

    @DeleteMapping(value ="/deleteUser/{id}")
    public Msg deleteUserById(@PathVariable("id") String id){
        userService.delById(id);
        return Msg.success();
    }
}
```

- @RestController 注解：Spring 的注解，用于定义控制器层的实现类，实现控制反转，由 Spring 容器进行创建和管理；同时会将方法的返回值直接以指定的格式写入 HTTP 响应中并返回给调用者。
- @RequestMapping 注解：Spring 的注解，用于处理请求地址映射的注解，此处表示类中所有响应请求的方法都以参数值"/user"作为父路径。
- @CrossOrigin 注解：Spring 的注解，用于处理跨域请求。
- @GetMapping 注解：Spring 的注解，用于将 HTTP GET 请求映射到特定的处理方法上，此处表示用 GetAllUser()方法处理"/allUser"的 GET 请求。
- @DeleteMapping 注解：Spring 的注解，用于将 HTTP DELETE 请求映射到特定的处理方法上，此处表示用 deleteUserById( )处理"/deleteUser/{id}"的 DELETE 请求。
- getAllUser()方法：实现查找所有用户的功能。
- deleteUserById()方法：实现删除指定用户的功能。

至此，用户管理功能的后端项目开发完成。

4. 后端功能测试

在 IDEA 中重新启动项目，打开浏览器，访问 http://localhost:8080/user/allUser，可以看到浏览器收到了服务器端返回的 JSON 格式数据，其中包含数据库中的全部用户信息，说明查看所有用户功能运行正常。运行结果如图 10.7 所示。

图 10.7　查看所有用户功能测试

10.1.2　Spring Boot 及相关框架

1. Spring Boot

Java 官方最初推出的企业级开发标准是 EJB。但由于 EJB 存在臃肿、低效、难以测试等不足，后来出现了 Spring 框架作为一种简洁的替代方案，并很快流行开来。Spring Boot 则是为了进一步简化 Spring 应用开发而生，它可以在零配置情况下一键启动，简洁优雅，其技术基础几乎全部来源自 Spring。目前，Spring Boot 框架已经成为 Java 企业级应用开发的主流框架。

使用 Spring Boot 开发 Java Web 应用，主要有两种方式。第一种是采取模板引擎的方式。用户请求到达 Spring Boot 的控制器之后，控制器处理请求，再把返回的数据交给模板引擎。模板引擎根据数据生成 HTML 页面，最后将 HTML 页面返回给浏览器。Spring Boot 支持的模板引擎包括 FreeMarker、Thymeleaf、JSP 等。使用模板引擎方式开发的页面，对搜索引擎 SEO 比较友好，另外，对于功能简单的页面，这种方式的开发速度也比较快。

第二种是后端服务化方式。前端是静态的 HTML 页面，通过 AJAX 请求 Spring Boot 的后端接口。Spring Boot 的返回数据一般采用 JSON 格式，前端接收后再进行显示。这种开发方式在开发和测试阶段都比较方便。开发阶段，项目组定义好接口规范后，前端按规范开发前端页面，后端按规范编写后端接口，职责分明；测试阶段，后端是独立项目，可以进行单元测试，前端也可以随时使用最新版本的后端程序进行实际测试。这种前后端分离的模式也是当前主流的 Java Web 应用开发方式。

使用 Spring Boot 进行前后端分离开发主要有以下几个优点。

① 便于分工协作：后端可以按自己的进度开发接口，前端可以开发页面，需要的时候直接调用后端 API。

② 便于项目拓展：比如前期开发的 Web 应用，后续要增加手机 APP 作为前端访问入口，后端可以直接复用。

③ 降低服务端压力：后端只负责提供数据，一部分业务逻辑在前端处理，服务端的压力减小。

使用 Spring Boot 进行前后端分离开发主要包括以下步骤。

（1）前后端接口设计

首先根据功能需求规划前端页面和后端 API 接口，API 接口一般采用 RESTful 风格，即通过 HTTP 动词（GET、POST、PUT 或 DELETE）来区分操作类型，URL 格式比较固定。

（2）使用 Spring Initializr 创建项目

因为 Spring Boot 项目结构是模板化的，所以 Spring 官方提供了 Spring Initializr，可以自动生成 Spring Boot 项目。

（3）集成数据库及相关框架

根据所选用的数据库及相关框架，通过引入依赖信息和添加相关配置信息，进行集成。如在 10.1.1 节中，通过在 pom.xml 文件中引入 MySQL 和 MyBatis 所需的依赖信息，并在 application.properties 文件中添加相关的配置信息，即可实现 MySQL 数据库和 MyBatis 框架的集成。

（4）编码实现功能

按照 Java EE 三层架构，根据功能需求依次编写实体层、数据访问层、业务逻辑层和表现层代码，其中表现层需要根据 API 接口的设计实现相应的控制器方法。

（5）功能测试

开发完成后，需要进行功能测试，保证接口正确可用。

在后端项目开发的同时，前端也可以根据 API 接口设计文档，编写前端界面，并调用后端 API 进行测试。

2. MyBatis

MyBatis 是目前国内 Java 开发中使用最广泛的持久层框架，支持定制化 SQL、存储过程以及高级映射，简单易用，功能强大，实现了一种半自动化的 ORM 框架。它把 Java 对象与 SQL 语句分离，通过 Mapper 充当两者之间的桥梁，极大地提升了代码和 SQL 语句的可维护性。

在 Spring Boot 中集成 MyBatis 主要包括以下步骤。

（1）引入依赖信息并添加相关配置信息

在 pom.xml 文件中引入 MyBatis 所需的依赖信息，并在 application.properties 文件中添加相关的配置信息，具体可参见 10.1.1 节。

（2）编写 DAO 层接口和 Mapper 文件

在 application.properties 文件的 mybatis.type-aliases-package 所设置的 DAO 包中编写 DAO 接口文件，按照 application.properties 文件的 mybatis.mapper-locations 的值编写相应的 Mapper 文件，Spring Boot 在启动时，会找到并使用这些文件。

Mapper 是 MyBatis 的核心概念，是 MyBatis 解耦 Java 对象与 SQL 语句的关键。Mapper 表现为一个 Java 接口。这个接口不需要去实现，而是由 MyBatis 通过动态代理自动执行接口方法所对应的 SQL 语句。例如在本章的后端项目中，程序 10.3 UserDao.java 就是一个这样的接口。MyBatis 可以利用 XML 来连接接口方法和 SQL 语句。

程序 10.4 UserMapper.xml 中定义了相关的 SQL 语句。其中的 mapper 标记通过 namespace 属性对应一个 Mapper 接口类，这里的取值是 news.dao.UserDao。这样

UserMapper.xml 配置文件就和 UserDao.java 对应起来了。

在 mapper 标记中的 select 标记和 delete 标记，分别通过其 id 属性值，与接口中的方法名相对应，并在其中定义相应的 SQL 语句。resultType 属性则对应 SQL 语句的返回类型，与接口方法的返回值类型相同，MyBatis 会自动实现数据库类型到 Java 类型的转换。

10.1.3　Java EE 三层架构

三层架构是 Java EE 规范中的推荐架构，它把整个软件系统分为表现层、业务逻辑层和数据访问层三个层次。分层式结构也是软件体系架构设计中最常见和最重要的一种结构。

表现层主要负责接收用户输入的数据和显示处理后的结果，一般表现为用户界面或请求 API，为用户提供交互式操作界面。

业务逻辑层主要负责关键业务的处理和数据的传递，位于表现层和数据访问层之间，是系统架构中的核心部分，一般表现为从数据访问层得到数据并对数据进行逻辑处理。

数据访问层主要负责对数据库系统的访问，以及对象实体的持久化，一般表现为对数据库的增加、删除、修改、查询等操作。

在 Java EE 开发中，三层架构通常体现为 Web 层、Service 层和 DAO 层，如图 10.8 所示。

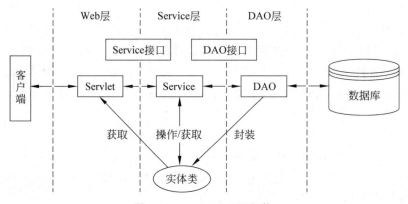

图 10.8　Java EE 三层架构

Web 层直接与客户端交互，实现的功能包括获取用户请求、传递和封装数据、展示数据等。在本章的后端项目中，news.controller 包中的相关类及 Spring Boot 框架共同实现了 Web 层功能。

Service 层负责完成具体的业务逻辑处理，在本章的后端项目中，news.service 包中的相关接口和类实现了 Service 层功能。

DAO 层实现与数据库的交互，在本章的后端项目中，news.dao 包中的相关接口和 MyBatis 框架以及相关的 Mapper 文件共同实现了 DAO 层功能。

另外，三层架构之间一般是通过实体层联系。在本章的后端项目中，news.entity 包中的 User 实体类实现了实体层功能。

三层架构是典型的架构模式,通过软件分层能够降低代码的耦合度,很好地体现"高内聚低耦合"的思想。采用这种软件架构,一方面便于团队合作开发,另一方面也便于代码复用和后期的维护升级。

一旦定义好各层之间的接口,负责不同开发任务的开发人员就可以同步进行开发,表现层开发者只需要考虑用户界面的体验与操作,业务逻辑层开发者只关注业务逻辑的设计和实现,数据访问层开发者也无需为烦琐的用户交互而头疼。各层之间相互独立,使得开发人员的分工更加明确,可以显著提高开发进度。

各层之间松散耦合,降低了层与层之间的依赖,在复用性和可扩展性方面优势明显。每个功能模块一旦定义好统一的接口,就可以被各个模块所调用,而不用为相同的功能进行重复开发;同时也可以很好地保证项目未来的维护和升级,各层都很容易用新的实现进行替换。

10.2　前端项目开发

本节基于 Vue 框架,结合 Element UI 库和 axios 库实现用户管理功能的前端项目开发。

10.2.1　基于 Vue 的前端开发

1. 开发任务

实现用户管理功能的前端项目开发,包括列表查看所有用户和删除指定用户等功能的前端展现和用户交互。

2. 开发步骤

(1) 安装 node.js

从 node.js 的官方网站(https://nodejs.org/en/download/)选择并下载 Windows 版本的安装程序,如图 10.9 所示。

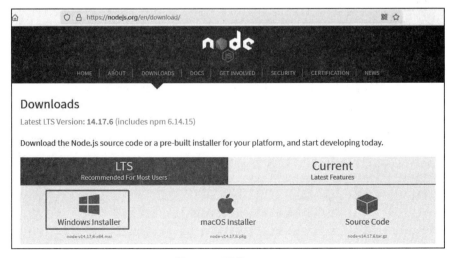

图 10.9　下载 node.js

双击运行下载的安装程序 node-v14.17.6-x64.msi，全部使用默认设置。安装完成后，打开命令行窗口，输入 node -v 查看版本，确认安装成功，如图 10.10 所示。

```
命令提示符
D:\javaweb\chapter10>node -v
v14.17.6
```

图 10.10　查看 node.js 版本

（2）安装 vue-cli

打开命令行窗口，输入以下命令安装 npm 的淘宝镜像（这样下载速度比较快）。

```
npm i -g cnpm --registry=https://registry.npm.taobao.org
```

安装过程如图 10.11 所示。

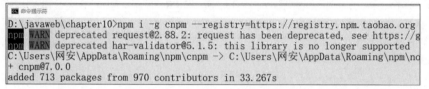

图 10.11　安装 npm 的淘宝镜像

接下来在命令行窗口中输入以下命令，安装 vue 的 vue-cli 工具。

```
npm i -g vue-cli
```

安装过程如图 10.12 所示。

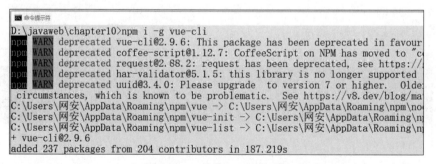

图 10.12　安装 vue-cli 工具

最后在命令行窗口输入 vue -V 查看版本号，确认安装成功，如图 10.13 所示。

```
命令提示符
D:\javaweb\chapter10>vue -V
2.9.6
```

图 10.13　查看 vue 版本

(3) 初始化包结构

在命令行窗口中输入以下命令,将会在当前目录下自动创建项目目录结构并导入所需的库文件,其中 demo10_2 为项目名称。

```
vue init webpack demo10_2
```

命令执行过程中的各项配置信息可以直接按回车键使用默认值,其中关于 ESLint、unit tests 和 e2e tests 的设置可选择 No,以简化开发过程,执行过程如图 10.14 所示。

命令提示符
D:\javaweb\chapter10>vue init webpack demo10_2
? Project name demo10_2
? Project description A Vue.js project
? Author
? Vue build standalone
? Install vue-router? Yes
? Use ESLint to lint your code? No
? Set up unit tests No
? Setup e2e tests with Nightwatch? No
? Should we run npm install for you after the
vue-cli · Generated "demo10_2".

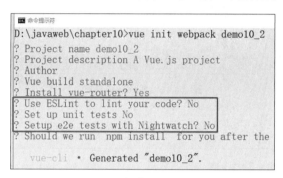

图 10.14　创建项目目录结构

(4) 安装 element-ui 库

在命令行窗口中输入 cd demo10_2,进入项目主目录,然后输入以下命令,安装 element-ui 库。

```
npm i element-ui -S
```

安装过程如图 10.15 所示。

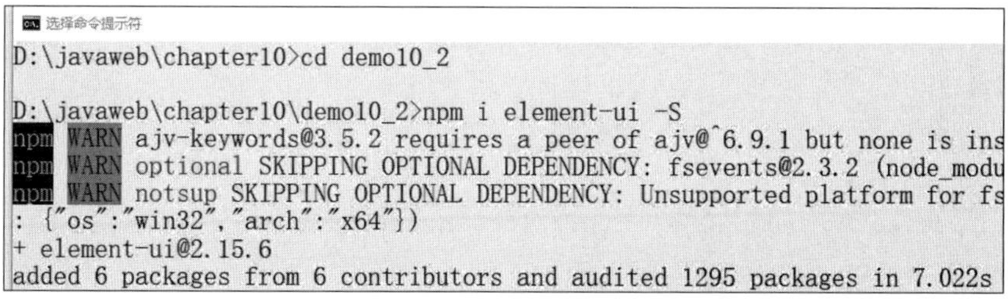

选择命令提示符
D:\javaweb\chapter10>cd demo10_2
D:\javaweb\chapter10\demo10_2>npm i element-ui -S
npm WARN ajv-keywords@3.5.2 requires a peer of ajv@^6.9.1 but none is ins
npm WARN optional SKIPPING OPTIONAL DEPENDENCY: fsevents@2.3.2 (node_modu
npm WARN notsup SKIPPING OPTIONAL DEPENDENCY: Unsupported platform for fs
: {"os":"win32","arch":"x64"})
+ element-ui@2.15.6
added 6 packages from 6 contributors and audited 1295 packages in 7.022s

图 10.15　安装 element-ui 库

安装 element-ui 库之后,在 user-vue\src\main.js 文件中添加以下代码,实现引入。

```
import ElementUI from "element-ui"
import "element-ui/lib/theme-chalk/index.css"
Vue.use(ElementUI)
```

（5）安装 axios 库

在命令行窗口中输入以下命令，安装 axios 库。

```
npm i axios
```

安装过程如图 10.16 所示。

```
命令提示符
D:\javaweb\chapter10\demo10_2>npm i axios
npm WARN ajv-keywords@3.5.2 requires a peer of ajv@^6.9.1 but none is
npm WARN optional SKIPPING OPTIONAL DEPENDENCY: fsevents@2.3.2 (node_
npm WARN notsup SKIPPING OPTIONAL DEPENDENCY: Unsupported platform fo
: {"os":"win32","arch":"x64"})
+ axios@0.21.4
added 1 package from 1 contributor and audited 1296 packages in 4.6s
```

图 10.16　安装 axios 库

安装 axios 库之后，在 user-vue\src\main.js 文件中添加以下代码，实现引入。

```
import axios from "axios"
axios.defaults.baseURL = "http://localhost:8080"
Vue.prototype.$http = axios
```

【程序 10.8】　最终完成的 user-vue\src\main.js 文件内容如下。

```
import Vue from 'vue'
import App from './App'
import router from './router'
import axios from "axios"
import ElementUI from "element-ui"
import "element-ui/lib/theme-chalk/index.css"

Vue.config.productionTip = false
Vue.use(ElementUI)
axios.defaults.baseURL = "http://localhost:8080"
Vue.prototype.$http = axios
/* eslint-disable no-new */
new Vue({
    el: '#app',
    router,
    components: { App },
    template: '<App/>'
})
```

（6）编写 Vue 组件

【程序 10.9】　在 demo10_2\src\components 中编写 ManageUser.vue 文件，代码如下：

```
<template>
    <div>
        <h1>用户管理</h1>
        <el-table :data="tableData" stripe border style="width: 80%">
            <el-table-column label="序号" type="index" width="60"
                align="center">
            </el-table-column>
            <el-table-column prop="userName" label="用户名" width="180"
                align="center">
            </el-table-column>
            <el-table-column    label="操作"    width="120"
                align="center">
                <template slot-scope="scope">
                    <el-button type="danger" size="mini" round
                        icon="el-icon-delete"
                        @click="handleDelete(scope.row.id)">
                        删除
                    </el-button>
                </template>
            </el-table-column>
        </el-table>
    </div>
</template>

<script>
export default {
    name:"ManageUser",
    data() {
        return {
            tableData:[]
        }
    },
    methods:{
        findAll(){
            this.$http.get("user/allUser").then(result =>{
                let extend = result.data.extend;
                this.tableData =extend.userList;
            });
        },
        handleDelete(id){
```

```
        this.$confirm('确定删除当前用户?', '提示', {
            confirmButtonText: '确定',
            cancelButtonText: '取消',
            type: 'warning'
        }).then(() =>{
            this.delUserById(id);
        })
    },
    delUserById(id){
        this.$http.delete("user/deleteUser/"+id).then(result=>{
            //提示信息
            this.$message({
                message:'删除成功!',
                type:'success'
            });
            //重新加载数据
            this.findAll();
        });
    }
},

created(){
    this.findAll()
}
}
</script>
```

（7）修改主组件

【程序 10.10】　修改 demo10_2\src\中的主组件 App.vue 文件为如下内容。

```
<template>
    <div id="app">
        <ManageUser></ManageUser>
    </div>
</template>
<script>
    import ManageUser from '@/components/ManageUser'
    export default {
        name: 'App',
        components: {
            'ManageUser': ManageUser
        },
```

```
        data() {
            return {}
        }
    }
</script>
<style>
    #app {
        margin-top:40px ;
    }
</style>
```

（8）前端跨域设置

为了支持跨域，需要在 demo10_2\config\index.js 文件中，如下设置 proxyTable 值。

```
proxyTable: {'/user': {
    target: 'http://localhost:8080',//此处设置后端项目的域名和端口号
    changeOrigin: true,
    pathRewrite: {
        '^/user': '/user'
    }
}},
```

另外，因为后端项目已经使用了 8080 端口，所以需要修改前端项目的默认端口号。将 demo10_2\config\index.js 文件中的 port 值从默认的 8080 改成 8081。

```
port: 8081,
```

至此，用户管理功能的前端项目开发完成。

3. 运行过程

在命令行窗口中输入 npm run dev，启动前端项目，运行过程如图 10.17 所示。

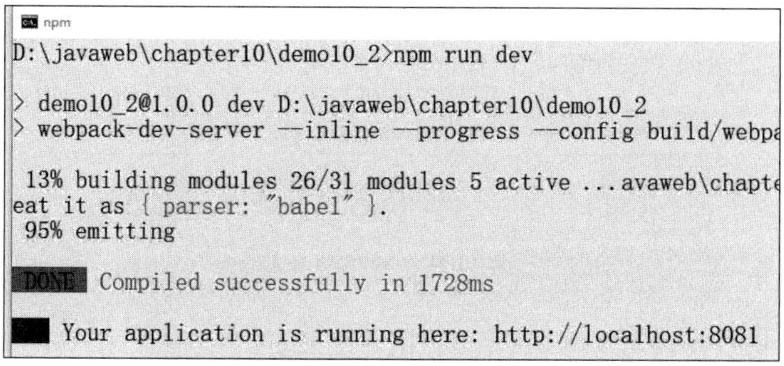

图 10.17　启动前端项目

然后在后端项目正常运行的前提下，打开浏览器访问 http://localhost:8081，即可访问前端项目的页面，如图 10.18 所示。单击"删除"按钮即可删除指定用户。

用户管理

序号	用户名	操作
1	admin	🗑 删除
2	user1	🗑 删除
3	user2	🗑 删除

图 10.18　用户管理功能界面

10.2.2　Vue 框架及相关库

正如第 2 章所讲到的，传统的客户端开发主要使用 HTML、CSS 和 JavaScript 技术。为了简化客户端开发，后来出现了 Prototype、Dojo、jQuery 等 JavaScript 库和 Element、Bootstrap 等 UI 组件库。之后随着现代前端开发技术的迅猛发展，为了提供更加丰富的特性，进一步提高开发效率，又相继产生了 React、Angular 和 Vue 等前端开发框架。

这里简要介绍本章用到的 Vue 框架、Element UI 组件库和 Axios HTTP 库。

1. Vue 框架

（1）Vue 简介

Vue 是一个用于构建用户界面的轻量级 MVVM 框架，基于数据驱动和组件化的思想构建。它把页面上每个独立的可视或可交互的区域看作一个组件，各组件可以嵌套自由组合，形成完整的页面。

MVVM，即 Model-View-ViewModel，是一种软件架构模式，是对 MVC 的一种改进。其核心是提供对 View 和 ViewModel 的双向数据绑定，使得 ViewModel 的状态改变可以自动传递给 View。在基于 Vue 的前端开发中，Model 为数据层，View 指用户界面 DOM 层，ViewModel 是处理数据和界面的中间层，如图 10.19 所示，

图 10.19　MVVM 架构

使用 Vue 的过程就是实现 MVVM 的各个组成部分，包括定义 View 和 Model，以及创建 Vue 实例作为 ViewModel，用于连接 View 和 Model。

基于 Vue 的前端开发还涉及以下这些技术。

- node.js：对 Chrome V8 引擎进行封装，实现了一个服务器端的 JavaScript 运行环境。
- npm：node.js 的包管理工具，用于统一管理前端项目中需要用到的包、插件、工具、命令等，便于开发和维护。
- vue-cli：Vue 的脚手架工具，用于自动生成 Vue 项目的目录及文件。
- webpack：一款强大的文件打包工具，可以将前端项目文件统一打包压缩至 js 中，并通过 vue-loader 等加载器实现语法转化与加载。

在开始基于 Vue 的前端开发之前，需要先安装 node.js 和 vue-cli，搭建开发环境。具体安装步骤参见 10.2.1 节。

（2）开发步骤

开发 Vue 应用的主要步骤如下。

① 使用 vue-cli 初始化包结构。

② 编写 Vue 组件。

③ 修改主组件，进行必要的跨域设置。

④ 启动项目并通过浏览器访问。

具体可参见 10.2.1 节中的实例项目开发。

（3）常用指令

Vue 指令作用于 HTML 元素，会为绑定的目标元素添加一些特殊的行为，可以把指令看作特殊的 HTML 属性。这里介绍常用的几个内置指令。

① v-bind 指令。v-bind 指令用于绑定数据和元素属性，语法格式为：

```
v-bind:argument="expression"
```

v-bind 指令可以缩写为一个冒号。下面的代码使用 v-bind 指令绑定了 el-table 标记的 data 属性和 tableData 数据。

```
<el-table :data="tableData" stripe border style="width: 80%">
```

② v-on 指令。v-on 指令用于监听 DOM 事件，并在触发时运行指定的 JavaScript 代码。语法格式与 v-bind 指令类似。

v-on 指令可以缩写为@符号。下面的代码使用 v-on 指令将 el-button 的 click 事件与 handelDelete() 方法绑定，实现了事件监听。

```
<template slot-scope="scope">
    <el-button type="danger" size="mini" round
          icon="el-icon-delete"
          @click="handleDelete(scope.row.id)">
        删除
    </el-button>
</template>
```

另外，在 Vue 中使用 element-ui 组件时，经常会用到 template 插槽，其中的 slot-scope 可以获取当前所在元素的数据。令 slot-scope 值为 scope，那么由 scope.row 就可以得到数据。如上面代码中用 scope.row.id 取得当前行的 id 值作为 handleDelete()方法的参数。

2．Element UI 组件库

（1）Element 简介

Element 是基于 Vue 实现的一套不依赖于业务的 UI 组件库，提供了丰富的 PC 端组件，能够帮助开发人员快速构建功能强大、风格统一的页面。

在本章的前端项目开发中使用 Element 的组件实现了用户管理功能的前端界面，这里简单介绍它的使用步骤。

① 安装。使用以下命令安装 Element。

```
npm i element-ui -S
```

② 引入。在 Vue 项目的入口文件 main.js 中使用以下代码引入 Element。

```
import ElementUI from "element-ui"
import "element-ui/lib/theme-chalk/index.css"
Vue.use(ElementUI)
```

③ 使用。可在相应的 Vue 页面组件中使用 Element UI 组件。

（2）常用组件

下面分别介绍用户管理功能的前端界面组件 ManageUser.vue 中所使用的表格、按钮、消息提示框等 Element UI 组件的基本用法。

① 表格。Element 表格用于展示多条结构类似的数据，并可对数据进行排序、筛选、对比或其他自定义操作，主要使用 el-table 和 el-table-column 来实现。

表 10.2 和表 10.3 分别是 el-table 和 el-table-column 的常用属性。

表 10.2　el-table 的常用属性

属　　性	说　　明	类　　型
data	显示的数据	array
stripe	是否为斑马纹 table	boolean
border	是否带有纵向边框	boolean

表 10.3　el-table-column 的常用属性

属　　性	说　　明	类　　型
type	对应列的类型	string
label	显示的列标题	string
prop	对应列内容的键名	string

在 el-table 元素中注入 data 对象数组后,可以在 el-table-column 中用 prop 属性来对应对象中的键名即可填入数据。

使用带斑马纹的表格更容易区分出不同行的数据。设置 el-table 的 stripe 属性为 true 可以创建带斑马纹的表格,设置其 border 属性为 true 可以显示竖直方向的边框。

在 el-table-column 中用 label 属性来定义表格的列名,type 属性设置为 index 时,会自动显示该行的索引值(从 1 开始)。

② 按钮。Element 按钮使用 el-button 实现,表 10.4 是定义 el-button 样式的常用属性。

表 10.4　el-button 的常用属性

属　　　性	说　　　明	类　　　型
size	尺寸	string
type	类型	string
round	是否圆形按钮	boolean
icon	图标类名	string

size 属性的取值可以是 medium、small 或 mini,按钮将会显示为不同的大小。

type 属性的取值可以是 primary、success、warning、danger 等,按钮会显示为相应的预设样式。

round 属性设置为 true,按钮会显示为圆角形状。

icon 属性可以设置为预定义的图标类名,以增强其辨识度(有文字)或节省空间(无文字)。

③ 图标。Element 图标提供了一套常用的图标集合,可以直接通过设置类名为 el-icon-iconName 来使用。

图 10.20 为编辑、分享、删除、搜索等图标的显示效果,相关代码如下:

```
<i class="el-icon-edit"></i>
<i class="el-icon-share"></i>
<i class="el-icon-delete"></i>
<el-button type="primary" icon="el-icon-search">搜索</el-button>
```

图 10.20　Element 图标样例

④ 消息提示。Element 消息提示用于主动操作后的反馈提示,通常从顶部出现,3 秒后自动消失。

Element 为 Vue.prototype 添加了全局方法 $message 用于调用消息提示功能。其参数 message 设置所显示为正文内容,参数 type 的取值可以是 success、warning、info、 error，分别用来显示成功、警告、消息、错误类的操作反馈提示。

例如，以下代码可显示一个内容为"删除成功！"的成功操作消息提示。

```
this.$message({
    message:'删除成功!',
    type:'success'
});
```

⑤ 弹框。Element 弹框是模拟系统的消息提示框实现的一套模态对话框组件，用于消息提示、确认消息和提交内容。

其中，确认消息是提示用户确认其已经触发的动作，并询问是否进行此操作时所用到的对话框。调用 $confirm 方法即可使用，其效果模拟了系统的确认对话框。

参数 confirmButtonText 设置确定按钮的文本内容，参数 cancelButtonText 设置取消按钮的文本内容，参数 type 的取值和效果与消息提示相同。例如，下列代码可实现删除确认功能，并在确定后调用 delUserById()方法。

```
this.$confirm('确定删除当前用户?', '提示', {
        confirmButtonText: '确定',
        cancelButtonText: '取消',
        type: 'warning'
    }).then(() =>{
        this.delUserById(id);
    })
},
```

3. Axios HTTP 库

Axios 是基于 Promise 的一个易用、简洁且高效的轻量级 HTTP 库，把 HTTP 请求封装得非常好用。其主要特性如下。

- 浏览器中创建 XMLHttpRequests。
- 从 node.js 中创建 HTTP 请求。
- 支持 Promise API。
- 拦截请求和响应。
- 转换请求数据和响应数据。
- 取消请求。
- 自动转换 JSON 数据。
- 客户端支持防御 XSRF。

在本章的前端项目开发中使用 Axios 发送 HTTP 请求，这里简单介绍它的使用步骤和基本用法。

（1）安装

使用以下命令安装 Axios。

```
npm i axios
```

（2）引入

在 Vue 项目入口文件 main.js 中使用以下代码引入 Axios。

```
import axios from "axios"
axios.defaults.baseURL = "http://localhost:8080"
Vue.prototype.$http = axios
```

（3）使用

在相应的 Vue 页面组件中使用 Axios。

例如，在 ManageUser.vue 中使用以下代码向 http://localhost:8080/user/AllUser 发送 GET 请求，然后从返回的响应数据中取出用户列表信息，并把它设置为表格的数据源。

```
this.$http.get("user/allUser").then(result =>{
        let extend = result.data.extend;
        this.tableData = extend.userList;
    });
```

本 章 小 结

本章介绍了 Java Web 应用开发的前后端分离模式和常用的开发框架。Spring Boot 和 MyBatis 分别是目前主流的 Java 企业级应用开发框架和持久层框架，Vue 是比较流行的一个轻量级前端开发框架。基于框架的开发能够保证系统的结构良好，并提高了开发效率，前后端分离的开发模式能够更好地适应当前的实际需要，是实际开发中的常用开发模式。

习　　题

上机练习

（1）使用 IDEA 开发 Java Web 应用。

（2）使用前后端分离模式重构开发新闻管理功能。

（3）使用前后端分离模式重构开发评论管理功能。

表格布局页面文件

本书中的示例应用页面布局可以用 CSS 实现，也可以使用表格来实现。这里给出使用表格实现页面布局的示例代码，供读者参考。

【程序】 使用表格实现页面布局的示例网页文件 indexTable.html。

```html
<!DOCTYPE html>
<html>
    <head>
        <title>新闻发布系统 V3</title>
        <meta charset="utf-8">
        <style>
            .centertable{
                margin:0 auto;
            }
            .dd_lm{
                color:#4a5265;
                width: 60px;
                float: left;
                font-size:15px;
            }
            .dd_time{
                color:#919191;
                float: right;
                width: 140px;
                font-size:13px;
            }
            .dd_bt{
                color:#333;
                width:360px;
                float:left;
                text-align: left;
                font-size:15px;
            }
```

```
            ul.left{
                font-size:12px;
            }
        </style>
    </head>
    <body>
        <table width="952px" class="centertable">
            <tr><td colspan="2"><img src="image/top_bj.gif"></td></tr>
            <tr>
                <td width="698px">
                    <a href="#">用户登录</a>
                </td>
                <td>
                    <a href="#">新闻管理</a>
                    <a href="#">评论管理</a>
                    <a href="#">用户管理</a>
                    <a href="#">首 页</a>
                </td>
            </tr>
        </table>
        <table border="1" width="952px" class="centertable">
            <tr>
                <td width="260px">
                <table>
                    <tr>
                        <td>站内检索<hr/></td>
                    </tr>
                    <tr>
                        <td>
                        <form action="" method="get" id="formQ">
                                <input id="q" type="text" value="请输入关键字"
                                    name="keyword"></input>
                                    <img id="submitBtn" style="cursor:
                                    pointer;"
                                onclick="submitFun()" name="submitBtn"
                                    src="image/ss.jpg">
                                </img>
                        </form>
                        </td>
                    </tr>
                </table>
                <table>
                    <tr>
```

```html
                <td>热点新闻<hr/></td>
            </tr>
            <tr>
                <td>
                <ul class="left">
                    <li>.<a href="#">人工智能产业发展再现新趋势
                        </a></li>
                    <li>.<a href="#">《数据安全法》带来新的千亿级市场
                        </a></li>
                    <li>.<a href="#">联合国提示未来极端天气可能更频繁
                        </a></li>
                    <li>.<a href="#">图书馆积极开展"微平台"建设
                        </a></li>
                    <li>.<a href="#">我国新能源汽车产业发展加速
                        </a></li>
                </ul>
                </td>
            </tr>
        </table>
        <table>
            <tr>
                <td>最新评论<hr/></td>
            </tr>
            <tr>
                <td>
                <ul class="left">
                    <li>.<a href="#">需要加强应急能力建设
                        </a></li>
                    <li>.<a href="#">冰川融化,病毒冷酷,水火无情
                        </a></li>
                    <li>.<a href="#">目的在于促进数据开发利用
                        </a></li>
                    <li>.<a href="#">对信息安全基本制度等的进一步确立
                和落实
                        </a></li>
                    <li>.<a href="#">人工智能需要依托于产业
                        </a></li>
                </ul>
                </td>
            </tr>
        </table>
        </td>
        <td>
            <!--main begin -->
            <div class="news_list">
```

```html
            <h1 align="center">新闻列表</h1>
            <ul>
                <li>
                    <div class="dd_lm">[社会]</div>
                    <div class="dd_bt"><a href="#">人工智能产业
                    发展再现新趋势
                        </a></div>
                    <div class="dd_time">2021-09-06 16:03:53</div>
                </li>
                <li>
                    <div class="dd_lm">[社会]</div>
                    <div class="dd_bt"><a href="#">《数据安全法》
                    带来新的千亿级市场
                        </a></div>
                    <div class="dd_time">2021-09-06 16:06:23</div>
                </li>
                <li>
                    <div class="dd_lm">[社会]</div>
                    <div class="dd_bt"><a href="#">数字经济已成我国
                    经济发展新引擎
                        </a></div>
                    <div class="dd_time">2021-09-04 16:05:38</div>
                </li>
                <li>
                    <div class="dd_lm">[社会]</div>
                    <div class="dd_bt"><a href="#">我国新能源汽车产
                    业发展加速
                        </a></div>
                    <div class="dd_time">2021-09-06 16:05:14</div>
                </li>
                <li>
                    <div class="dd_lm">[社会]</div>
                    <div class="dd_bt"><a href="#">联合国提示未来极
                    端天气可能更频繁
                        </a></div>
                    <div class="dd_time">2021-09-06 16:07:32</div>
                </li>
            </ul>
        </div>
        <!--main end -->
    </td>
</tr>
</table>
```

```
        <table width="952px" class="centertable">
            <tr>
                <td align="center">
                本网站所刊载的信息,不代表本网观点。使用本网站稿件,务经书面授权。
                <br/>
                未经授权禁止转载、复制及建立镜像,违者将依法追究法律责任。
                </td>
            </tr>
        </table>
    </body>
</html>
```

图 书 资 源 支 持

感谢您一直以来对清华版图书的支持和爱护。为了配合本书的使用,本书提供配套的资源,有需求的读者请扫描下方的"书圈"微信公众号二维码,在图书专区下载,也可以拨打电话或发送电子邮件咨询。

如果您在使用本书的过程中遇到了什么问题,或者有相关图书出版计划,也请您发邮件告诉我们,以便我们更好地为您服务。

我们的联系方式:

地　　址：北京市海淀区双清路学研大厦 A 座 714

邮　　编：100084

电　　话：010-83470236　　010-83470237

客服邮箱：2301891038@qq.com

QQ：2301891038（请写明您的单位和姓名）

资源下载：关注公众号"书圈"下载配套资源。

资源下载、样书申请
书 圈

图书案例
清华计算机学堂

观看课程直播